21世纪高等学校本科系列教材

现代电气控制技术

（第三版）

XIANDAI DIANQI KONGZHI JISHU

主编 郑 萍

重庆大学出版社

内 容 提 要

本书在介绍传统的低压电器、典型的控制线路以及设计方法的基础上,系统地介绍了现代电气控制系统的构成和特点。内容包括常用低压控制电器、基本电气控制线路、继电-接触器电气控制线路设计、典型的电气控制线路分析、现代低压电器、可编程控制器原理及应用、通用变频器及其应用、数控机床、现场总线网络电气控制系统以及电气系统的可靠性设计。本书既保留了传统的电气控制内容,又系统介绍了当今先进的电气控制技术。

本书可作为大专院校电气工程及其自动化、工业自动化、机电一体化等专业的教材,也可供工程技术人员自学和作为培训教材使用。

图书在版编目(CIP)数据

现代电气控制技术/郑萍主编. —2 版. —重庆:重庆大学出版社,2012.5(2024.8 重印)
电气工程及其自动化专业本科系列教材
ISBN 978-7-5624-2447-5

Ⅰ.①现… Ⅱ.①郑… Ⅲ.①电气控制—高等学校—教材 Ⅳ.①TM571.2

中国版本图书馆 CIP 数据核字(2012)第 095234 号

现代电气控制技术
(第三版)
郑 萍 主编
责任编辑:曾显跃 版式设计:曾显跃
责任印制:张 策

*

重庆大学出版社出版发行
出版人:陈晓阳
社址:重庆市沙坪坝区大学城西路 21 号
邮编:401331
电话:(023) 88617190 88617185(中小学)
传真:(023) 88617186 88617166
网址:http://www.cqup.com.cn
邮箱:fxk@ cqup.com.cn (营销中心)
全国新华书店经销
POD:重庆新生代彩印技术有限公司

*

开本:787mm×1092mm 1/16 印张:15.75 字数:393 千
2017 年 1 月第 3 版 2024 年 8 月第 16 次印刷
ISBN 978-7-5624-2447-5 定价:45.00 元

前言

    过去的电气控制技术以传统的低压电器元件为基础,以传统的测试方式为手段,形成了以继电-接触器为主的电气控制系统,以控制电机的起/制动、换向、调速为主要内容。功能简单,可靠性低,体积庞大,缺乏灵活性与通用性。近年来,随着电力电子、计算机、控制理论、通信网络技术的发展,电气控制技术发生了翻天覆地的变化。

    首先,电器元件经历了四代的发展,电子化、智能化、可通信化是它发展的主要趋势;可编程控制器从最初的以替代继电控制盘的逻辑控制功能已发展成一种在工控领域内无所不能的、应用最为广泛的新型工业自动化装置;变频调速技术已从简单的 V/F 控制发展为高性能的矢量控制;数控技术的应用已从简易数控机床到高精度的加工中心。另一方面,现代电气控制技术呈现一种相互融合与综合的趋势。比如,可编程控制器集逻辑顺序控制与模拟量调节于一身,不但渗透到过程控制领域、数控领域,而且可以组成高性价比的综合自动控制系统;现代电气控制技术还呈现一种网络化和开放性的趋势,尤其是现场总线的兴起,使电气控制系统从控制结构到控制理念均发生了根本的变化。

    鉴于上述电气控制技术的进步,本书在编写中力求体现实用性和先进性。

    全书共分 10 章。第 1 章为传统的低压电器,第 2 章介绍以传统低压电器组成的基本控制环节,第 3 章在介绍基本控制环节的基础上,着重介绍继电-接触器电气控制系统的设计思想与方法,第 4 章提供实际应用的继电-接触器电气控制线路分析,以求提高读图能力与分析控制线路的水平。第 5 章介绍了几种现代低压电器,强调了低压电器的发展趋势。第 6 章为可编程控制器的内容,本书在介绍可编程控制器的基本原理基础上,强调新的控制器带来新的控制理念的思想,并从应用角度出发,力图展现可编程控制器的强大功能。第 7 章介绍了目前应用极为普遍的变频器,本书重点在变频器的功能和应用上,略去了繁杂的理论推导。第 8 章讨论了数控机床的基本组成、CNC 和伺服系统等,对插补原理未作过多的介绍。第 9 章在介绍网络通信的基本概念基础上,讨论了现场总线发展的背景、种类,并着重介绍了在电器行业及电气控制系统中应用较多的 DeviceNet，并讨论了因此而带来的电气控制系统结构和理念的变化。第 10 章讨论电器元件和电气控制系统的可靠性，强调了在自动化程度越来越高的今天，可靠性设计凸现的重要性。

本书中的电路图形符号、文字符号、有关术语及电气原理图的绘制，均贯彻《GB 5226—85》、《GB 4728—86》、《GB 7159—87》、《GB 6988—86》等规定，并提供了部分专业英语单词。

本书由郑萍主编。第 1 章由邢运民编写，第 2 章和第 4 章由王斌编写，第 5 章由邢运民与郑萍合写，其余各章均由郑萍编写。张军绘制了第 3 章、第 5～10 章的大部分插图，编者在此表示感谢。

由于编者水平有限，定有错漏之处，恳请读者批评指正。

编　者

2016 年 10 月

目录

第1章　常用低压电器 ……………………………………… 1

1.1　电器的作用与分类 ……………………………… 1

1.2　低压电器的电磁机构及执行机构 ……………… 2

1.3　接触器 …………………………………………… 7

1.4　继电器 …………………………………………… 10

1.5　其他常用电器 …………………………………… 16

思考题与习题 ………………………………………… 21

第2章　基本电气控制线路及其逻辑表示 ……………… 23

2.1　电气控制线路的绘制及国家标准 ……………… 23

2.2　基本电气控制方法 ……………………………… 27

2.3　异步电动机的基本电气控制电路 ……………… 31

2.4　电气控制线路的逻辑代数分析方法 …………… 40

思考题与习题 ………………………………………… 45

第3章　继电-接触器电气控制线路设计 ……………… 46

3.1　电气控制设计的基本内容、设计程序和一般原则 …… 46

3.2　电力拖动方案的确定、电动机的选择 ………… 48

3.3　电气控制方案的确定及控制方式的选择 ……… 50

3.4　电气设计的一般原则 …………………………… 55

3.5　电气保护类型及实现方法 ……………………… 58

3.6　电气控制系统的一般设计方法 ………………… 61

3.7　电气控制线路的逻辑设计方法 ………………… 67

3.8　常用电器元件的选择 …………………………… 75

3.9　电气控制的工艺设计 …………………………… 78

思考题及习题 ………………………………………… 81

第4章　典型的机床控制线路分析 ……………………… 83

4.1　卧式车床的电气控制线路 ……………………… 83

4.2 组合机床的电气控制电路 …………………………………………… 89

思考题与习题 …………………………………………………………… 95

第 5 章 现代低压电器 ……………………………………………… 96

5.1 低压电器产品的发展 …………………………………………… 96

5.2 电子电器和智能电器 …………………………………………… 97

思考题与习题 …………………………………………………………… 108

第 6 章 可编程序控制器 …………………………………………… 110

6.1 可编程序控制器的产生与特点 ………………………………… 110

6.2 可编程控制器的组成与工作原理 ……………………………… 111

6.3 FX2 可编程控制器逻辑指令系统及其编程方法 ……………… 114

6.4 步进顺控指令 STL ……………………………………………… 123

6.5 功能指令 ………………………………………………………… 126

6.6 PLC 控制系统设计与应用 ……………………………………… 129

6.7 可编程控制器的其他功能与应用 ……………………………… 135

思考题与习题 …………………………………………………………… 142

第 7 章 电气调速系统与变频器 …………………………………… 145

7.1 电气调速概述 …………………………………………………… 145

7.2 变频调速的原理与调速方式 …………………………………… 149

7.3 变频器的基本构成及其分类 …………………………………… 151

7.4 变频器的控制方式和特点 ……………………………………… 154

7.5 变频器的内部结构和主要功能 ………………………………… 156

7.6 变频器的应用 …………………………………………………… 160

思考题与习题 …………………………………………………………… 174

第 8 章 数控机床 …………………………………………………… 175

8.1 概 述 …………………………………………………………… 175

8.2 计算机数控(CNC)系统 ………………………………………… 178

8.3 数控机床的伺服系统 …………………………………………… 182

8.4 数控机床的发展趋势 …………………………………………… 186

8.5 以数控机床为基础的生产自动化系统的发展 ………………… 187

思考题与习题 …………………………………………………………… 190

第 9 章 现场总线 …………………………………………………… 191

9.1 网络与通信基础 ………………………………………………… 191

9.2 现场总线概述 …………………………………………………… 197

9.3 几种有影响的现场总线 ………………………………………… 200

9.4　DeviceNet ･･････････････････････････････ 201

9.5　现场总线低压电器产品及其控制系统 ････････ 204

9.6　现场总线的标准问题 ････････････････････ 211

思考题与习题 ･･･････････････ 216

第 10 章　电气控制系统的可靠性 ････････････ 217

10.1　可靠性的基本概念 ････････････････････ 217

10.2　可靠性特征与可靠性模型 ･･･････････････ 218

10.3　可靠性设计 ･･････････････････････････ 222

思考题与习题 ･･･････････････ 225

附录 1 ･･･････････････････････････････ 226

附 1.1　国产低压电器产品型号编制办法 ･･･････ 226

附 1.2　加注通用派生字母对照表(附表 1.2) ･････ 227

附 1.3　低压电器的使用类别代号及其对应的用途性质(附表 1.3) ････ 229

附 1.4　EB、EH 系列接触器技术数据(附表 1.4) ･････ 230

附 1.5　LA 系列控制按钮技术数据(附表 1.5) ･････ 232

附 1.6　DZ20 系列塑料外壳式断路器技术数据(附表 1.6) ･･･ 233

附录 2　电气图常用图形及文字符号新旧对照表 ･･･････ 234

参考文献 ･･･････････････････････････････ 241

第1章 常用低压电器

低压电器(Low-voltage Apparatus)通常指工作在交、直流电压 1 200V 以下的电路中起通断、控制、保护和调节作用的电气设备。本章主要介绍常见的接触器、继电器、低压断路器、万能转换开关、熔断器等设备的基本结构、功能及工作原理。

1.1 电器的作用与分类

电器就是广义的电气设备。它可以很大、很复杂,比如一台彩色电视机或者一套自动化装置;它也可以很小、很简单,比如一个钮子开关或者一个熔断器。在工业意义上,电器是指能根据特定的信号和要求,自动或手动地接通或断开电路,断续或连续地改变电路参数,实现对电路或非电对象的切换、控制、保护、检测、变换和调节用的电气设备。电器的种类繁多,构造各异,通常按以下分类方法分为几类。

①按电压等级分:高压电器(High-voltage Apparatus)、低压电器(Low-voltage Apparatus);

②按所控制的对象分:低压配电电器(Distributing Apparatus)、低压控制电器(Control Apparatus)。前者主要用于配电系统,如刀开关、熔断器等;后者主要用于电力拖动自动控制系统和其他用途的设备中。

③按使用系统分:电力系统用电器、电力拖动及自动控制系统用电器、自动化通信系统用电器;

④按工作职能分:手动操作电器、自动控制电器(自动切换电器、自动控制电器、自动保护电器)、其他电器(稳压与调压电器、起动与调速电器、检测与变换电器、牵引与传动电器);

⑤按电器组合分:单个电器、成套电器与自动化装置;

⑥按有无触点分:有触点电器、无触点电器、混合式电器;

⑦按使用场合分:一般工业用电器、特殊工矿用电器、农用电器、家用电器、其他场合(如航空、船舶、热带、高原)用电器。

本章主要涉及电力拖动自动控制系统用电器,如交直流接触器、各类继电器、自动空气断路器、行程开关、熔断器、主令电器等。

1.2　低压电器的电磁机构及执行机构

从结构上来看,电器一般都具有两个基本组成部分,即感测部分与执行部分。感测部分接受外界输入的信号,并通过转换、放大、判断,作出有规律的反应,使执行部分动作,输出相应的指令,实现控制的目的。对于有触头的电磁式电器,感测部分大都是电磁机构,而执行部分则是触头。对于非电磁式的自动电器,感测部分因其工作原理不同而各有差异,但执行部分仍是触头。

1.2.1　电磁机构

(1)电磁机构的分类

电磁机构是各种自动化电磁式电器的主要组成部分之一,它将电磁能转换成机械能,带动触点使之闭合或断开。电磁机构由吸引线圈和磁路两部分组成。磁路包括铁心、衔铁、铁轭和空气隙。电磁机构分类如下:

1)按衔铁的运动方式分类

①衔铁绕棱角转动:如图 1.1(a)所示,衔铁绕铁轭的棱角而转动,磨损较小。铁心用软铁,适用于直流接触器、继电器;

②衔铁绕轴转动:如图 1.1(b)所示,衔铁绕轴转动,用于交流接触器。铁心用硅钢片叠成;

③衔铁直线运动:如图 1.1(c)所示,衔铁在线圈内作直线运动。多用于交流接触器中。

2)按磁系统形状分类

电磁机构可分为 U 形和 E 形,如图 1.1 所示。

3)按线圈的连接方式分类

可分为并联(电压线圈)和串联(电流线圈)两种。

4)按吸引线圈电流的种类分类

可分为直流线圈和交流线圈两种。

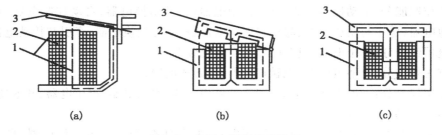

图 1.1　常用电磁机构的形式
1—铁心;2—线圈;3—衔铁

(2)吸力特性与反力特性

电磁机构的工作情况常用吸力特性与反力特性来表征。电磁机构的吸力与气隙的关系曲线称为吸力特性。它随励磁电流种类(交流或直流)、线圈连接方式(串联或并联)的不同而有所差异。电磁机构转动部分的静阻力与气隙的关系曲线称为反力特性。阻力的大小与作用弹簧、摩擦阻力以及衔铁质量有关。下面分析吸力特性、反力特性和两者的配合关系。

电磁机构的吸力 F 可近似地按下式求得

$$F = \frac{1}{2\mu_0} B^2 S \tag{1.1}$$

式中：$\mu_0 = 4\pi \times 10^{-7}$ H/m。当 S 为常数时，F 与 B^2 成正比。B 为气隙磁感应强度。

对于具有电压线圈的直流电磁机构，因外加电压和线圈电阻不变，则流过线圈的电流为常数，与磁路的气隙大小无关。根据磁路定律

$$\Phi = \frac{IN}{R_m} \propto \frac{1}{R_m} \tag{1.2}$$

则

$$F \propto \Phi^2 \propto \left(\frac{1}{R_m^2}\right) \tag{1.3}$$

吸力 F 与 R_m^2 成反比，亦即与气隙 δ^2 成反比，故吸力特性为二次曲线形状，如图 1.2 所示。它表明衔铁闭合前后吸力变化很大。

对于具有电压线圈的交流电磁机构，其吸力特性与直流电磁机构有所不同。设外加电压不变，交流吸引线圈的阻抗主要决定于线圈的电抗，电阻可忽略，则

$$U(\approx E) = 4.44 f \Phi N \tag{1.4}$$

$$\Phi = \frac{U}{4.44 f N} \tag{1.5}$$

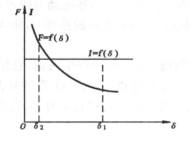

图 1.2　直流电磁机构的吸力特性

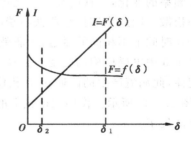

图 1.3　交流电磁机构的吸力特性

当频率 f、匝数 N 和电压 U 均为常数时，Φ 为常数，由式（1.3）知 F 亦为常数，说明 F 与 δ 大小无关。实际上考虑到漏磁的作用，F 随 δ 的减小略有增加。当气隙 δ 变化时，I 与 δ 呈线性关系，图 1.3 示出了 $F = f(\delta)$ 与 $I = f(\delta)$ 的关系曲线。

从上述结论还可看出：于一般 U 形交流电磁机构，在线圈通电而衔铁尚未吸合瞬间，电流将达到吸合后额定电流的 5～6 倍，E 形电磁机构将达到 10～15 倍。如果衔铁卡住不能吸合或者频繁动作，就可能烧毁线圈。这就是对于可靠性高或频繁动作的控制系统采用直流电磁机构，而不采用交流电磁机构的原因。

反力特性与吸力特性之间的配合关系，如图 1.4 所示。欲使接触器衔铁吸合，在整个吸合过程中，吸力需大于反力，这样触点才能闭合接通电路。反力特性曲线如图 1.4 中曲线 3 所示，直流与交流接触器的吸力特性分别如曲线 1 和 2 所示。在 $\delta_1 \sim \delta_2$ 的区域内，反力随气隙减小略有增大。到达 δ_2 位置时，动触点开始与静触点接触，这时触点上的初压力作用到衔铁上，反力骤增，曲线突变。其后在 δ_2 到 0 的区域内，气隙越小，触点压得越紧，反力越大，线段较 $\delta_1 \sim \delta_2$ 段陡。

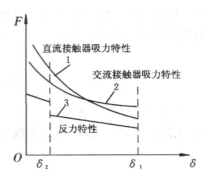

图 1.4　吸力特性和反力特性
1—直流接触器吸力特性;2—交流
接触器吸力特性;3—反力特性

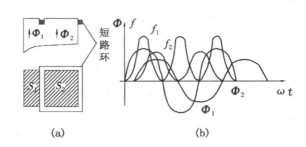

图 1.5　加短路环后的磁通和电磁吸力图

为了保证吸合过程中衔铁能正常闭合,吸力在各个位置上必须大于反力,但也不能过大,否则会影响电器的机械寿命。反映在图 1.4 上就是要保证吸力特性高于反力特性。上述特性对于继电器同样适用。在使用中常常调整反力弹簧或触点初压力以改变反力特性,就是为了使之与吸合特性良好配合。

对于单相交流电磁机构,由于磁通是交变的,当磁通过零时吸力也为零,吸合后的衔铁在反力弹簧的作用下将被拉开。磁通过零后吸力增大,当吸力大于反力时,衔铁又吸合。由于交流电源频率的变化,衔铁的吸力随之每个周波二次过零,因而衔铁产生强烈振动与噪声,甚至使铁心松散。因此交流接触器铁心端面上都安装一个铜制的分磁环(或称短路环),使铁心通过 2 个在时间上不相同的磁通,矛盾就解决了。

图 1.5 中电磁机构的交变磁通穿过短路环所包围的截面 S_2,在环中产生涡流,根据电磁感应定律,此涡流产生的磁通 Φ_2 在相位上落后于截面 S_1 中的磁通 Φ_1,由 Φ_1、Φ_2 产生吸力 f_1,f_2,如图 1.5(b)所示。作用在衔铁上的力是 f_1+f_2,只要此合力始终超过其反力,衔铁的振动现象就消失了。

1.2.2　执行机构

低压电器的执行机构一般由主触点及其灭弧装置组成。

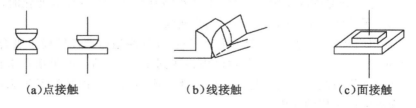

（a)点接触　　　　　　　（b)线接触　　　　　　　（c)面接触

图 1.6　触点的 3 种接触形式

(1)触点

触点用来接通或断开被控制的电路。它的结构形式很多,按其接触形式可分为 3 种,即点接触、线接触和面接触,如图 1.6 所示。

图 1.6(a)所示为点接触,它由两个半球形触点或一个半球形与一个平面形触点构成。它常用于小电流的电器中,如接触器的辅助触点或继电器触点。图 1.6(b)所示为线接触,它的

接触区域是一条直线。触点在通断过程中是滚动接触,如图 1.7 所示。开始接触时,静、动触点在 A 点接触,靠弹簧压力经 B 点滚动到 C 点。断开时作相反运动。这样,可以自动清除触点表面的氧化膜,同时长期工作的位置不是在易烧灼的 A 点而是在 C 点,保证了触点的良好接触。这种滚动线接触多用于中等容量的触点,如接触器的主触点。图 1.6(c)所示为面接触,它可允许通过较大的电流。这种触点一般在接触面上镶有合金,以减小触点接触电阻和提高耐磨性,多用作较大容量接触器或断路器的主触点。

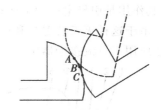

由于触点表面的不平与氧化层的存在,两个触点的接触处有一定的电阻。为了减小此接触电阻,需在触点间加一定压力。未受激时的位置如 1.8(a)所示,当动触点刚与静触点接触时,由于安装时弹簧被预先压缩了一段,因而产生一个初压力 F_1,如图 1.8(b)所示。触点闭合后由于弹簧在超行程内继续变形而产生一终压力 F_2,如图 1.8(c)所示。弹簧压缩的距离 l 称为触点的超行程,即从静、动触点开始接触到触点压

图 1.7　指形触点的接触过程

紧,整个触点系统向前压紧的距离。有了超行程,在触点磨损情况下仍具有一定压力,有利于保持良好接触。当然,磨损严重时仍应及时更换。

(a)最终拉开位置　　　　　(b)刚刚接触位置　　　　　(c)最终闭合位置

图 1.8　触点的位置示意图

(2)电弧的产生与灭弧装置

当断路器或接触器触点切断电路时,如电路中电压超过 $10 \sim 12V$ 和电流超过 $80 \sim 100mA$,在拉开的两个触点之间将出现强烈火花,这实际上是一种气体放电的现象,通常称为"电弧"。

所谓气体放电,就是气体中有大量的带电粒子作定向运动。触点在分离瞬间,其间隙很小,电路电压大多降落在触点之间,在触点间形成很强的电场,阴极中的自由电子会逸出到气隙中并向正极加速运动。前进途中撞击气体原子,该原子分裂成电子和正离子。电子在向正极运动过程中又将撞击其他原子,这种现象叫撞击电离。撞击电离的正离子向阴极运动,撞在阴极上会使阴极温度逐渐升高。当阴极温度到达一定程度时,一部分电子将从阴极逸出再参与撞击电离。由于高温使电极发射电子的现象叫热电子发射。当电弧的温度达到 3 000℃ 或更高时,触点间的原子以很高的速度作不规则的运动并相互剧烈撞击,结果原子也将产生电离,这种因高温使原子撞击所产生的电离称为热游离。

撞击电离、热电子发射和热游离的结果,在两触点间呈现大量向阳极飞驰的电子流,这就是所谓的电弧。

应当指出,伴随着电离的进行也存在着消电离的现象。消电离主要是通过正、负带电粒子的复合进行的。温度越低,带电粒子运动越慢,越容易复合。

根据上述电弧产生的物理过程可知,欲使电弧熄灭,应设法降低电弧温度和电场强度,以加强消电离作用。当电离速度低于消电离速度,则电弧熄灭。根据上述灭弧原则,常用的灭弧

装置有如下几种。

1)磁吹式灭弧装置

其原理如图 1.9 所示。在触点电路中串入一个吹弧线圈 3,它产生的磁通通过导磁颊片 4 引向触点周围,如图中"×"符号所示。电弧产生后,其磁通方向如图中"⊗"和"⊙"符号所示。由图 1.9 可见,在弧柱下吹弧线圈产生的磁通与电弧产生的磁通是相加的,而在弧柱上面则彼此相消,因此就产生一个向上运动的力将电弧拉长并吹入灭弧罩 5 中,熄弧角 6 和静触点连接,其作用是引导电弧向上运动,将热量传递给罩壁,促使电弧熄灭。

由于这种灭弧装置是利用电弧电流本身灭弧,因而电弧电流越大,吹弧的能力也越强。它广泛应用于直流接触器中。

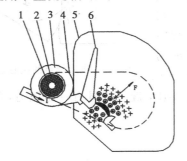

图 1.9　磁吹式灭弧装置

1—铁心;2—绝缘管;3—吹弧线圈;
4—导磁颊片;5—灭弧罩;6—熄弧角

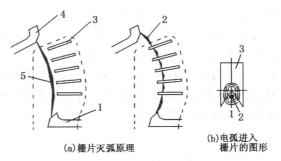

(a)栅片灭弧原理　　(b)电弧进入栅片的图形

图 1.10　灭弧栅灭弧原理

1—静触点;2—短电弧;3—灭弧栅片;
4—动触点;5—长电弧

2)灭弧栅

灭弧栅灭弧原理如图 1.10 所示。灭弧栅片 3 由许多镀铜薄钢片组成,片间距离为 2～3mm,安放在触点上方的灭弧罩内。一旦发生电弧,电弧周围产生磁场,使导磁的钢片上有涡流产生,将电弧吸入栅片,电弧被栅片分割成许多串联的短电弧,当交流电压过零时电弧自然熄灭,两栅片间必须有 150～250V 电压,电弧才能重燃。这样一来,一方面电源电压不足以维持电弧,同时由于栅片的散热作用,电弧自然熄灭后很难重燃。这是一种常用的交流灭弧装置。

3)灭弧罩

比灭弧栅更为简单的是采用一个用陶土和石棉水泥做的耐高温的灭弧罩,用以降温和隔弧,可用于交流和直流灭弧。

4)多断点灭弧

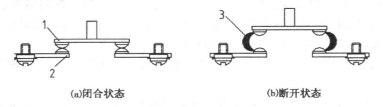

(a)闭合状态　　　　　　　　　(b)断开状态

图 1.11　桥式触点

1—动触点;2—静触点;3—电弧

在交流电路中也可采用桥式触点,如图 1.11 所示。有两处断开点,相当于两对电极,若有一处断点要使电弧熄灭后重燃需要 150～250V,现有两处断点就需要 2×(150～250)V,所以有利于灭弧。若采用双极或三极触点控制一个电路时,根据需要可灵活地将二个极或三个极串联起来当做一个触点使用,这组触点便成为多断点,加强了灭弧效果。

1.3　接　触　器

接触器(Contactor)是用来频繁接通和切断电动机或其他负载主电路的一种自动切换电器。接触器由于生产方便、成本低廉、用途广泛,故在各类低压电器中,生产量最大、使用面最广。

接触器是利用电磁吸力的作用来使触头闭合或断开大电流电路的,是一种非常典型的电磁式电器。接触器的主要组成部分为电磁系统和触头系统。电磁系统是感测部分,触头系统是执行部分。触头工作时,需经常接通和分断额定电流或更大的电流,所以常有电弧产生,为此,一般情况下都装有灭弧装置,并与触头共称触头—灭弧系统,只有额定电流甚小者才不设灭弧装置。

接触器按其主触头通过的电流种类,分为直流接触器和交流接触器。按主触头的极数又可分为单极、双极、三极、四极和五极等几种。直流接触器一般为单极或双极;交流接触器大多为三极,四极多用于双回路控制,五极用于多速电动机控制或者自动式自耦减压起动器中。

1.3.1　接触器的主要技术数据

(1)额定电压

接触器铭牌额定电压是指主触点上的额定电压。通常用的电压等级为

直流接触器:220V,440V,660V。

交流接触器:220V,380V,500V。

按规定,在接触器线圈业已发热稳定时,加上 85% 的额定电压,衔铁应可靠地吸合;反之,如果工作中电网电压过低或者突然消失,衔铁亦应可靠地释放。

(2)额定电流

接触器铭牌额定电流是指主触点的额定电流。通常用的电流等级为

直流接触器:25A,40A,60A,100A,150A,250A,400A,600A。

交流接触器:5A,10A,20A,40A,60A,100A,150A,250A,400A,600A。

上述电流是指接触器安装在敞开式控制屏上,触点工作不超过额定温升,负载为间断-长期工作制时的电流值。所谓间断-长期工作制是指接触器连续通电时间不超过 8h。若超过8h,必须空载开闭 3 次以上,以消除表面氧化膜。如果上述诸条件改变了,就要相应修正其电流值。具体如下:

当接触器安装在箱柜内时,由于冷却条件变差,电流要降低 10%～20% 使用;

当接触器工作于长期工作制时,则通电持续率不应超过 40%;敞开安装,电流允许提高10%～25%;箱柜安装,允许提高 5%～10%。

介于上述情况之间者,可酌情增减。

（3）线圈的额定电压

通常用的电压等级为：

直流线圈：24V,48V,110V,220V,440V。

交流线圈：36V,127V,220V,380V。

一般情况下，交流负载用交流接触器，直流负载用直流接触器，但交流负载频繁动作时也可采用直流吸引线圈的接触器。

（4）额定操作频率

额定操作频率指每小时接通次数。现代生产的接触器，允许接通次数为 150～1 500次/h。

（5）电寿命和机械寿命

电寿命是指接触器的主触点在额定负载条件下，所允许的极限操作次数。机械寿命是指接触器在不需修理的条件下，所能承受的无负载操作次数。现代生产的接触器其电寿命可达50～100 万次，机械寿命可达 500～1 000 万次。

（6）接触器的电气符号

接触器的电气符号如图 1.12 所示。

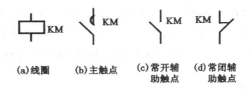

(a)线圈　　**(b)主触点**　　**(c)常开辅**　　**(d)常闭辅**
　　　　　　　　　　　　　　助触点　　　**助触点**

图 1.12　接触器符号

1.3.2　交流接触器

交流接触器（Alternating Current Contactor）一般有 3 对主触头，两对动合（常开）辅助触头，两对动断常闭辅助触头。中等容量及以下为直动式，大容量为转动式。

目前，国内市场产品繁多，举不胜举。有工厂自行设计改进的，有全国统一设计研制的，也有引进国外制造技术生产的，还有国外产品。下面介绍几种具有代表性的产品。

（1）CJ20 系列交流接触器

CJ20 系列交流接触器为全国统一设计的交流接触器，主要适用于交流 50Hz、额定电压660V 及以下（其中部分等级可用于 1 140V）、电流 630A 及以下的电力线路中，供远距离接通、分断电路、频繁起动和控制三相交流电动机用。它与热继电器或电子式保护装置组合成电磁起动器，以保护电路或交流电动机可能发生的过负荷及断相故障。

CJ20 系列交流接触器技术指标符合 GB1497－85、JB2455－85、JB/DQ4172－86 及IEC158－1 标准。

CJ20 系列交流接触器外形如图 1.13 所示。CJ20 系列交流接触器为直动式、双断点、立体布置，结构紧凑，外形尺寸比 CJ10 及 CJ8 型老产品缩小很多。

CJ20-25 型及以下规格为不带灭弧罩的二层二段结构。CJ20-40 型及以上的接触器为双层布置正装式结构，主触头和灭弧室在上层，电磁系统在下层，两只独立的辅助触头组件布置在躯壳两侧。

触头灭弧系统：不同容量等级的接触器采用不同的灭弧结构。CJ20-10、CJ20-16 型为双断点简单开断灭弧室；CJ20-25 型为 U 型铁片灭弧；CJ20-40～CJ20-160 型在 380V、660V 时均为多纵缝陶土灭弧罩；CJ20-250 型及以上接触器在 380V 时为多纵缝陶土灭弧罩，在 660V 和 1 140V 时为栅片灭弧罩。

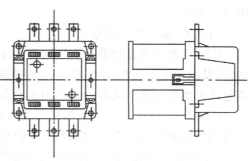

图 1.13　CJ20 系列交流接触器外形

全系列接触器采用银基合金触头。CJ20-25 型及以下用银镍触头，CJ20-40 型及以上用银基氧化物触头。灭弧性能优良的触头灭弧系统配用抗熔焊耐磨损的触头材料，使触头具有长久的电寿命，适用于在 AC-4 类特别繁重的条件下工作（见附录 1 表 1.3）。

电磁系统：CJ20-40 型及以下接触器用双 E 型铁心，迎击式缓冲装置；CJ20-63 型及以上接触器用 U 型铁芯，硅橡胶缓冲装置。

辅助触头的组合：40A 及以下接触器为 2 动合、2 动断；63～160A 接触器为 2 动合、2 动断或 4 动合、2 动断；250～630A 接触器为 4 动合、2 动断或 3 动合、3 动断或 2 动合、4 动断等组合，并且还备有供直流操作专用的大超程动断辅助触头。

（2）EB、EH 系列交流接触器

EB，EH 系列交流接触器为 ABB 公司生产的新系列接触器，其外形如图 1.14 所示。该系列接触器比 B 系列接触器在技术性能、结构形式等方面有不少改进和提高，可供远距离控制通断电路及频繁控制三相交流电动机起、停之用。该系列接触器可与 T 系列热过负载继电器组成磁力起动器，供电动机控制及过负载，断相及失压保护用。

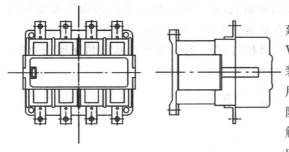

图 1.14　EH，EB 系列接触器外形

接触器的附件有辅助触头、TP 型气囊式延时继电器、VB、VH 型机械连锁装置、WB 与 WH 型位置锁定继电器。VB，VH 型机械连锁装置加装在两台接触器上可组成可逆接触器，用于电动机的可逆运转，加装连锁装置后，可防止两台接触器同时闭合造成短路事故。接触器一旦吸合就被 WB 或 WH 型位置锁定继电器锁住，即使接触器线圈断电，触头仍处于接通状态。若需释放，可将位置锁定继电器通电或用手动推杆，使其锁扣脱开，接触器释放，可组成有记忆功能且节电的接触器。

EB，EH 系列交流接触器技术数据见附录 1 表 1.4。

1.3.3　直流接触器

直流接触器（Direct Current Contactor）是一种通用性很强的电器产品，除用于频繁控制电动机外，还用于各种直流电磁系统中。随着控制对象及其运行方式不同，接触器的操作条件也有较大差别。接触器铭牌上所规定的电压、电流、控制功率及电气寿命，仅对应于一定类别的额定值。GB1497-85《低压电器基本标准》列出了低压电器常见的使用类别及其代号，详见附录 1 表 1.3。

（1）CZo 系列直流接触器

CZo 系列直流接触器是全国联合设计的产品,广泛用于直流电压 440V 及以下、额定电流 600A 及以下的电力线路中,供远距离接通与分断电路,频繁起动、停止直流电动机以及控制直流电动机的换向或反接制动。多用于冶金、机床等电气控制设备中。

CZo-40C、40D、40C/22、40D/22 型直流接触器主要供远距离瞬时接通与分断 35kV 及以下的高压油断路器电磁操动机构（如 CD2、CD3、CD10、CD11、CD14、CD15 型等）,ZN-10、ZN-35 型真空断路器电磁操动机构中额定电压 220V 及以下的直流电磁线圈,还可供电力系统自动重合闸线路用。

CZo 系列直流接触器分为两种结构:

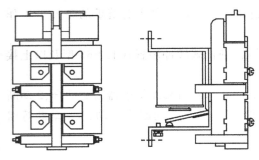

图 1.15　CZo 直流接触器外形图

额定电流为 150A 及以下的接触器是立体布置整体式结构,具有沿棱角转动的拍合式电磁系统,如图 1.15 所示。主触头灭弧系统固定在电磁系统的背面,安装架就是磁轭本身。镶银的双断点桥式自动定位的主触头系统和串联磁吹横隔板陶土灭弧罩的灭弧系统,先装在绝缘基座上,然后再固定在磁轭背面上。动断主触头吸引线圈采用串联双绕组结构。组合式的桥式双断点辅助触头固定在主触头绝缘基座一端的两侧,有透明的罩盖防尘。

额定电流为 250A 及以上的接触器是平面布置整体结构。电磁系统及主触头灭弧系统分别固定在安装底架上。采用沿棱角转动的拍合式电磁系统及串联双绕组吸引线圈,在转动棱角上加装压棱装置。单断点的主触头由整块的镉铜制成,采用串联磁吹纵隔板陶土灭弧罩的灭弧系统。组合式的桥式双断点辅助触头固定在磁扼背上,有透明的罩盖防尘。

全系列接触器都是板前接线,不带底板,便于维护、检修。接触器允许加装机械连锁装置。

1.4　继　电　器

1.4.1　继电器的特性及主要参数

继电器（Relay）是一种根据特定形式的输入信号而动作的自动控制电器。一般来说,继电器由承受机构、中间机构和执行机构三部分组成。承受机构反映继电器的输入量,并传递给中间机构,将它与预定的量（即整定值）进行比较,当达到整定值时（过量或欠量）,中间机构就使执行机构产生输出量,用于控制电路的开、断。继电器通常触点容量较小,接在控制电路中,主要用于反应控制信号,是电气控制系统中的信号检测元件;而接触器触点容量较大,直接用于开、断主电路,是电气控制系统中的执行元件。

继电器还可以有以下各种分类方法:按输入量的物理性质分为电压继电器、电流继电器、功率继电器、时间继电器、温度继电器、速度继电器等;按动作原理分为电磁式继电器、感应式继电器、电动式继电器、热继电器、电子式继电器等；按动作时间分为快速继电器、延时继电器、一般继电器；按执行环节作用原理分为有触点继电器、无触点继电器；本节主要介绍控制继电器中的电磁式(电压、电流、中间)继电器、时间继电器、热继电器和速度继电器等。

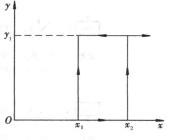

图 1.16 继电特性曲线

继电器的主要特点是具有跳跃式的输入-输出特性,电磁式继电器的特性如图 1.16 所示,这一矩形曲线统称为继电特性曲线。

当继电器输入量 x 由零增至 x_1 以前,继电器输出量 y 为零。当输入量增加到 x_2 时,继电器吸合,通过其触点的输出量为 y_1,若 x 再增加,y 值不变。当 x 减少到 x_1 时,继电器释放,输出由 y_1 降到零,x 再减小,y 值永为零。在图 1.16 中,x_2 称为继电器吸合值,欲使继电器动作,输入量必须大于此值;x_1 称为继电器释放值,欲使继电器释放,输入量必须小于此值。

$k = x_1/x_2$ 称为继电器的返回系数,它是继电器重要参数之一。不同场合要求不同的 k 值。例如,一般继电器要求低返回系数,k 值在 0.1~0.4,这样当继电器吸合后,输入值波动较大时不致引起误动作;欠电压继电器则要求高返回系数,k 值在 0.6 以上。设某继电器 $k = 0.60$,吸合电压为额定电压的 90%,则电压低于额定电压的 60% 时继电器释放,起到欠电压保护作用。k 值是可以调节的,具体方法随着继电器结构不同而有所差异。

另一个重要参数是吸合时间和释放时间。吸合时间是从线圈接受电信号到衔铁完全吸合时所需的时间;释放时间是从线圈失电到衔铁完全释放时所需的时间。一般继电器的吸合时间与释放时间为 0.05~0.15s,快速继电器为 0.005~0.05s,它的大小影响着继电器的操作频率。

1.4.2 电磁式继电器

常用的电磁式继电器有电流继电器、电压继电器、中间继电器和时间继电器。中间继电器实际上也是一种电压继电器,只是它具有数量较多、容量较大的触点,起到中间放大(触点数量及容量)作用。

电磁式继电器的结构与原理与接触器类似,是由铁心、衔铁、线圈、释放弹簧和触点等部分组成。客观上,接触器与中间继电器无截然的分界线。某些容量特别小的接触器与一些中间继电器相比,无论从原理和外观都难以看出有什么明显的不同。

电磁式继电器吸力特性、反力特性及其动作原理与接触器类似,不再重复。其返回系数可通过调节释放弹簧松紧程度(拧紧时,x_2 与 x_1 同时增大,k 也随之增大;放松时,k 减小)或调整铁心与衔铁间非磁性垫片的厚薄(增厚时 x_1 增大,k 增大;减薄时 k 减小)来达到。

电磁式继电器种类很多,下面仅介绍几种较典型的电磁式继电器。

(1)电流/电压继电器

电流继电器(Current Relay)与电压继电器(Voltage Relay)在结构上的区别主要是线圈不同。电流继电器的线圈与负载串联以反映负载电流,故它的线圈匝数少而导线粗,这样通过电流时的压降很小,不会影响负载电路的电流,而导线粗电流大仍可获得需要的磁势。电压继电器的线圈与负载并联以反映负载电压,其线圈匝数多而导线细。

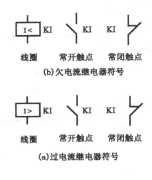

(b)欠电流继电器符号

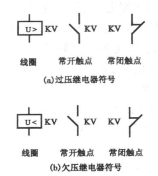

(a)过压继电器符号

(a)过电流继电器符号

(b)欠压继电器符号

图 1.17　电流继电器符号

图 1.18　电压继电器符号

电流继电器与电压继电器根据其用途不同又可分为过电流(Over Current)或过电压继电器;欠电流(Under Current)或欠电压继电器。过电流或过电压继电器在正常工作时电磁吸力不足以克服反力弹簧的反力,衔铁处于释放状态;当电流或电压超过某一整定值时,衔铁动作,于是常开触点闭合,常闭触点断开。欠电流或欠电压继电器是当电流或电压低于某一整定值时衔铁释放。电流、电压继电器符号如图 1.17 和 1.18 所示。

(2)中间继电器

中间继电器(Auxiliary Relay)在结构上是一个电压继电器,是用来转换控制信号的中间元件。它输入的是线圈的通电断电信号,输出信号为触点的动作。其触点数量较多,各触点的额定电流相同。中间继电器通常用来放大信号,增加控制电路中控制信号的数量,以及作为信号传递、连锁、转换以及隔离用。下面以 JZ17 系列中间继电器为例进行介绍。

JZ17 系列中间继电器是在引进日本 MA406N 型电磁式继电器的制造技术基础上,通过消化吸收,采用国产原材料设计制造的产品。继电器的体积小、结构紧凑、性能优良可靠。它适用于交流 50Hz 或 60Hz、额定电压 380V 及以下的控制电路中,其外形如图 1.19 所示。

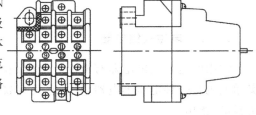

图 1.19　JZ17 中间继电器外形图

JZ17 系列中间继电器为开启式,继电器采用 E 形铁心,其动作机构均为直动式,触点为双断点排

线圈　　常开触点　　常闭触点

图 1.20　中间继电器符号

列成上下两层,每层各装 4 对触点。继电器的壳体用塑料压制而成,整个产品结构紧凑,产品符合 JB4013.1—85、IEC337—1、JEM1230—76 标准规定,能在 GB1497—85 规定的正常工作条件下可靠工作。安装地点周围环境的污染等级为 3 级,安装类别为Ⅲ类,可替代 JZ7-44 型中间继电器。

1.4.3　时间继电器

凡是在敏感元件获得信号后,执行元件要延迟一段时间才动作的继电器叫时间继电器(Time Delay Relay)。这里指的延时区别于一般电磁继电器从线圈得到电信号到触点闭合的固有动作时间。时间继电器一般有通电延时型和断电延时型,其符号如图 1.21 所示。时间继

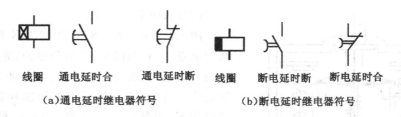

（a）通电延时继电器符号　　　　　（b）断电延时继电器符号

图 1.21　时间继电器符号

电器种类很多,常用的有电磁阻尼式、空气阻尼式、电动式,新型的有电子式、数字式(将在第 5 章介绍)等时间继电器。这里仅就精度较高的 JSF 电动式时间继电器(Motor-drive Time relay)加以介绍。

电动式时间继电器适用于交流 50Hz、电压至 380V 的各种控制系统中,使控制对象按预定的时间动作。继电器采用磁滞同步电动机驱动,电动机的同步转速只受电源频率的影响,机械式结构抗干扰能力强,延时误差小,延时范围很宽,可以由几秒到几小时,而且有通电延时和断电延时两种类型,准确度高,调节方便。缺点是结构复杂,价格较贵。某些高级的电动机式继电器可用于军工产品。

电动式时间继电器的基本工作原理是:当继电器内的同步电动机通电后,通过减速齿轮(相当于钟表机构)带动动触点经一定延时与静触点闭合并送出信号。

JSF 继电器的安装方式为安装轨兼装置式与面板式两种。安装轨符合德国 DIN 标准,可用于安装轨式安装,也可用于板式安装和面板安装。

1.4.4　行程开关

行程开关(Travel Switch)又称限位开关,是一种根据生产机械运动的行程位置而动作的小电流开关电器。它是通过其机械结构中可动部分的动作,将机械信号变换为电信号,以实现对机械的电气控制。

从结构看,行程开关由 3 个部分组成:操作头、触头系统和外壳。操作头是开关的感测部分,它接受机械结构发出的动作信号,并将此信号传递到触头系统。触头

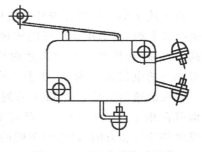

图 1.22　JW 系列微动开关

系统是开关的执行部分,它将操作头传来的机械信号,通过本身的转换动作,变换为电信号,输出到有关控制回路,使之能按需要作出必要的反应。

(1)JW 系列基本型微动开关

习惯上把尺寸甚小且极限行程甚小的行程开关称为微动开关(Sension Switch),图 1.22 为 JW 系列基本型微动开关外形及结构示意图。JW 系列微动开关由带纯银触点的动静触头、作用弹簧、操作钮和胶木外壳等组成。当外来机械力加于操作钮时,操作钮向下运动,通过拉钩将作用弹簧拉伸,弹簧拉伸到一定位置时触头瞬时转换,动触头离开常闭触头,转而同常开触头接通。当外力除去后,触头借弹簧力自动复位。微动开关体积小,动作灵敏,适用于在小型机构中使用。由于操作钮允许压下的极限行程很小,开关的机械强度不高,使用时必须注意避免撞坏。

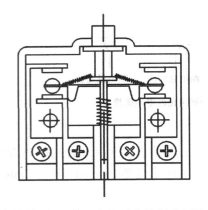

图 1.23　LX19K 行程开关结构示意图

（2）LX19K 型行程开关

图 1.23 所示为最典型的 LX19K 型行程开关的结构示意图,它由按钮、常开静触点、常闭静触点、接触桥（桥式动触点）、触头弹簧、恢复弹簧和塑料基座等组成。其中,接触桥采用弹性铜片制造。其工作原理如下:当外界机械力碰压按钮,使它向内运动时,压迫弹簧,并通过弹簧使接触桥由与常闭静触头接触转而同常开静触头接触。此时,触头弹簧和接触桥本身的弹性都有助于使触头转换加速,起到了瞬动机构的作用。当外界机械力消失后,恢复弹簧使接触桥重新自动恢复到原来的位置。LX19 系列

开关配有动合触头、动断触头各一对。该系列行程开关是以 LX19K 型元件为基础,装上金属或塑料的保护外壳,增设不同的滚轮和传动杆,就可组成单轮、双轮及径向传动杆等形式的行程开关。如装设传动杆的 LX19-001 型行程开关、装设单轮的 LX19-111、121、131 型行程开关、装设双轮的 LX19-212、222、232 型行程开关。单滚轮行程开关在外力去掉后,触点能依靠弹簧自动复位。双滚轮行程开关在撞块通过其中一滚轮时,使开关动作。当撞块离开滚轮后,开关不能自动复位。直到撞块在返回行程中撞击另一滚轮时,开关才复位。这种开关具有记忆功能,在某些情况下,可使线路简化。

（3）JLXK1 系列行程开关

在上述 LX19 系列行程开关使用中,由于有较大的机械碰撞和磨擦,只适用于低速的机械。为了控制运动速度较高的机械,行程开关必须快速而可靠地动作,以减少电弧对触头的电侵蚀。为此,在 JLXK1 系列行程开关中采用了触头的速动机构。JLXK1 系列行程开关头部的操作机构可在相差 90°的 4 个方向任意安装,而且能够通过调整撞块的位置和方向,以适应不同的需要和满足单向或双向动作的要求。图 1.24 为 JLXK1-111 型行程开关结构原理图。其动作原理是:当运动机构制子的移动压到行程开关滚轮上时,传动杠杆带动轴一起转动,使凸轮推动撞块,当撞块被压到相当位置时,推动钮使微动开关快速动作。当滚轮上的制子移开后,复位弹簧就使行程开关各部分自动恢复原始位置。这种单轮自动恢复式行程开关是依靠本身的恢复弹簧来复原,在生产机械的自动控制中应用较广泛。双轮旋转式行程开关,一般不能自动复原,而是依靠运动机械反向移动,制子碰撞另一个滚轮将其复

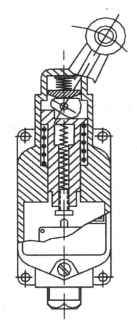

图 1.24　JLXK 行程开关结构

原。这种双轮非自动恢复式行程开关结构较为复杂,价格较贵,但运行较为可靠,仍广泛用于需要的地方。

滚轮式行程开关由于带有瞬动机构,故触点切断速度快。国产行程开关的种类很多,目前常用的还有 LX21、LX23、LX32、LXK3 等系列。近年来国外生产技术不断引入,引进生产德

常开触点　　常闭触点

图 1.25　行程开关触点符号

国西门子公司的 3SE3 系列行程开关,规格全、外形结构多样、技术性能优良、拆装方便、使用灵活、动作可靠,有开启式、保护式两大类;动作方式有瞬动型和蠕动型;头部结构有直动、滚轮直动、杠杆、单轮、双轮、滚轮摆杆可调、杠杆可调和弹簧杆等。行程开关的符号如图 1.25 所示。

1.4.5　速度继电器

速度继电器主要用于异步电动机的反接制动控制,亦称反接制动继电器。它主要由转子、定子和触头 3 部分组成。转子是一个圆柱形永久磁铁,定子是一个笼形空心圆环,由矽钢片叠成,并装有笼形绕组。

图 1.26 为速度继电器的原理示意图。其转子的轴与被控电机的轴相连,而定子空套在转子上。当电机转动时,速度继电器的转子随之转动,定子内的短路导体便切割磁场,感生电动势并产生电流,此电流与旋转的转子磁场作用产生转矩,于是定子开始转动,当转到一定的角度时,装在定子轴上的摆锤推动簧片(动触头)动作,使常闭触头分开,常开触头闭合。当电动机转速低于某一值时,定子产生的转矩减小,触头在簧片的作用下复位。

常用的速度继电器有 YJ1 型和 JFZ0。一般速度继电器的动作转速为 120r/min,触头的复位速度在 100 r/min 以下。YJ1 型可在 700～3 600r/min 范围内可靠工作,JFZ0-1 适用于 300～1 000r/min,JFZ0-2 适用于 1 000～3 000r/min。速度继电器的符号如图 1.27 所示。

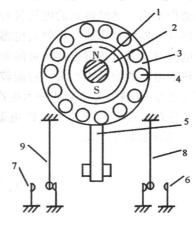

图 1.26　速度继电器原理示意图

1—转轴;2—转子;3—定子;4—绕组;5—摆锤;6、7—静触头;8、9—簧片

1.4.6　热继电器

热继电器(Thermal over-load Relay)是利用电流的热效应原理来工作的保护电器,它在电路中用作三相异步电动机的过载保护。热继电器的测量元件通常用双金属片,它是由主动层和被动层组成。主动层材料采用较高膨胀系数的铁镍铬合金,被动层材料采用膨胀系数很小的铁镍合金。因此,这种双金属片在受热后将向膨胀系数较小的被动层一面弯曲。

常开触点　　常闭触点

图 1.27　速度继电器触点符号

双金属片有直接、间接和复式 3 种加热方式。直接加热就是把双金属片当作发热元件,让电流直接通过;间接加热是用与双金属片无电联系的加热元件产生的热量来加热;复式加热是直接加热与间接加热两种加热形式的结合。

热继电器的基本工作原理如图 1.28 所示。发热元件串联于电动机工作回路中。电机正常运转时,热元件仅能使双金属片弯曲,还不足以使触头动作。当电动机过载时,即流过热元件的电流超过其整定电流时,热元件的发热量增加,使双金属片弯曲得更厉害,位移量增大,经一段时间后,双金属片推动导板使热继电器的动断触头断

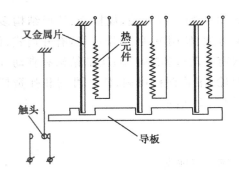

图 1.28 热继电器原理

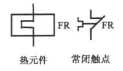

热元件   常闭触点

图 1.29 热继电器符

开,切断电动机的控制电路,使电机停车。为了使热继电器触头快速动作,往往采用弓簧片式瞬跳动作结构。热继电器的电气符号如图 1.29 所示。

热继电器的整定值是指热继电器长久不动作的最大电流,超过此值即动作。热继电器的整定电流可以通过热继电器所带的专门的调节旋钮进行调整。

热继电器的型号也很多。目前较新型的有:国产的 JR16、JR20 双金属片式热继电器,引进德国西屋-芬纳尔公司制造技术生产的 JR-23(KD7)系列热过载继电器,与 ABB 公司的 B 系列交流接触器配套的 T 系列热继电器,引进德国西门子公司制造技术生产的 JRS3(3UA)系列热过载继电器等产品。

1.5 其他常用电器

1.5.1 低压熔断器

熔断器(Fuse)是一种利用熔体的熔化作用而切断电路的、最初级的保护电器,适用于交流低压配电系统或直流系统,作为线路的过负载及系统的短路保护用。

熔断器的作用原理可用保护特性或安秒特性来表示。所谓安秒特性是指熔化电流与熔化时间的关系,如表 1.1 和图 1.30 所示。

表 1.1 熔断器熔化电流与熔化时间

熔断电流	$1.25I_{RT}$	$1.6I_{RT}$	$2I_{RT}$	$2.5I_{RT}$	$3I_{RT}$	$4I_{RT}$
熔断时间	∞	1h	40s	8s	4.5s	2.5s

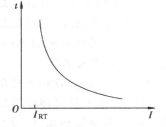

图 1.30 熔断器安秒特性

熔断器作为过负载及短路保护电器具有分断能力高、限流特性好、结构简单、可靠性高、使用维护方便、价格低又可与开关组成组合电器等许多优点,所以得到广泛的应用。

熔断器是由熔断体及支持件组成。熔断体常制成丝状或片状,熔断体的材料一般有两种:一种是低熔点材料如铅锡合金、锌等;另一种是高熔点材料如银、铜等。支持件是底座与载熔件的组合。支持件的额定电流表示配用熔断体的最大额定电流。

熔断器有很多类型和规格,如有填料封闭管式 RT 型、无填料封闭管式 RM 型、螺旋式 RL 型、快速式 RS 型、插入式 RC 型等,熔体额定电流从最小的 0.5A(FA4 型)到最大的 2 100A (RSF 型),按不同的形式有不同的规格。

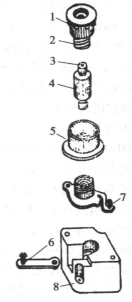

图 1.31 所示为 RL1 型螺旋式熔断器结构图。熔断器由瓷帽 1、金属管 2、指示器 3、熔管 4、瓷套 5、下接线端 6、上接线端 7 和瓷座 8 等组成。熔管为封闭有填料管式熔断体,它由变截面熔体及高强度瓷管、石英砂等组成。当线路发生过负载或短路时,故障电流通过熔体,熔体被加热、熔化、汽化、断裂而产生电弧。在电弧的高温作用下,熔体金属蒸气迅速向四周喷溅,石英砂使金属蒸气冷却,加速了电弧的熄灭,熔体熔断而切断了故障电路。

有填料管式熔断器具有较好的限流作用,因此,各种形式的有填料管式熔断器得到了广泛的应用。

目前,较新式的熔断器有取代 RL1 的 RL6、RL7 型螺旋式熔断器;取代 RT0 的 RT16、RT17、RT20 型有填料管式熔断器;取代 RS0、RS3 的 RS、RSF 型快速熔断器;取代 RLS 的 RLS2 型螺旋式快速熔断器。另外,还有取代 R1 型玻璃管式熔断器并可用于二次回路的 RT14、RT18、RT19B 型有填料封闭管式圆筒形帽熔断器。

图 1.31　RL1 型熔断器结构

1.5.2　低压隔离器

低压隔离器是指在断开位置能符合规定的隔离功能要求的低压机械开关电器,而隔离开关的含义是在断开位置能满足隔离器隔离要求的开关。近十余年来,隔离开关和隔离器的发展非常迅速,常用产品除了 HD11～HD14 及 HS11～HS13(B)系列外,很多都是新开发或引进国外技术生产的新产品,这些产品在结构及技术性能上都较好,代表相当的领先水平。本节代表性地介绍几种隔离器。

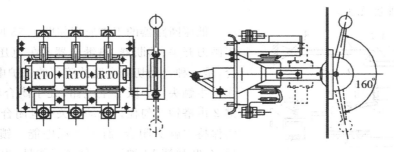

图 1.32　HR3 系列熔断器式刀开关

HR3 系列熔断器式刀开关适用于交流 50Hz、额定电压 380V 和直流电压 440V、额定电流 100～600A 的工业企业配电网络中,作为电缆、导线及用电设备的过负载和短路保护,以及在网络正常供电的情况下不频繁地接通和切断电源,如图 1.32 所示。熔断器式开关是由 RT0

型熔断器、静触头、操作机构和底座组成的组合电器。它具有熔断器和刀开关的性能,在正常馈电的情况下,接通和切断电源由刀开关承担,熔断器用作导线和用电设备的短路保护或导线的过负载保护。

HR3 系列开关都装有灭弧室,灭弧室是由酚醛纸板和钢板冲制的栅片铆合而成。熔断器式刀开关的熔断体固定在带有弹簧钩子锁板的绝缘横梁上,在正常运行时,保证熔断体不脱扣,而当熔断体因线路故障而熔断后,只需按下钩子便可以很方便地更换熔断体。

HR3 系列熔断器式刀开关可做成各种操作形式,适用于各种结构的开关。

HD 系列和 HS 系列单投和双投刀开关适用于交流 50Hz、额定电压至 380V、直流至 440V、额定电流至 1 500A 的低压成套配电装置中,作为不频繁地手动接通和分断交直流电路的隔离开关用。

HD13BX 系列及 HS13BX 系列开启式刀开关是在 HD 系列和 HS 系列基础上发展出来的旋转操作型开关,主要特征是操作机构新颖、省力、方便。

Q 系列开关为 QA、QP 系列隔离开关和 QSA(HH15)系列隔离开关熔断器组合名称。Q 系列开关为引进丹麦 LK—NES 公司产品,其短路分断能力、开关能力等均符合 BS、YDE 和 IEC 等国际标准。Q 系列开关有 20 个规格,开关的额定电压交流 380~660V、直流 220~440V;额定电流 63~3 150A;开关有 2 极、3 极、3 极带中性极(4 极)等形式。

Q 系列开关标准化、系列化、通用化水平高,其每相有两组双断点的触头系统,通过改变触头连接形式可派生出不同系列的开关。

1.5.3 低压断路器

低压断路器(Automatic Circuit Breaker)按结构形式分为万能式和塑料外壳式两类。其中,万能式原称作框架式断路器,为与 IEC 标准使用的名称相符合,已改称为万能式断路器。

低压断路器又称作自动空气断路器,简称自动空气开关或自动开关。低压断路器与接触器不同的是,虽然允许切断短路电流,但允许操作的次数较低,不适宜频繁操作。

低压断路器主要由触头系统、操作机构和保护元件 3 部分组成。主触头由耐弧合金(如银钨合金)制成,采用灭弧栅片灭弧。操作机构较复杂,其通断可用手柄操作,也可用电磁机构操作,大容量的断路器也可采用电动机操作;自动脱扣装置可应付各种故障,使触点瞬时动作,而与手柄的操作速度无关。

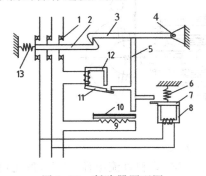

图 1.33 断路器原理图

低压断路器的工作原理如图 1.33 所示。它相当于闸刀开关、熔断器、热继电器和欠电压继电器的组合,是一种自动切断电路故障用的保护电器。正常工作时主触头 1 串联于主电路,处于闭合状态,此时锁键 2 由搭钩 3 勾住。自动开关一旦闭合后,由机械连锁保持主触头闭合,而不消耗电能。锁键 2 被扣住后,分断弹簧 13 被拉长,储蓄了能量,为开断作准备。过电流脱扣器 12 的线圈串联于主电路,当电流为正常值时,衔铁吸力不够,处于打开位置。当电路电流超过规定值时,电磁吸力增加,衔铁 11 吸合,通过杠杆 5 使搭钩 3 脱开,主触点 1 在弹簧 13 作用下切断电路,这就是过电流保护;当电压过低(欠压)或失压时,欠电压脱扣器 8 的衔铁 7 释放,同样由杠杆使搭钩脱开,切断电路,实现了失压保护;过载时双金属片 10 弯曲,也通过杠杆 5 使搭钩 3 脱开,主触点电路被切断,完成过负荷保护。图 1.33 中其他分别是:转轴 4、弹簧 6、加热电阻丝 9。

低压断路器的新型号很多,有用引进技术生产的,如 C45、S250S、E4CB、3VE、ME、AE 等系列,有国内开发研制的,如 CM1、DZ20 系列。在 20 世纪 90 年代,部分生产厂与国外企业合资建厂引进技术及零件,生产具有当代水平的新型断路器如 S、F、M 系列等,使我国断路器生产在某些方面达到新的水平。

C45、DPN、NC100 小型塑料外壳式系列断路器是中法合资天津梅兰日兰有限公司用法国梅兰日兰公司的技术和设备制造的产品,适用于交流 50Hz 或 60Hz、额定电压为 240/415V 及以下的电路中,作为线路、照明及动力设备的过负载与短路保护,以及线路和设备的通断转换。该系列断路器也可用于直流电路。

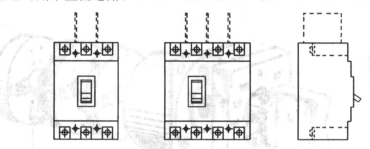

图 1.34　DZ20 系列断路器外形图

DZ20 系列断路器是我国 20 世纪 80 年代以来研制的作为替代 DZ10 等系列老产品的新型断路器,是目前国内应用得最多的断路器之一。DZ20 系列断路器适用于交流 50Hz、额定电压 380V 及以下、直流电压 220V 及以下网络中,作配电和保护电机用。在正常情况下,可分别作为线路的不频繁转换及电动机的不频繁起动用,其外形如图 1.34 所示,技术数据详见附录 1 表 1.6。

1.5.4　主令电器

主令电器(Master Switch)是电气控制系统中用于发送控制指令的非自动切换的小电流开关电器。在控制系统中用以控制电力拖动系统的起动与停止,以及改变系统的工作状态,如正转与反转。主令电器可直接作用于控制线路,也可以通过电磁式电器间接作用。由于它是一种专门发号施令的电器,故称主令电器。

主令电器应用广泛,种类繁多,主要有控制按钮、万能转换开关等。

(1)控制按钮

控制按钮(Push-button)是一种结构简单,应用广泛的主令电器,在控制回路中用于远距离手动控制各种电磁机构,也可以用来转换各种信号线路与电气连锁线路等。

控制按钮的基本结构如图 1.35 所示,一般由钮帽 1、恢复弹簧 2、桥式动触头 4、静触头 3和外壳 5 等组成。当按下按钮时,先断开常闭触头,然后接通常开触头。当按钮释放后,在恢复弹簧作用下使按钮自动复原。这就是一般的按钮,通常称为自复式按钮,也有带自保持机构的按钮,第一次按下后,由机械结构锁定,手放开后不复原,要第二次按下后,锁机构脱扣,手放开后才自动复原。

生产控制中,按钮常常成组使用。为了便于识别各个按钮的作用,避免误操作,通常在按钮上作出不同标志或涂以不同的颜色。通常以绿色或黑色表示起动按钮,红色表示停止按钮。

国内生产的按钮种类很多,目前用得最多的仍然是LA18、LA19、LA20系列。

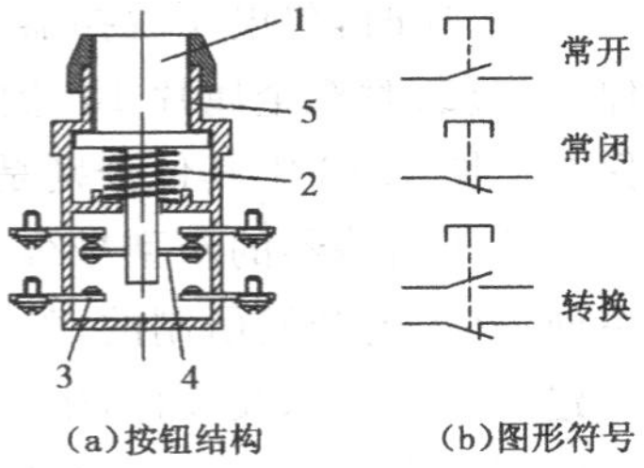

(2)万能转换开关

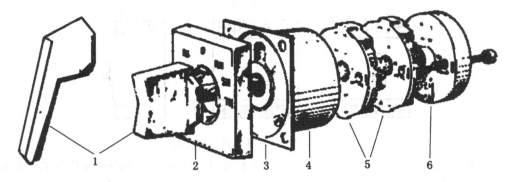

图1.35　按钮

万能转换开关(Control Switch)是一种多挡式、控制多回路的主令电器。它一般可作为各种配电装置的远距离控制,也可作为电压表、电流表的转换开关,或作为小容量电动机的起动、调速和换向之用。由于换接的线路多、用途广,故有"万能"之称。

图1.36　ABG10型万能转换开关组装图

万能转换开关的基本结构如图1.36所示。它由开关手柄1、面板2、固定板3、定位机构4、触头基座5、尾座6以及转轴、凸轮、触头、螺杆等组成。工作时,旋转手柄带动套在转轴上的凸轮来控制触点的接通和断开。由于每层凸轮可做成不同的形状,因此用手柄将开关转到不同位置时,通过凸轮作用,可使各对触点按所需要的变化规律接通或断开,以适应不同线路的需要。

我国生产的转换开关种类很多。长久以来,使用得最多的主要有LW2、LW5、LW6、LWX1等几种,这些开关以黑胶木为主要绝缘材料,绝缘强度和机械强度较差,加之触头机构复杂,外观比较粗糙,外形比较大,因此质量一直不能使用户满意。近年来,新材料、新技术不断推广,一批新型开关已经上市,其中最有代表性的有国内技术生产的LW12-16系列万能转换开关、引进ABB技术生产的ABG10系列开关、ADA10转换开关、ABG12万能转换开关等。最常见的国外进口万能转换开关是奥地利生产的蓝系列开关,此开关性能优越,外观也比较好看,但其通断图表不符合国内用户习惯,所以不易使用。

万能转换开关组合形式多样,通断关系十分复杂。要掌握电气控制设计,熟悉开关通断图表是非常重要的。下面以ABG12-2.8N/3电动机可逆转开关为例,简要介绍开关触点图表的基本表示方法。

图1.37(a)为触点通断图,图中3条垂直虚线表示转换开关手柄的3个不同操作位置,分别代表正转、停止和反转3种工作状态;水平线表示端子引线;各对数字1-2、3-4等表示6对触

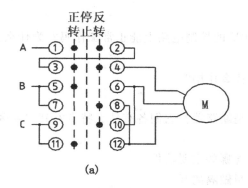

ABG12-2.8N/3 电动机可逆转开关

工作状态	手柄位置	触点号					
		1-2	3-4	5-6	7-8	9-10	11-12
正转		×	×	×	—	—	×
停止		—	—	—	—	—	—
反转		×	×	—	×	×	—

图 1.37 ABG12-2.8N/3 开关通断图表

点脚号;在虚线上与水平线对应的黑点表示该对触点在虚线位置时是接通的,否则是断开的。

图(b)为通断表,它以表格形式示出开关工作状态、手柄操作位置和触点对编号等。通常表中以"×"号表示触点接通,以"—"号或空白表示触点断开。如表中,手柄位于中间时,电动机停止;手柄逆时针旋转 45°,触点 1-2、3-4、5-6 和 11-12 接通,电动机正转;如果顺时针旋转 45°,则电动机反转,此时触点 1-2、3-4、7-8 和 9-10 接通。不难看出,通断图和通断表是一一对应的两种表示方法,因此,它们也可以合在一起,组成通断图表。

特别需要指出的是,对于一些触点形式特别复杂的开关,如 LW2、LWX1 系列等,通断图表上还有必要示出其各层的触点位置图和触点形式代号。限于篇幅,本章不作介绍。

近十年来,低压电器技术迅速发展,更新换代产品日益增多。为了便于正确选择和使用低压电器,现列出低压电器的使用类别代号及其对应的用途性质,见附录 1 表 1.3。

思考题与习题

1.1 接触器的作用是什么?根据结构特征,如何区分交、直流接触器?

1.2 为什么交流电弧比直流电弧更易熄灭?

1.3 按物理性质继电器有哪些主要分类?它们各有什么用途?什么是继电特性?

1.4 电压和电流继电器在电路中各起什么作用?他们的线圈和触点各接于什么电路中?

1.5 什么是继电器的返回系数?将释放弹簧放松或拧紧一些,对电流(或电压)继电器的吸合电流(或电压)与释放电流(或电压)有何影响?

1.6 增加衔铁吸合后的气隙时,对电流(或电压)继电器的吸合电流(或电压)与释放电流(或电压)有何影响?

1.7 减小衔铁打开后的气隙时,对电流(或电压)继电器的吸合电流(或电压)与释放电流(或电压)有何影响?

1.8 交流 220V 的电压继电器误接于直流 220V 的控制电路上能正常工作吗?为什么?会产生什么现象?

1.9 直流 220 的电压继电器误接于交流 220V 的控制电路上能正常工作吗?为什么?会产生什么现象?

1.10 交流 220V 的电压继电器误接于交流 380V 的控制电路上能正常工作吗?为什么?

会产生什么现象？

    1.11　交流 380V 的电压继电器误接于交流 220V 的控制电路上能正常工作吗？为什么？会产生什么现象？

    1.12　时间继电器和中间继电器在电路中各起什么作用？

    1.13　热继电器与熔断器的作用有何不同？

    1.14　什么是接触器？什么是隔离开关？什么是断路器？它们各有什么特点？其主要区别是什么？

    1.15　什么叫主令电器？它有什么作用？它包含哪些主要器件？

    1.16　隔离开关的主要功能是什么？它为什么叫做隔离开关？

第2章
基本电气控制线路及其逻辑表示

继电-接触器电气控制线路是由按钮、继电器、接触器、熔断器、行程开关等低压控制电器组成的电气控制电路,可以实现对电力拖动系统的起动、调速、制动、反向等动作的控制和保护,以满足生产工艺对拖动控制的要求。继电-接触器控制电路具有线路简单、维修方便、便于掌握、价格低廉等许多优点,多年来在各种生产机械的电气控制领域中获得广泛的应用。

由于生产机械的种类繁多,所要求的电气控制线路也是千变万化、多种多样的。但无论是比较简单的,还是很复杂的电气控制线路,都是由一些基本环节组合而成。因此本章着重阐明组成这些电气控制线路的基本规律和典型线路环节。这样,再结合具体的生产工艺要求,就不难掌握电气控制线路的分析和设计方法。

按钮、继电器、接触器等控制电器一般只有两种工作状态:触点的通或断;电磁线圈的得电或失电。这与逻辑代数中的"1"和"0"对应,因而可以采用逻辑代数这一数学工具来描述、分析、设计电气控制线路。本章介绍一些逻辑代数在继电-触器电气控制线路中的分析与应用。

2.1　电气控制线路的绘制及国家标准

2.1.1　常用电气图形及文字符号的国家标准

电气控制系统是由许多电气元件按照一定要求连接而成,从而实现对某种设备的电气自动控制。为了便于对控制系统进行设计、研究分析、安装调试、使用和维修,需要将电气控制系统中各电气元件及其相互连接关系用国家规定的统一符号、文字和图形以图的形式表示出来。这种图就是电气控制系统图,其形式主要有电气原理图和电气安装图两种。

安装图是按照电器实际位置和实际接线线路,用给定的符号画出来的,这种电路图便于安装。

电气原理图是根据电气设备的工作原理绘制而成,具有结构简单、层次分明、便于研究和分析电路的工作原理等优点。

绘制电气原理图应按《GB4728—85》、《GB7159—87》、《GB6988—86》等规定的标准绘制。如果采用上述标准中未规定的图形符号时,必须加以说明。当标准中给出几种形式时,选择符号应遵循以下原则:

①应尽可能采用优选形式;
②在满足需要的前提下,应尽量采用最简单的形式;
③在同一图号的图中使用同一种形式。

一些常用电气图用图形符号见表 2.1。考虑到新老标准更换需要时间,本书附录提供了电气图常用图形符号和文字符号的新旧对照表,以供参考。

表 2.1　常用电气图形和文字符号表

名称		图形符号	文字符号	名称		图形符号	文字符号
一般三相电源开关			QK	低压断路器			QF
位置开关	常开触点		SQ	按钮	起动		SB
	常闭触点		SQ		停止		SB
	复合触点				复合触点		
接触器	线圈		KM	时间继电器	线圈		KT
	主触点				通电延时闭合触点		
	常开辅助触点				断电延时打开触点		
	常闭辅助触点				通电延时闭触点		
速度继电器	常开触点		KS		断电延时闭触点		
	常闭触点			熔断器			FU

名称		图形符号	文字符号	名称	图形符号	文字符号
热继电器	热元件		FR	旋动开关		SA
	常闭触点			电磁离合器		YC
继电器	中间继电器线圈		KA	保护接地		PE
	欠电压继电器线圈		KA	桥式整流装置		VC
	欠电流继电器线圈		KI	照明灯		EL
	过电流继电器线圈		KI	信号灯		HL
	常开触点		相应继电器符号	直流电动机		M
	复合触点			交流电动机		M

2.1.2　电气控制原理图的绘制原则

根据简单清晰的原则,原理图采用电气元件展开的形式绘制。它包括所有电气元件的导电部件和接线端点,但并不按照电气元件的实际位置来绘制,也不反映电气元件的大小。绘制原理图的原则主要有:

①原理图一般分主电路、控制电路、信号电路、照明电路及保护电路等。

主电路(动力电路)指从电源到电动机大电流通过的电路,其中电源电路用水平线绘制,受电动力设备(电动机)及其保护电器支路,应垂直于电源电路画出。

控制电路、照明电路、信号电路及保护电路等,应垂直地绘于两条水平电源线之间,耗能元件(如线圈、电磁铁、信号灯等)的一端应直接连接在接地的水平电源线上,控制触点连接在上方水平线与耗能元件之间。

②图中所有电器触点,都按没有通电和外力作用时的开闭状态画出。对于继电器、接触器的触点,按吸引线圈不通电状态画,控制器按手柄处于零位时的状态画,按钮、行程开关触点按不受外力作用时的状态画。

③无论主电路还是辅助电路,各元件一般应按动作顺序从上到下、从左到右依次排列。

④为了突出或区分某些电路、功能等,导线符号、信号电路、连接线等可采用粗细不同的线条来表示。

⑤原理图中各电气元件和部件在控制线路中的位置,应根据便于阅读的原则安排。同一电气元件的各个部件可以不画在一起,但必须采用同一文字符号标明。

⑥原理图中有直接电联系的交叉导线连接点,用实心圆点表示;可拆卸或测试点用空心圆点表示;无直接电联系的交叉点则不画圆点。

⑦对非电气控制和人工操作的电器,必须在原理图上用相应的图形符号表示其操作方式及工作状态。由同一机构操作的所有触点,应用机械连杆表示其联动关系。各个触点的运动方向和状态,必须与操作件的动作方向和位置协调一致。

⑧对于电气控制有关的机、液、气等装置,应用符号绘出简图,以表示其关系。

图 2.1 是 CM6132 普通车床电气原理图。

2.1.3　图面区域的划分

为了便于检索电气线路,方便阅读电气原理图,应将图面划分为若干区域。图区的编号一般写在图的下部。例如,在图 2.1 中图面划分为 18 个图区。图的上方设有用途栏,用文字注明该栏对应的下面电路或元件的功能,以利于理解原理图各部分的功能及全电路的工作原理。

2.1.4　符号位置的索引

由于接触器、继电器的线圈和触点在电气原理图中不是画在一起,其触点也分布在图中所需的各个图区,为便于阅读,在接触器、继电器线圈的下方画出其触点的索引表,阅读时可以通过索引很快地在相应的图区找到其触点。

对于接触器,索引表中各栏含义如下:

左栏	中栏	右栏
主触点所在图区号	辅助常开触点所在图区号	辅助常闭触点所在图区号

对于继电器,索引表中各栏含义如下:

左栏	右栏
常开触点所在图区号	常闭触点所在图区号

例如,在图 2.1 中接触器 KM1 和继电器 KA 下的索引表分别为:

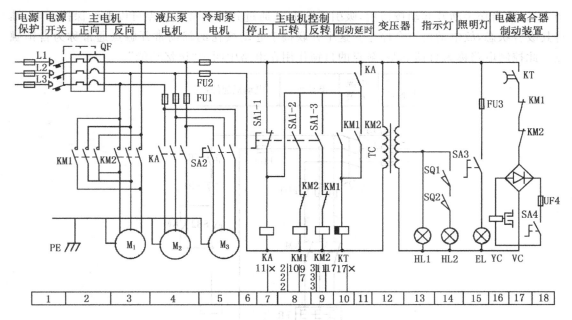

电源保护	电源开关	主电机		液压泵电机	冷却泵电机	主电机控制				变压器	指示灯	照明灯	电磁离合器制动装置
		正向	反向			停止	正转	反转	制动延时				

图 2.1　CM6132 普通车床电气控制线路原理图

	2	10	9			11	×
	2		17				
	2						

KM1　　　　　　　　　　　　KA

KM1 索引表表明:KM1 有 3 对主触点在 2 图区,一对辅助常开触点在 10 图区,两对辅助常闭触点分别在 9 图区和 17 图区。

KA 索引表表明:KA 有一对常开辅助触点在 11 图区,"×"表示没有使用辅助触点,有时也可以采用省去"×"不画的方法来表示没有使用辅助触点。

2.2　基本电气控制方法

2.2.1　异步电动机简单的起、停、保护电气控制线路

异步电动机起、停、保护电气控制线路是广泛应用的、也是最基本的控制线路,如图 2.2 所示。该线路能实现对电动机起动、停止的自动控制,并具有必要的保护,如短路保护、过载保护、零压保护等。

在图 2.2 的电气控制线路中,三相交流异步电动机和由其拖动的机械运动系统为控制对象,通过由控制器、熔断器、热继电器和按钮所组成的控制装置对控制对象进行控制。控制装置根据生产工艺过程对控制对象所提出的基本要求实现其控制作用。

起动电动机:合上刀闸开关 QS,按起动按钮 SB2,接触器 KM 的吸引线圈得电,其主触点 KM 闭合,电动机起动。由于接触器的辅助常开触点 KM 并联接于起动按钮,而且这时已经

闭合,因此当松手断开起动按钮后,吸引线圈 KM 通过其辅助常开触点可以继续保持通电,维持其吸合状态,故电动机不会停止。这个并联接于起动按钮的辅助常开触点通常称为自锁触点。此控制电路称为自锁电路,触点的自锁作用在电路中叫做"记忆功能"。

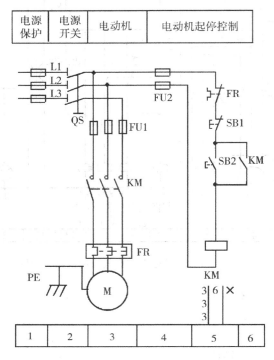

图 2.2 简单的起、停、保护电气控制线路

使电动机停转:按停止按钮 SB1,接触器 KM 的吸引线圈失电释放,所有 KM 常开触点断开。KM 主触点断开,电动机失电停转;KM 辅助触点断开,消除自锁电路,清除"记忆"。

线路保护环节:

短路保护——短路时通过熔断器 FU1 或 FU2 的熔体熔断切断电路,使电动机立即停转;

过载保护——通过热继电器 FR 实现。当负载过载或电动机单相运行时,FR 动作,其常闭触点将控制电路切断,KM 吸引线圈失电,切断电动机主电路使电动机停转;

零压保护——通过接触器 KM 的自锁触点来实现。当电源电压消失(如停电),或者电源电压严重下降,使接触器 KM 由于铁心吸力消失或减小而释放,这时电动机停转并失去自锁。而电源电压又重新恢复时,要求电动机及其拖动的运动机构不能自行起动,以确保操作人员和设备的安全。由于电网停电后自锁触点 KM 的自锁已消除,所以不重新按起动按钮电动机就不能起动。

通过上述电路的分析可以看出:电器控制的基本方法是通过按钮发布命令信号;而由接触器执行对电路的控制;继电器则用以测量和反映控制过程中各个量的变化,例如热继电器反应被控制对象的温度变化,并在适当时候发出控制信号使接触器实现对主电路的各种必要的控制。

2.2.2 多地点控制

在较大型的设备上,为了操作方便,常要求能在多个地点对电动机进行控制。按不同要求可设计成不同的多地点控制线路,如图 2.3 所示。

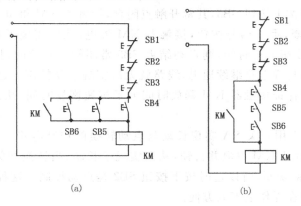

图 2.3 电动机的多地点控制

要求能在多处起动电动机时,实现的方法是将分散在各操作站上的起动按钮先并联起来,如(a)图中的 SB4,SB5,SB6,这时按下任意按钮均能起动电动机。有的大型设备需要几个操作者在不同位置工作,而且为了操作者的安全,要求所有操作者都发出起动信号才能使电动机运转,这时可将安装在不同位置的起动按钮串联连接,如(b)图中的 SB4,SB5,SB6。若要求在多处均可控制电动机的停转,则停止按钮应先做串联连接,如图(b)中的 SB1,SB2,SB3。

2.2.3 连续工作(长动)与点动控制

某些生产机械既需要连续运转,即所谓长动,又要求在试车调整及快速移动时能进行点动控制。点动是指手按下按钮时,电动机转动工作,手松开按钮时,电动机立即停止工作。例如,机床刀架的快速移动、机床的调整对刀等。长动可用自锁电路实现,取消自锁触点或是自锁触点不起作用就是点动,如图 2.4 所示。

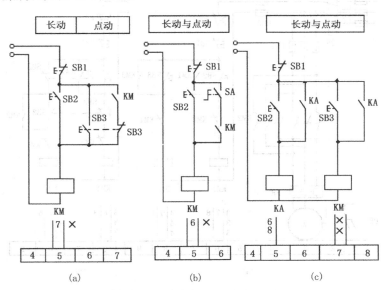

图 2.4 长动与点动控制电路

图 2.4 中,(a)图为用按钮实现长动与点动的控制电路,点动按钮 SB3 的常闭触点作为连

锁触点串联在接触器 KM 的自锁触点电路中。当长动时按下起动按钮 SB2,接触器 KM 得电并自锁;当点动工作时按下按钮 SB3,其常开触点闭合,接触器 KM 得电。但 SB3 的常闭触点将 KM 的自锁电路切断,手一离开按钮,接触器 KM 失电,从而实现了点动控制。若接触器 KM 的释放时间大于按钮恢复时间,则点动结束 SB3 常闭触点复位时,接触器 KM 的常开触点尚未断开,使接触器自锁电路继续通电,线路就无法实现点动控制。这种现象称为"触电竞争"。在实际应用中应保证接触器 KM 释放时间大于按钮恢复时间,从而实现可靠的点动控制。

图 2.4 中,(b)图为用开关 SA 实现长动与点动转换的控制电路。当转换开关 SA 闭合时,按下按钮 SB2,接触器 KM 得电并自锁,从而实现了长动;当转换开关 SA 断开时,由于接触器 KM 的自锁电路被切断,所以这时按下按钮 SB2 是点动控制。这种方法避免了(a)图中的"触点竞争"现象,但在操作上不太方便。

图 2.4 中,(c)图为用中间继电器实现长动与点动的控制电路。长动控制时按下按钮 SB2,中间继电器 KA 得电并自锁。点动工作时按下按钮 SB3,由于不能自锁从而可靠地实现点动工作。这种方法克服了(a)图和(b)图的缺点,但因为多用了一个继电器 KA,所以成本增加。

2.2.4 异步电动机的正、反转电路

生产机械的工作部件常需要做两个相反方向的运动,大都靠电动机正反转来实现。实现电动机正反转的原理很简单,只要将三相交流异步电动机的三相电源中的任意两相对调,就可使电动机反向运转。图 2.5 为按钮控制的电动机正反转典型电路。

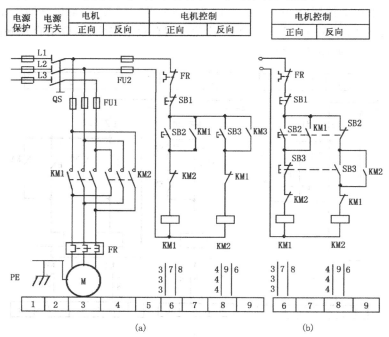

图 2.5 按钮控制的异步电动机正反转电路

在主电路中,两个接触器 KM1,KM2 触点接法不同,因此当 KM2 的触点闭合时,引入电

动机的电源线左、右两相互换，改变了电动机电源的相序，从而改变电机转向。在控制电路中，SB2，SB3 分别为正、反控制按钮，SB1 为停止按钮。主电路中 KM1 和 KM2 的主触点不允许同时闭合，否则会引起电源两相短路。为防止接触器 KM1 和 KM2 同时接通，在它们各自的线圈电路中串联接入对方的常闭触点，在电气上保证 KM1 和 KM2 不能同时得电。接触器 KM1 和 KM2 的这种关系称为互相连锁，简称互锁。KM1、KM2 的触点为互锁触点。

控制电路(a)图中，按下按钮 SB2，接触器 KM1 得电并自锁，电动机正转。此时按下按钮 SB3，由于控制电路 KM1 的常闭触点已断开，因此 KM2 不能得电。电动机要反转时，必须先按停止按钮，使 KM1 失电，其常开触点闭合，然后按下按钮 SB3，KM2 才能得电，使电动机反转。这种控制电路在频繁换向时，操作不方便。

控制电路(b)图中，采用复合按钮代替单触点按钮，并将复合按钮的常闭触点分别串接于对方接触器控制电路中，这样在接通一条电路的同时，可以切断另一条电路。例如，当电动机正转时，按下 SB3，即可不用停止按钮过渡而直接控制进入反转状态。但需注意这种按钮控制直接正反转电路仅适用于小容量电动机，且拖动的机械装置转动惯量较小的场合。

通过正反转电路可得出规律：要求甲接触器动作时，乙接触器不能动作，则需将甲接触器的常闭触点串入乙接触器的线圈电路中。

2.2.5　顺序控制

在多台电动机拖动的电气设备中，经常要求电动机有顺序地起动。如某些机床的主轴必须在油泵工作以后才能起动；龙门刨床工作台移动时，导轨内必须有充足的润滑油；铣床主轴旋转以后，工作台可移动等，都要求电动机有顺序地起动工作。图 2.6 即为两台电动机顺序起动的电气控制线路。

在(a)图中，将油泵电动机接触器 KM1 的常开触点串入主轴电动机接触器 KM2 的线圈电路中。可见，只有 KM1 得电，油泵电动机起动，同时位于第 9 区的 KM1 常开触点闭合后，KM2 才有可能得电，主轴电动机才可能起动。停车时，主轴电动机可以单独停止，但当油泵电动机停车时，则主轴电动机立即停车。

(b)图中的接法可以省去 KM1 的常开触点，使线路得到简化。

通过此例可得出规律：要求甲接触器动作后乙接触器才能动作，则需将甲接触器的常开触点串在乙接触器的线圈电路中。

2.3　异步电动机的基本电气控制电路

2.3.1　起动控制电路

普通笼型异步电动机必须根据不同的情况(电源容量、负载性质以及启动频繁程度等)采用相应的起动方式，以改善其起动性能。三相交流异步电动机有直接起动和降压起动两种方式。

直接起动即全电压启动。直接起动最简单。电动机是否可以采用直接起动，由电源容量的大小以及启动频繁程度决定。对不经常起动的异步电动机，其容量不超过电源容量的

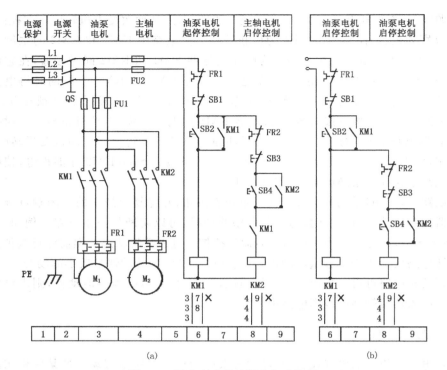

| 电源保护 | 电源开关 | 油泵电机 | 主轴电机 | 油泵电机起停控制 | 主轴电机启停控制 | | 油泵电机启停控制 | 油泵电机启停控制 |

图 2.6　两台电动机的顺序起动控制

30％;对于频繁起动的异步电动机,其容量不超过电源容量的 20％,可以直接起动。如果动力和照明共用一台变压器,则允许直接起动的电动机容量,是以当它起动时电网电压降不超过其额定电压的 5％ 为原则。因为控制简单,所以只要电源容量许可,此法应尽可能采用。

如果电源容量不允许电动机直接起动,则可以采用降压起动。降压起动虽然可以减少起动电流,但同时也减少了起动转矩,因为异步电动机的转矩与外加电压的平方成正比,这是降压起动的不足之处。因此降压启动仅适用于空载或轻载情况下起动。常用的降压起动方法有星形三角形换接启动(简称星-三角起动或 Y-△起动)和自耦变压器起动。

(1)直接起动控制电路

图 2.7 为用刀开关直接起动的电路。由于这种电路只有主电路而没有控制电路,因此无法实现遥控和自控,仅用于不频繁起动的小容量电动机。

图 2.2 是用接触器直接起动电动机的电路,其工作原理,这里不再重述。

(2)Y-△降压起动控制电路

由于电动机定子绕组接成三角形时,每相绕组所承受的电压为电源的线电压(380V);而接成星形连接时,每相绕组所承受的电压为电源的相电压(220V)。因此,对于正常运行时定子绕组接成三角形的笼型异步电动机,当起动时改为星形连接,就可达到降压起动以限制起动电流的目的;当转速上升到一定数值后,再将定子绕组由星形恢复到三角形连接,电动

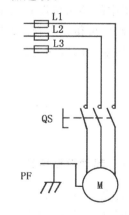

图 2.7　用开关直接起动电动机的电路

机就可进入全压正常运行。图 2.8 是利用时间继电器在电动机起动过程中自动完成星-三角切换的起动控制电路。

从图 2.8 可看出，按下 SB2 后，KM1 线圈的得电并自锁，同时 KT，KM3 线圈也得电，KM1，KM3 主触点同时闭合，电动机定子绕组接成星形，电动机降压起动。KT 为通电延时型继电器，经 KT 延时，其第 8 区的延时常闭触点断开，KM3 线圈失电释放，第 9 区的延时常开触点闭合，KM2 线圈得电，这时，KM1，KM2 主触点处于闭合状态，电动机定子绕组转换为三角形连接，进入全压运行。在控制电路中，KM2，KM3 两个常闭触点分别串接在对方线圈电路中，形成互锁关系，使 KM2，KM3 线圈不能同时得电，以防止 KM2 和 KM3 主触点的同时闭合在主电路可能造成的短路故障。

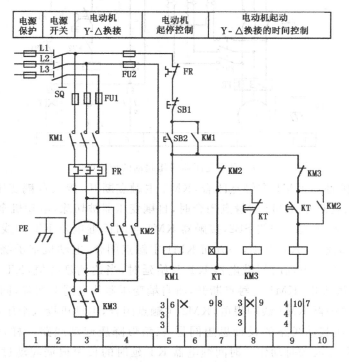

图 2.8　异步电动机星-三角形降压起动电路

在星-三角形降压起动过程中，定子绕组的切换由时间继电器 KT 延时动作来控制的。这种控制方式称为时间原则控制。KT 延时的长短应根据起动过程所需时间来整定。

星-三角形降压起动的优点在于星形起动电流是原来三角形接法的 1/3，起动电流特性好，线路简单，价格便宜。缺点是起动转矩也相应下降为原来三角形接法的 1/3，转矩特性差，适用于空载或轻载状态下起动。并且要求电动机具有 6 个接线端子，且只能用于正常运转时定子绕组接成三角形的鼠笼电动机，这在很大程度上限制了它的使用范围。

（3）自耦变压器降压起动控制电路

采用自耦变压器降压起动的控制电路中，电动机起动电流的限制，是依靠自耦变压器的降压作用来实现的。电动机起动时，定子绕组得到的电压是自耦变压器的二次电压。一旦起动结束，自耦变压器便被切除，额定电压或者说自耦变压器的一次电压直接加在定子绕组，这时电动机进入全电压正常运行。通常习惯称自耦变压器为起动补偿器。

自耦变压器降压起动的控制电路如图 2.9 所示。

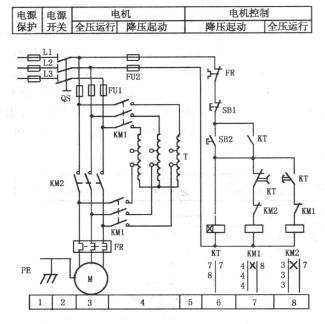

电源保护	电源开关	电机		电机控制	
		全压运行	降压起动	降压起动	全压运行

图 2.9　自耦变压器降压起动的控制电路

从主电路看,接触器 KM1 主触点闭合,KM2 主触点断开,接入自耦变压器,电动机降压起动;当 KM1 主触点断开,KM2 主触点闭合时,自耦变压器被切除,电动机全压正常运行。

从控制电路看,按下起动按钮 SB2,接触器 KM1 与时间继电器 KT 的线圈同时得电并通过时间继电器的瞬动触点 KT 自锁,一方面 KM1 主触点闭合,电动机定子绕组经自耦变压器接至电源降压启动;另一方面时间继电器 KT 开始延时,当达到延时值,KT 延时打开的常闭触点断开,KM1 线圈失电,KM1 主触点断开,将自耦变压器从电网上切除,同时 KT 延时闭合的常开触点闭合,接触器 KM2 线圈得电,KM2 主触点闭合,电动机投入全压运行。

自耦变压器降压起动线路的设计思想同星-三角形降压起动线路一样,也是利用时间原则,采用时间继电器完成按时动作。时间继电器 KT 延时的长短根据起动过程所需时间来整定。

2.3.2　制动电路

异步电动机从切除电源到停转要有一个过程,需要一段时间。在生产过程中,有些设备要求停车时精确定位,或者尽可能缩短停车时间,或者为了工作安全原因,必须采取停车制动措施。

停车制动的方式有两大类——机械制动和电气制动。机械制动是用电磁铁操纵机械进行制动。电气制动是用电气的方法,使电动机产生一个与转子原来转动方向相反的力矩来实现制动。常用的电气制动方式有能耗制动和反接制动。

(1)反接制动控制线路

反接制动是利用改变异步电动机定子绕组上三相电源的相序,使定子产生反向旋转的磁场,从而产生制动力矩的一种制动方法。显然,反接制动时,转子与旋转磁场的相对转速接近转子转速的两倍,因此,制动电流大,制动力矩大,制动迅速,同时对设备冲击也大,通常仅用于 10kW 以下的小容量电动机。为减小制动电流,通常要求在电动机定子电路中串接一定的电阻,称为反接制动电阻。串入的制动电阻既限制了制动电流,又限制了制动转矩。另外,当反接制动到转子转速接近于零时,必须及时切除电源,以防止反向再起动。图 2.10 为使用速度继电器 BV 实现这种控制的典型电路。速度继电器与电动机转子同轴连接,当电动机转速达到 120r/min 以上时,其常开触点 BV 闭合,当转速小于 100r\min 时,BV 触点断开,恢复原位。

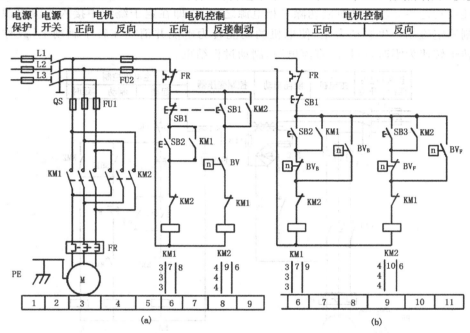

图 2.10　反接制动控制电路

(a)图为单向反接制动控制电路。当电动机正常运转时,速度继电器正向常开触点 BV 是闭合的,但由于 SB1、KM1 两触点是断开的,所以 KM2 线圈为失电。当按下停止按钮 SB1 时,其常闭触点 SB1 断开使 KM1 断电,其常开触点 SB1 闭合使 KM2 线圈得电自锁,电动机反接制动。当制动到电动机转子转速小于 100r/min 时,BV 触点断开,KM2 线圈失电,其主触点的断开使电动机脱离电源,制动过程结束。

(b)图为正、反转启动反接制动控制电路。电动机正向起动时,按下正向起动按钮 SB2,接触器 KM1 吸合并自锁,电动机正向运转;当电动机正向运转时,速度继电器正向常闭触点 BV_F 打开,正向常开触点 BV_F 闭合,为制动做好准备。这时,由于 KM2 线圈电路的互锁触点 KM1 断开,所以 KM2 不会通电。电动机制动时,按下 SB1,接触器 KM1 失电释放,与 KM2 线圈串联的互锁触点 KM1 闭合,电动机正向电源被切断。由于电动机的转速还比较高,速度继电器正向常开触点 BV_F 仍闭合,所以当手离开 SB1 以后,KM2 通电,电动机反接制动。当电动机转速接近零时,速度继电器正向常开触点 BV_F 断开,KM2 断电释放,反接制动结束。速度继电器在常开触点断开时,常闭触点不是立即闭合,因而 KM2(或 KM1)有足够的断电时间使铁心释放,其自锁触点断开,所以不会造成反接制动后电动机反向启动。电动机反转的启动与制动工作过程同上述类似。

由于反接制动冲击大及速度继电器动作不可靠时,可能引起的反向再起动,因此,这种制动方法主要用于不频繁起动、制动并对停车位置无准确要求而且传动机构能承受较大冲击的设备中。

反接制动过程的结束由电动机转速来控制,这种由速度达到一定值而发出转换信号的控制方式称为按速度原则的自动控制。

(2)能耗制动控制线路

能耗制动是指异步电动机刚切除三相电源之际,立即在定子绕组中接入直流电源。由于转子切割固定磁场产生制动力矩,使电机的动能转为电能并消耗在转子制动上,故称能耗制动。当转子转速为零时,应切除直流电源,制动过程结束。

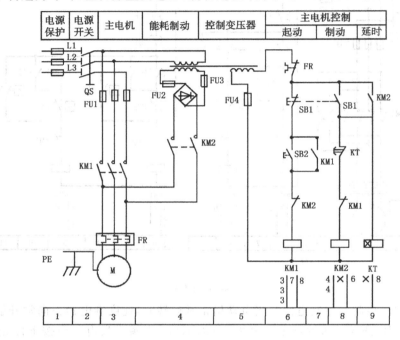

图 2.11 能耗制动控制电路

图 2.11 能耗制动的控制电路图。在控制电路中,按照时间原则的控制方式,使用时间继电器自动完成制动结束时直流电的切除工作。由图可知,按下 SB1 后,KM1 断电,切断电动机的三相交流电源,同时 KM2 得电自锁,使电动机两相定子绕组接入直流电源,电动机进入能耗制动过程;时间继电器 KT 与 KM2 同时得电,KT 开始延时。KT 延时时间到时(电动机这时转速接近于零),其延时常闭触点断开,KM2 断电,解除自锁,KT 断电,电动机脱离直流电源,制动过程结束。

能耗制动作用的强弱与接入直流电流的大小及电动机转速有关,转速越高,电流越大,则制动越强,一般取直流电流为电动机空载电流的 3~4 倍,电流过大将使定子绕组过热。

能耗制动与反接制动相比较,具有制动比较缓和、平稳、准确、功耗小等优点,但制动能力较弱,在低速时制动不十分迅速,而且必须配置一套整流设备。能耗制动适用于电动机容量较大,要求制动平稳准确和起动、制动频繁的场合。

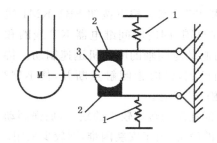

图 2.12　电磁抱闸原理图

（3）电磁抱闸

图 2.12 所示是电磁抱闸制动原理图。图中 1 是弹簧，2 是制动闸，3 是制动轮。由于制动轮与电动机同轴安装，在电动机刚停转时，电磁铁（或压力弹簧）会使制动闸紧紧地抱住制动轮，从而使电动机转子迅速停转。由图看出，如果弹簧 1 选用拉力弹簧，则制动闸平时一直处于"松开"状态。如果弹簧 1 选用压力弹簧，则制动闸平时一直处于"抱住"状态。原始状态不同，相应的控制线路也就不同。

1）制动闸平时一直处于"抱住"状态的控制线路

像电梯、吊车、卷扬机等设备，为了不至于因电源中断和电气线路故障而使制动的安全性和可靠性受影响。因此，一律采用制动闸平时处于"抱住"状态的制动装置。

为了避免电动机在起动前瞬间出现定子绕组通电而转子绕组被擎住不转的堵转状态，在起动时，必须使电磁铁线圈 YA 先通电，待制动闸松开后，电动机才接通三相交流电源。图 2.13（a）为其控制电路。从图中看出，它是一个顺序控制电路，当接通电源并按下按钮 SB2 时，KM2 首先得电，使电磁铁线圈 YA 也得电动作，将衔铁吸上使弹簧拉紧，同时联动机构把压紧在制动轮上的抱闸提起，此时 KM1 也通电，电动机起动，制动轮随电动机一起正转运行。当按下停止按钮 SB1 时，电动机电源被切断，电磁铁 YA 线圈断电，弹簧复位，制动闸重新压紧制动轮，使得与其同轴的电动机迅速制动。

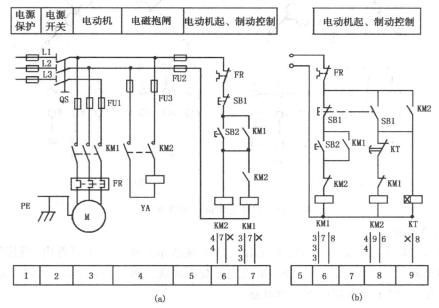

图 2.13　电磁抱闸制动控制线路

2）制动闸平时一直处于"松开"状态的控制线路

像机床等经常需要调整加工件位置的设备，往往采用制动闸平时处于"松开"状态的制动装置，其控制电路如图 2.13（b）所示。

制动闸平时由于弹簧的拉力作用而使抱闸总是处于"松开"状态。按下按钮 SB2,KM1 线圈首先得电,电动机脱离三相交流电源。然后 KM2 得电并自锁,同时时间继电器 KT 线圈和电磁铁 YA 线圈得电动作,使制动闸紧紧地抱住制动轮,与制动轮同轴的电动机迅速制动。待电动机的速度迅速下降至零时,时间继电器 KT 延时时间已到,延时常闭触点断开,使 KM2 和 KT 线圈先后断电,于是 YA 线圈也断电,制动闸恢复"松开"状态。

有时可以将电磁抱闸制动与能耗制动同时使用,以弥补能耗制动转矩较小的缺点,加强制动效果。电磁抱闸制动装置体积较大,对于空间位置比较紧凑的设备,由于安装困难,则较少采用。

2.3.3 双速异步电动机调速控制电路

多速电动机常用来改善机床的调速性能和简化机械变速装置。根据电动机转速公式

$$n=(1-S)n_0=(1-S)\times\frac{60f}{p}$$

式中,S 为转差率,f 为电源频率,p 为定子磁极对数。

可看出,若能改变定子绕组的磁极对数,就可以改变电动机的转速。在多速电动机中,就是通过改变绕组的连接方法来改变磁极对数的。

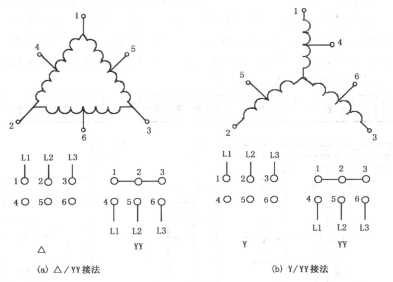

图 2.14 双速电动机三相绕组接法

(1) △/YY 接法

图 2.14(a)是电机 4 极/2 极,定子绕组 △/YY 接法示意图。由图可看出,当接线端自 1,2,3 接三相电源,而 4,5,6 端子悬空时,电机定子绕组接成 △ 形电路,当 4,5,6 端子接电源,1,2,3 端子短接时,定子绕组接成 YY 形电路。

△ 形电路中,每相绕组由两个线圈串联组成,电机呈 4 极($p=2$)旋转磁场,电动机同步转速为 1 500 r/min。YY 形电路中,每相绕组有两个线圈并联组成,产生 2 极($p=1$)旋转磁场,其同步转速为 3 000r/min。

由上可知,若将定子绕组接成 △ 形得到低速,接成 YY 形者得到高速。两种接法的功率近似相等,属恒功率调速。

（2）Y/YY 接法

图 2.14(b)是电机定子绕组 Y/YY 接法示意图。由图可看出,当接线端自 1,2,3 接三相电源,而 4,5,6 端子悬空时,电机定子绕组接成 Y 形电路,当 4,5,6 端子接电源,1,2,3 端子短接时,定子绕组接成 YY 形电路。当电机转速增加一倍(YY 接法)时,输出功率也增加一倍,属于恒转矩调速。

图 2.15 为△/YY 为接法的双速电机控制电路图。主电路中,KM1 得电,电机绕组接成△形,低速运转;KM2,KM3 得电,电机绕组接成 YY 形,高速运转。

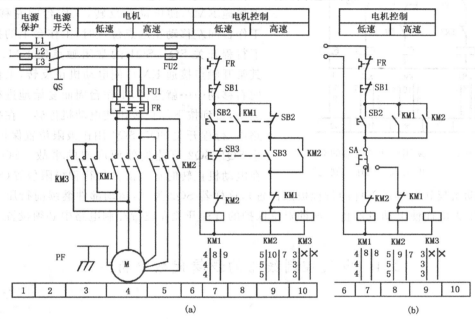

图 2.15　双速电动机高低速控制电路

图 2.15(a)使用两个按钮 SB1,SB2 分别控制接触器 KM1、KM2,KM3,实现低速和高速的变换。图 2.15(b)使用转换开关 SA 来选择高速和低速控制的控制方式后,由按钮 SB2 发令启动电动机。

当电动机容量较大时,若直接作高速运转(YY 接法),起动电流较大,这时可采用低速起动,再转换到高速运行的控制方式。图 2.16 就是实现低、高速自动转换的控制电路。在图 2.16 中,当 SA 开关打到高速时,时间继电器 KT 得电,其瞬时动作触点闭合,先接通低速电路,使电动机低速起动,KT 延时时间到后,其两个延时触点分别断开低速电路和接通高速电路,使电动机转换到高速运行。

上述 3 个控制电路中,在高速与低速之间都用接触器常闭触点互锁,以防止短路故障。对于功率较小的双速电动机,可采用图 2.15(a)和图 2.15(b)的控制方式;对于功率较大的双速电动机,可采用图 2.16 的控制方式。

2.3.4　位置控制电路

图 2.17 为行程开关控制的往复运动电路。与按钮控制正反转电路相似,只是在控制电路中增加了行程开关的复合触点 SQ1,SQ2。这种电路适用于铣床、龙门刨床、组合机床等设备

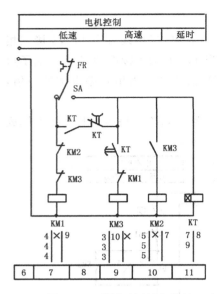

图 2.16　采用时间继电器的双速
电动机高低速控制电路

工作台往复运动的行程控制。

这种利用运动部件的行程来实现的控制称为按行程原则的自动控制,也称位置控制。由控制线路图 2.17 可知,按下按钮 SB2,接触器 KM1 得电并自锁,电动机正转,工作台向右移动;当工作台向右移动至终点位置时,工作台上的挡铁压下行程开关 SQ2,SQ2 的常闭触点使 KM1 失电,其常开触点接通 KM2,使电动机反转,工作台向左移动;当工作台向左移动至起点位置时,工作台上的挡铁压下行程开关 SQ1,SQ1 的常闭触点使 KM2 失电,其常开触点接通 KM1,使电动机正反转,工作台又向右移动……就这样,工作台周而复始地进行往复运动,直到按下停止按钮使电动机停转。在控制电路中,行程开关 SQ3,SQ4 用作极限位置保护,以防止 SQ1,SQ2 可能失效而应起的事故。SQ4 安装在电动机正转时运动部件的行程极限位置(SQ3 安装在电动机反转时运动部件的行程极限位置),这样若 SQ2 失灵,运动部件继续前行压下 SQ4 后,KM1 失电而使电动机停止。这种限位保护的行程开关在位置控制电路中必须设置。

2.4　电气控制线路的逻辑代数分析方法

2.4.1　基本逻辑关系

(1)逻辑变量

一般控制线路中,电器的线圈和触点的工作存在着两个物理状态。例如,接触器、继电器线圈的通电与断电,触点的闭合与断开。这两个物理状态是相互对立的。在逻辑代数中,把这种两个对立的物理状态称为"逻辑变量"。在继电-接触器控制线路中,每一个接触器或继电器的线圈、触点以及控制按钮的触点都具有两个对立的物理状态,故可采用逻辑"0"和逻辑"1"来表示。任何一个逻辑问题中,对"0"状态和"1"状态所代表的意义必须作出明确的规定。在继电-接触器控制线路逻辑设计中规定如下:

继电器、接触器线圈得电状态为"1"状态,线圈失电状态为"0"状态;

继电器、接触器控制按钮触点闭合状态为"1"状态,断开状态为"0"状态。

作以上规定后,继电器、接触器的触点与线圈在原理图上采用相同字符命名。为了清楚地反映元件状态,元件线圈、常开触点(动合触点)的状态用相同字符(例如 KM)来表示,而常闭触点(动断触点)的状态以 $\overline{KM}$ 表示(KM 上面的一横,表示"非",读作 KM 非)。若元件为"1"状态,则表示线圈"得电",继电器吸合,其常开触点"闭合",常闭触点"断开"。"得电"、"闭合"都是"1"状态,而断开则为"0"状态。若元件为"0"状态,则与上述相反。

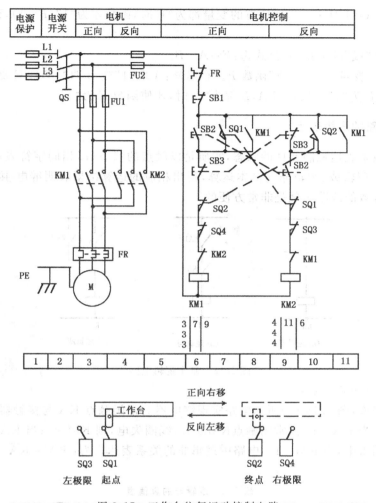

图 2.17 工作台往复运动控制电路

（2）逻辑函数与真值表

在继电-接触器控制线路中,把表示触点状态的逻辑变量称为输入逻辑变量;把表示继电器、接触器等受控元件的逻辑变量称为输出逻辑变量。显然,输出逻辑变量的取值是随各输入逻辑变量取值变化而变化的。输入、输出逻辑变量的这种相互关系称为逻辑函数关系。控制线路中输入和输出关系还可用列表的方式表示出来,这种表称为真值表。这个表反映出控制线路输入变量所有可能状态的组合及与其相对应的输出变量状态的关系。

（3）基本逻辑运算

1）逻辑非

逻辑非表示"相反"的意思。在逻辑代数的两个取值中,$\bar{0}=1,\bar{1}=0$。就变量 A 来说,逻辑非 $F=\bar{A}$。若令 $A=1$,则 $\bar{A}=0$,即 $F=0$;反之 $A=0$ 时,则 $\bar{A}=1$,即 $F=1$。如在电气控制中,若用 A 表示电器的常开触点时,那么,$\bar{A}$ 就表示它的常闭触点;接触器的常开触点以 KM 表示,其常闭触点以$\overline{\text{KM}}$表示。

2）逻辑与

逻辑与表示"与"的关系。其公式为 $F=A \cdot B$。由 A,B 两个变量构成逻辑"与"函数 F。

意思是：只有当 $A=1$ 且 $B=1$，即所有的变量都为"1"时，函数才为"1"（$F=1$），否则为"0"。

3）逻辑或

逻辑或表示"或"的关系，其公式为：$F=A+B$。

由 A，B 两个变量构成了"或"函数 F。意思是：A 取"1"或 B 取"1"，即只要有一个变量是"1"都将使函数 F 为"1"。只有当 A，B 都为"0"时，才使函数 F 为"0"。

2.4.2 电路的逻辑表示

用逻辑函数来表达控制元件的状态，实质是以触点的状态（以相同字符表示）作为逻辑变量，通过逻辑与、逻辑或、逻辑非的基本运算，得出相应的运算结果表明继电-接触器控制线路的结构。逻辑函数的线路实现是非常方便的。

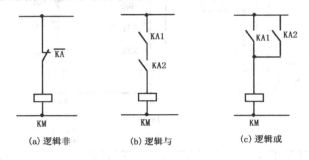

图 2.18　基本逻辑电路

（1）逻辑非——动断触点

对于电路来说，图 2.18（a）所示电路实现继电器的常闭触点 KA 与接触器线圈 KM 串联的逻辑非电路。当 KA＝1 时，常闭触点 $\overline{\text{KM}}$ 断开，线圈失电，则 KM＝0；当 KA＝0 时，常闭触点 $\overline{\text{KA}}$ 闭合，线圈得电，则 KM＝1。电路中逻辑非的关系表达式为：KM＝$\overline{\text{KA}}$。逻辑非的真值表见表 2.2。

表 2.2　逻辑非的真值表

KA	KM
1	0
0	1

（2）逻辑与——触点串联

对于电路来说，"逻辑与"构成如图 2.18（b）所示的串联电路。这表明只有当触点 KA1 与触点 KA2 都闭合（均为"1"）时，线圈 KM 才得电，即 KM＝1；只要 KA1，KA2 有一个断开（为"0"）时，线圈 KM 失电，则 KM＝0。电路中逻辑与的关系表达式为：KM＝KA1·KA2。逻辑与的真值表见表 2.3。

表 2.3　逻辑与真值表

KA1	KA2	KM
0	0	0
0	1	0
1	0	0
1	1	1

（3）逻辑或——触点并联

对于电路来说，"逻辑或"构成如图 2.18（c）所示的并联电路。只要 KA1，KA2 有一个触点闭合（为"1"），线圈 KM 就得电，则 KM＝1；只有当 KA1，KA2 都断开（为"0"）时，线圈失电，则 KM＝0。电路中逻辑与的关系表达式为：KM＝KA1＋KA2。逻辑与的真值表见表 2.4。

表 2.4　逻辑或真值表

KA1	KA2	KM
0	0	0
0	1	1
1	0	1
1	1	1

2.4.3　逻辑代数的基本性质及其应用

根据"与"、"或"、"非"3 种基本逻辑关系可得出逻辑代数的一些基本性质的关系式，表 2.5 列出了逻辑代数的一些基本公式，便于进一步了解逻辑代数的基本性质。利用这些关系式和基本性质，可以帮助分析电路的工作或进行控制电路的设计。关于逻辑代数在电气控制线路设计中的应用，将在第 3 章第 3.3 节中再作介绍，本节主要介绍逻辑分析法在电气控制电路分析中的应用。

表 2.5　逻辑代数的一些基本公式

序号	名　称		恒　等　式
1			$0+A=A$
2		0 和 1 定则	$0 \cdot A=0$
3			$1+A=1$
4	基本定律		$1 \cdot A=A$
5		互补定律	$A+\overline{A}=1$
6			$A \cdot \overline{A}=0$
7		同一定律	$A+A=A$
8			$A \cdot A=A$
9		反转定律	$\overline{\overline{A}}=A$
10		交换律	$A+B=B+A$
11			$A \cdot B=B \cdot A$
12		结合律	$(A+B)+C=A+(B+C)$
13			$(A \cdot B) \cdot C=A \cdot (B \cdot C)$
14		分配律	$A \cdot (B+C)=AB+AC$
15			$(A+B)(A+C)=A+BC$
16			$A+AB=A$
17		吸收律	$A \cdot (A+B)=A$
18			$A+\overline{A}B=A+B$
19			$A \cdot (\overline{A}+B)=AB$
20		摩根定律	$\overline{A+B+C+\cdots}=\overline{A} \cdot \overline{B} \cdot \overline{C} \cdots$
21			$\overline{A \cdot B \cdot C \cdots}=\overline{A}+\overline{B}+\overline{C}+\cdots$

运用逻辑运算的基本公式和运算规律可对逻辑函数进行化简,现举例说明如何化简:

例1: $KM = KA1 \cdot KA3 + \overline{KA1} \cdot KA2 + KA1 \cdot \overline{KA3}$

$\quad = KA1(KA3 + \overline{KA3}) + \overline{KA1} \cdot KA2$

$\quad = KA1 + \overline{KA1} \cdot KA2$

$\quad = KA1 + KA2$

例2: $KM = KA1 \cdot (KA1 + \overline{KA2}) + \overline{KA2} \cdot (KA2 + \overline{KA1})$

$\quad = KA1 + KA1 \cdot \overline{KA2} + \overline{KA2} \cdot KA2 + \overline{KA1} \cdot \overline{KA2}$

$\quad = KA1 + \overline{KA2}$

了解了逻辑代数的基本性质和控制电路的逻辑表示以后,就可以应用逻辑代数这一工具对控制电路进行描述和分析。具体步骤是:以某一控制电器的线圈为对象,写出与此对象有关的电路中各控制元件、信号元件、执行元件、保护元件等,列出他们触点间相互连接关系的逻辑函数表达式(均以未受激时的状态来表示)。有了各个电气元件(以线圈为对象)的逻辑函数表达式以后,当发出主令控制信号时(例如按一下按钮或某开关动作),可以分析判断哪些逻辑表达式输出为"1"(表示哪个电器线圈得电);哪些逻辑表达式输出为"0"(表示哪个电器线圈失电);哪些逻辑表达式输出由"1"变为"0"或由"0"变为"1"。从而可以进一步分析哪些电动机或电磁阀等运行状态改变,使生产设备的各个运动部件的运行状态发生了何种变化等。

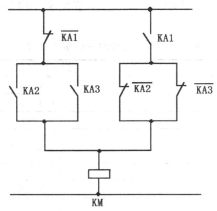

图 2.19 某电动机控制线路

例如分析图 2.19 某电动机的控制线路(电动机的运转由接触器 KM 控制):由电气控制线路各元件的连接关系可写出其逻辑函数表达式为:

$KM = \overline{KA1} \cdot (KA2 + KA3) + KA1 \cdot (\overline{KA3} + \overline{KA2})$

表 2.6 接触器 KM 状态的真值表

KA1	KA2	KA3	KM
0	0	0	0
0	0	1	1
0	1	0	1
0	1	1	1
1	0	0	1
1	0	1	1
1	1	0	1
1	1	1	0

由逻辑函数表达式列出接触器 KM 状态的真值表,如表 2.6 所示。由真值表可见:电动机只有在继电器 KA1,KA2,KA3 中任何一个或任何两个继电器动作时才能运转,而其他任何情况下都不运转。

思考题与习题

2.1 绘制和分析电气原理图的一般原则是什么?

2.2 为什么电动机要设零电压和欠电压保护?

2.3 在电动机的主电路中,既然装有熔断器,为什么还要装热继电器?它们各起什么作用?

2.4 简述笼型三相异步电动机能耗制动和反接制动的原理与步骤。

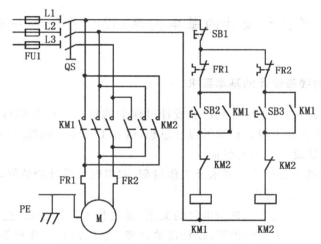

题图 2.5

2.5 题图 2.5 所示为三相异步电动机正反转控制电路,图中有错,试改正之。

2.6 试设计可以从两地控制一台电动机,实现点动工作和连续运转工作的控制线路。

2.7 某水泵由笼型三相异步电动机拖动,采用降压启动,要求在 3 处都能控制起、停,试设计主电路和控制电路。

2.8 今有两台鼠笼式三相异步电动机 M_1 和 M_2。要求:(1)M_1 起动后 M_2 才能起动;(2)M_2 先停车然后 M_1 才能停车;(3)M_2 能实现正反转;(4)电路具有短路、过载及失压保护;试设计主电路和控制电路。

2.9 试设计某机床主轴电动机的主电路和控制电路。要求:(1)星形-三角形起动;(2)能耗制动;(3)电路具有短路、过载及失压保护。

2.10 试设计一个往复运动的主电路和控制电路。要求:(1)向前运动到位停留一段时间再返回;(2)返回到位立即向前;(3)电路具有短路、过载及失压保护。

第**3**章
继电-接触器电气控制线路设计

由于继电-接触器电气控制系统线路简单、价格低廉,多年来在各种生产机械的电气控制系统领域中,应用较为广泛。在第 2 章介绍的一般的控制方法、典型的单元控制电路的基础上,本章主要讨论继电-接触器电气控制系统的设计原则和设计方法,同时为学习 PLC 等其他控制系统打下良好的基础。

3.1 电气控制设计的基本内容、设计程序和一般原则

3.1.1 电气控制线路设计的基本要求

由于系统从初步设计、技术设计到产品设计过程中的每一个环节都与产品质量和成本密切相关,因此设计工作首先要树立科学的设计思想,树立工程实践的观点。正确的设计思想和工程观点是高质量完成设计任务的保证。

①熟悉所设计设备的总体技术要求及工作过程,取得电气设计的依据,最大限度地满足生产机械和工艺对电气控制的要求。

②优化设计方案,妥善处理机械与电气的关系,通过技术经济分析,选用性能价格比最佳的电气设计方案,在满足要求的前提下,设计简单合理、技术先进、工作可靠、维修方便的电路。

③正确合理地选用电器元件,尽可能减少元件的品种和规格。

④取得良好的 MTBF(平均无故障时间)指标,确保使用的安全可靠。

⑤谨慎积极地采用新技术、新工艺。

⑥设计中贯彻最新的国家标准。

3.1.2 工厂电气控制设备设计的内容

①拟订电气设计的技术条件(任务书);

②提出电气控制原理性方案及总体框图,主要技术指标,进行可行性分析;

③编写系统参数计算书;

④绘制电气原理图(总图和分图);

⑤选择电气元器件及装置,制定相关的明细表及备件和易损件的清单;

⑥设计电器柜、操作台、配电板及非标准器件与零件;

⑦绘制总装、部件、组件、单元装配图(元器件布置安装图)接线图;

⑧绘制装置布置图、出线端子图;

⑨绘制电气安装图、位置图、互连图；

⑩编写设计计算说明书及使用说明书（包括顺序说明、维修说明及调整方法）。

以上步骤可根据实际情况作适当调整。

3.1.3　电气控制设备的设计步骤

电气控制设备设计一般分为 3 个阶段：初步设计、技术设计和产品设计。

（1）初步设计

初步设计是研究系统和电气控制装置的组成，拟订设计任务书，并寻求最佳控制方案的初步阶段，以取得技术设计的依据。

初步设计可由机械设计人员和电气设计人员共同提出，也可由机械设计人员提出有关机械结构资料和工艺要求，由电气设计人员完成初步设计。这些要求常常以工作循环图、执行元件动作节拍表、检测元件状态表等形式提供。在进行初步设计时应尽可能收集国内外同类产品的有关资料进行详细的分析研究。初步设计应确定以下内容：

①机械设备名称、用途、工艺过程、技术性能、传动参数及现场工作条件；

②用户供电电网的种类、电压、频率及容量；

③有关电气传动的基本特性，如运动部件的数量和用途、负载特性、调速指标、电动机起动、反向和制动要求等；

④有关电气动作的特性要求，如电气控制的基本方式、自动化程度、自动工作循环的组成、电气保护及连锁等；

⑤有关操作、显示方面的要求，如操作台的布置、测量显示、故障报警及照明等要求；

⑥电气自动控制的原理性方案及预期的主要技术性能指标；

⑦投资费用估算及技术经济指标。

初步设计是一个呈报有关部门的总体方案设计报告，是进行技术设计和产品设计的依据。如果整体方案出错将直接导致整个设计的失败。故必须进行认真的可行性分析，并在可能实现的几种方案中根据技术、经济指标及现有的条件进行综合的考虑，正确作出决策。

（2）技术设计

在通过初步设计的基础上，技术设计需要完成的内容如下：

①对系统中某些关键环节和特殊环节作必要的实验，并写出实验研究报告；

②绘出电气控制系统的电气原理图；

③编写系统参数计算书；

④选择整个系统的元器件，提出专用元器件的技术指标，编制元器件明细表；

⑤编写技术设计说明书，介绍系统原理、主要技术指标以及有关运行维护条件和对施工安装的要求；

⑥绘制电控装置图、出线端子图等。

以上设计主要完成电气控制设计和电控设备布置设计。

（3）产品设计

产品设计是根据初步设计和技术设计最终完成的电气控制设备产品生产用的工作图样。产品设计需完成以下内容：

①绘制产品总装配图、部件装配图和零件图；

②绘制产品接线图;

③进行图样的标准化审核和工艺会签。

以上内容可根据具体情况有所调整。

3.2 电力拖动方案的确定、电动机的选择

所谓电力拖动方案是指根据生产机械的精度、工作效率、结构、运动部件的数量、运动要求、负载性质、调速要求以及投资额等条件去确定电动机的类型、数量、传动方式及拟订电动机的起动、运行、调速、转向、制动等控制要求。它是电气设计的主要内容之一,作为电气控制原理图设计及电器元件选择的依据,是以后各部分设计内容的基础和先决条件。

3.2.1 确定拖动方式

(1)单独拖动

一台设备只有一台电动机拖动。

(2)分立拖动

通过机械传动链将动力传送到达每个工作机构,一台设备由多台电动机分别驱动各个工作机构。

电气传动发展的趋向是电动机逐步接近工作机构,形成多电机的拖动方式,以缩短机械传动链,提高传动效率,便于自动化和简化总体结构。因而在选择时应根据工艺及结构的具体情况决定电机的数量。

3.2.2 确定调速方案

不同的对象有不同的调速要求。为了达到一定的调速范围,可采用齿轮变速箱、液压调速装置、双速或多速电动机以及电气的无级调速传动方案。无级调速有直流调压调速、交流调压调速和变频变压调速。目前,变频变压调速技术的使用越来越广泛,在选择调速方案时,可参考以下几点:

①重型或大型设备主运动及进给运动,应尽可能采用无级调速。这有利于简化机械结构,缩小体积,降低制造成本。

②精密机械设备如坐标镗床、精密磨床、数控机床以及某些精密机械手,为了保证加工精度和动作的准确性,便于自动控制,也应采用电气无级调速方案。

③一般中小型设备如普通机床没有特殊要求时,可选用经济、简单、可靠的三相鼠笼式异步电动机,配以适当级数的齿轮变速箱。为了简化结构,扩大调速范围,也可采用双速或多速的鼠笼式异步电动机。在选用三相鼠笼式异步电动机的额定转速时,应满足工艺条件要求。

3.2.3 电动机的调速特性与负载特性相适应

不同机电设备的各个工作机构,具有各不相同的负载特性,如机床的主轴运动为恒功率负载,而进给运动为恒转矩负载。在选择电动机调速方案时,要使电动机的调速特性与负载特性相适应,否则将会引起拖动工作的不正常,电动机不能充分合理的使用。例如,双速鼠笼式异

步电动机,当定子绕组由三角形联接改接成双星形联接时,转速增加 1 倍,功率却增加很少。因此,它适用于恒功率传动。对于低速为星形联接的双速电动机改接成双星形后,转速和功率都增加 1 倍,而电动机所输出的转矩却保持不变,它适用于恒转矩传动。他激直流电动机的调磁调速属于恒功率调速,而调压调速则属于恒转矩调速。分析调速性质和负载特性,找出电动机在整个调速范围内的转矩、功率与转速的关系,以确定负载需要恒功率调速,还是恒转矩调速,为合理确定拖动方案、控制方案,以及电机和电机容量的选择提供必要的依据。

3.2.4 电动机的选择和电动机的起动、制动和反向要求

(1)电动机的选择

电动机的选择包括电动机的种类、结构形式、额定转速和额定功率。

1)根据生产机械的调速要求选择电动机的种类和转速

首先,只要能满足生产需要,则都应采用感应电动机,仅在起动、制动和调速不满足要求时才选用直流电动机。随着电力电子及控制技术的发展,交流调速装置的性能和成本已能与直流调速装置相媲美,交流调速的应用范围越来越广泛。另外,在需要补偿电网功率因数及稳定工作时,应优先考虑采用同步电动机;在要求大的起动转矩和恒功率调速时,常选用直流串级电动机。

2)根据工作环境选择电动机的结构

电动机的结构形式应当适应机械结构的要求,应用凸沿或内联式电动机可以在一定程度上改善机械结构。考虑到现场环境,可选用开启式、防护式、封闭式、防腐式甚至是防爆式电动机。

3)根据生产机械的功率负载和转矩负载选择电动机的额定功率

根据生产机械的功率负载图和转矩负载图预选一台电动机,然后根据负载进行发热校验的结果修正预选的电动机,直到电动机容量得到充分利用(电动机的稳定温升接近其额定温升),最后再校验其过载能力与起动转矩是否满足拖动要求。

一般情况下为了避免复杂的计算过程,电动机容量的选择往往采用统计类比或根据经验采用工程估算方法。但这通常具有较大的宽裕度,意味着存在一定程度的浪费。

(2)电动机起动、制动和反向要求

一般说来,由电动机完成设备的起动、制动和反向要比机械方法简单容易。因此,机电设备主轴的起动、停止、正反转运动和调整操作,只要条件允许最好由电动机完成。

机械设备主运动传动系统的起动转矩一般都比较小,因此,原则上可采用任何一种起动方式。对于它的辅助运动,在起动时往往要克服较大的静转矩,必要时也可选用高起动转矩的电动机,或采用提高起动转矩的措施。另外,还要考虑电网容量。对电网容量不大而起动电流较大的电动机,一定要采取限制起动电流的措施,如串入电阻降压起动等,以免电网电压波动较大而造成事故。

传动电动机是否需要制动,应视机电设备工作循环的长短而定。对于某些高速高效金属切削机床,宜采用电动机制动。如果对于制动的性能无特殊要求而电动机又需要反转时,则采用反接制动可使线路简化。在要求制动平稳、准确,即在制动过程中不允许有反转可能性时,则宜采用能耗制动方式。在起吊运输设备中也常采用具有连锁保护功能的电磁机械制动(俗称电磁抱闸),有些场合也采用再生发电制动(回馈制动)。

电动机的频繁起动、反向或制动会使过渡过程中的能量损耗增加,导致电动机的过载。因此在这种情况下,必须限制电动机的起动或制动电流,或者在选择电动机的类型上加以考虑。龙门刨床、电梯等设备常要求起动、制动、反向快速而平稳。有些机械手、数控机床、坐标镗床除要求起动、制动、反向快速而平稳外,还要求准确定位。这类高动态性能的设备需要采用反馈控制系统、高转差电动机、步进电机系统以及其他较复杂的控制手段来满足上述要求。

3.3　电气控制方案的确定及控制方式的选择

电力传动方案确定之后,传动电动机的类型、数量及其控制要求就基本确定,采用什么方法去实现这些控制要求就是控制方式的选择问题。也就是说,在考虑拖动方案时,实际上对电气控制的方案也同时进行了考虑。因为这两者具有密切的关系。只有通过这两种方案的相互实施,才能实现生产机械的工艺要求。

目前,随着生产工艺要求的不断提高,生产设备的使用功能、动作程序、自动化程序也相应复杂。另一方面,随着电气技术、电子技术、计算机技术、检测技术以及自动控制理论的迅速发展和机械结构、工艺水平的不断提高,已使生产机械电力拖动的控制方式发生了深刻的变革,从传统的继电-接触器控制系统向可编程控制、数控装置、微机控制以及计算机联网控制等方面发展,各种新型的工业控制器及标准系列控制系统不断出现,因而使电气控制方案有了较广的选择空间。由于电气控制方案的选择对机械结构和总体方案将产生很大的影响,因此,如何使电气控制方案设计既能满足生产技术指标和可靠性安全性的要求,又能提高经济效益,这是一个值得探讨论的问题。

3.3.1　电气控制方案的可靠性

一个系统或产品的质量,一般包括技术性能指标和可靠性指标,设计的可靠性就是使一个系统或产品设计满足可靠性指标。如果一个系统或产品的可靠性不在产品设计阶段进行考虑,没有一些具体的可靠性指标或者设计师不懂得可靠性的设计方法,那么保证一个系统或产品的可靠性是困难的。需确定采用何种控制方案时,应该根据实际的情况,实事求是地进行设计。既要防止脱离现实的设计,也应避免陈旧保守的设计。要提高系统的可靠性,则应把系统的复杂性降至保持工作功能所需要的最低限度,也就是说,系统应该尽可能简单化。非工作所需的元件及不必要的复杂结构尽量不用,否则会增加系统失效的概率。利用可靠性设计的方法,来提高系统的可靠程度。有关电气控制系统的可靠性设计见第 10 章。

3.3.2　电气控制方案的确定

控制方案应与通用性和专用性的程序相适应。一般的简单生产设备需要的控制元件数很少,其工作程序往往是固定的,使用中一般不需经常改变原有程序,因此,可采用有触头的继电-接触器控制系统。虽然该控制系统在电路结构上是呈"固定式"的,但它能控制的功率较大,控制方法简单,价格便宜,目前仍使用很广。

对于在控制中需要进行模拟量处理及数学运算的,输入输出信号多、控制要求复杂或控制要求经常变动的,控制系统要求体积小、动作频率高、响应时间快的,可根据情况采用可编程控制、微机控制方案。

在自动生产线中,可根据控制要求和连锁条件的复杂程度不同,采用分散控制或集中控制的方案。但各台单机的控制方案和基本控制环节应尽量一致,以简化设计和制造过程。

为满足生产工艺的某些要求,在电气控制方案中还应考虑下述诸方面的问题:采用自动循环或半自动循环,手动调整、工序变更、系统的检测、各个运动之间的连锁、各种安全保护、故障诊断、信号指标、照明及人机关系等。

3.3.3　控制方式的选择

(1)按控制过程的变化参量进行控制的规律

在第 2 章中已经介绍了电机控制的一些最基本的控制方法,但在现代化工业生产中,往往要求实现整个生产工艺过程全盘自动化。例如,机床的自动进刀、自动退刀、工作台往复循环等加工过程自动化,高炉实现整个炼铁过程的自动化等。由于自动化程度的提高,只用简单的顺序、连锁控制等基本的控制方法已不能满足要求,需要根据生产工艺对控制系统提出的不同要求,正确选择如实反映控制过程中的变化参量,诸如时间、速度、电流、行程等来进行控制,以实现预期的各种要求。按控制过程的变化参量进行控制乃是一种具有普遍性的自动控制基本规律。

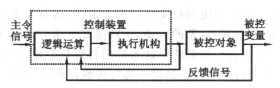

图 3.1　电气自动控制系统框图

图 3.1 就是按控制过程的变化参量进行控制的结构框图。主令信号就是诸如起动、停止按钮发出的信号;执行机构就是诸如接触器、电磁阀一类电器元件;被控对象就是生产机械系统。将控制过程中的过程变化参量以及执行机构的变化反馈到控制装置,和主令信号以及同各种中间变量(中间继电器等)一起进行逻辑运算,然后输出去控制执行机构动作,以驱动机械系统的运行。

过程变化参量分为直接过程变化参量和间接过程变化参量。一般情况下,应尽可能按直接过程变化参量来进行控制。只有在过程变化参量难以直接测量或测量成本太高的情况下,方采用间接过程变化参量进行控制。

(2)刀架的自动循环控制系统分析与设计

下面以钻孔加工过程自动化为例介绍实际生产过程自动化的一个重要的基本规律——按控制过程的变化参量进行控制的规律。

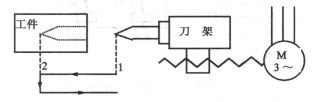

图 3.2　刀架的自动循环示意图

图 3.2 示出了钻削加工时刀架的自动循环过程。具体要求如下：

①自动循环：刀架能自动地由位置 1 移动到位置 2 进行钻削加工并自动退回位置 1；

②无进给切削：刀具到达位置 2 时不再进给，但钻头继续旋转进行无进给切削以提高工件加工精度；

③快速停车：当刀架退出后要求快速停车以减少辅助工时。

设计这类电路时大体遵循以下步骤：

①设计主电路：因要求电动机实现正反向运转，故采用正反两个接触器 KM1 和 KM2 以通断电路和改变电源相序。

②确定控制电路的基本部分：如起、停及自保环节等。

③设计控制电路的特殊部分：在本线路中特殊部分是指自动循环的控制。

④设置必要的保护环节：这里采用了熔断器和热继电器分别实现短路和过载保护。

⑤综合审查与简化设计线路：上述设计是依据各部分的要求局部进行的，组成一个整体控制线路后需要全面考虑，检查其动作是否无误，有无寄生电路，能否进一步减少电器或触点。

下面根据工艺要求，针对控制过程中各自的特殊矛盾，采用不同的控制方法加以解决。

1）自动循环——行程原则控制

为实现刀架自动循环，对电动机的基本要求仍然是起动、停转和反向控制，所不同的是当刀架运动到位置 2 时能自动地改变电动机工作状态。总之，控制对象要求控制装置根据控制过程中行程位置来改变或终止控制对象的运动，这就是 2.5 节介绍的采用直接测量位置信号的元件——行程开关构成的位置控制电路。这里采用行程开关 S1 和 S2 分别作为刀架运动到位置 1 和 2 的测量元件，由它们给出的控制信号通过接触器作用于控制对象。将 S2 的常闭触点串于正向接触器线圈 KM1 电路中。S2 的常开触点与反向起动按钮并联。这样，S2 动作时，将 KM1 切断；KM2 接通，刀架自动返回。S1 的任务是使电动机在刀架反向运动到位置 1 时自动停转，故将其常闭触点串联于反向接触器中，刀架退回到位置 1，撞击撞块 S1，刀架自动停止运动，实现钻削加工自动循环，设计出的控制线路如图 3.3 所示。以上概括起来就是根据生产工艺要求，用行程作为控制信号，采用行程开关作为测量元件，再将这个变化参量反馈给控制装置，以达到对控制对象进行自动控制的目的。

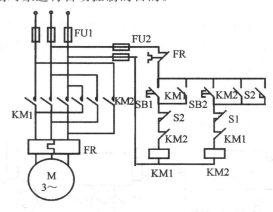

图 3.3　实现刀架自动循环的控制线路

2）无进给切削——时间原则控制

在上述例子中，为了提高加工精度，去掉毛刺，当刀架移动到位置 2 时要求在无进给情况下继续切削,达到要求后刀架再开始退回。这一控制信号严格讲应根据切削表面的粗糙度情况进行控制。但切削表面的粗糙度不易直接测量,因此不得不采用间接参数——切削时间来表征无进给切削过程。切削时间可用时间继电器来反映。采用时间继电器间接测量无进给切

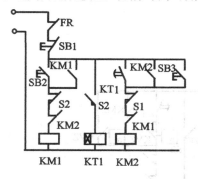

图 3.4　无进给切削的控制线路

削过程的控制电路是在图 3.3 基础上增加了时间继电器 KT1,如图 3.4 所示(主电路相同不再绘出)。当刀架到达位置 2 撞压行程开关 2,其常闭触点切断正向接触器 KM1,使电机停止工作,刀架不再进给,但钻头继续旋转(其拖动电机在图 3.3 与图 3.4 中均未绘出)进行无进给切削,同时 S2 的常开触点接通时间继电器 KT1 的线圈,开始计算无进给切削时间,到达预定无进给切削时间后,时间继电器常开触点 KT1 动作,使反向接触器 KM2 线圈通电吸合,于是刀架开始返回。时间继电器的延时时间可根据无进

给切削所需要的时间进行合理整定。

　　时间作为间接参数时,多应用于难于直接检测到变化参量的自动控制中。时间原则控制中通常用时间继电器作为测量元件,时间继电器的延时起始点与延时值应正确调整,否则不能正确地反映所替代的直接参量。图 3.5 为控制电路中各电器之间的动作配合关系"时间图",接触器和继电器的吸合与释放的时间一般为 0.05~0.15s。图中垂直于时间轴的箭头表示各电器之间的配合关系,箭头所在位置表示某个电器触点在打开、闭合时发出的指令。

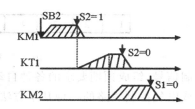

图 3.5　无进给切削控制线路的"时间图"

　　3)快速停车

　　在上述例子中,为缩短辅助工时,提高生产效率,应准确停车以减少超行程,因此对该控制系统还提出了快速停车的要求。对于异步电动机来讲,最简便的方法是采用反接制动。制动时使电源反相,制动到接近零速时电动机的电源自动切除。用检测接近零速的信号作为控制信号对系统进行控制,实际中通常采用速度继电器来实现,线路如图 3.6 所示。读者可参见1.4 与 2.3 节中的有关速度继电器和反接制动线路的介绍。

　　欲使电动机正向起动:按下正向起动按钮 SB2,接触器 KM1 吸合并自保,电动机正转。当电动机正向运转时,速度继电器正向常闭触点 KVZ 打开,正向常开触点 KVZ 闭合,为制动做好准备。这时由于 KM1 在反向接触器 KM2 电路中的互锁触点打开,KM2 不会通电。

　　欲使电动机停转:前进到压合 S2 时或按下停止按钮 SB1,接触器 KM1 失电释放,反向接触器 KM2 立即吸合,电动机定子电源反相序进行反接制动。转速迅速下降,当转速接近零速(约 100r/min 时),速度继电器的正向常开触点 KVZ 断开,KM2 断电释放,反接制动结束。

　　在上述过程中,当电动机转速下降、速度继电器的常开触点 KVZ 断开以后,常闭触点KVZ 不是立即闭合的。因而 KM2 有足够的断电时间使铁芯释放,使其自保触点放开,因此不会造成反接制动后电动机反向起动。反向运行时的制动与正向运行时的制动大致相同。

　　从上述分析可见,图 3.6 是根据刀架的自动循环、无进给切削、快速停车 3 个工艺过程的运动规律,找出反映每个过程实质的 3 个不同参量——行程、时间、速度,并准确地测量出来作

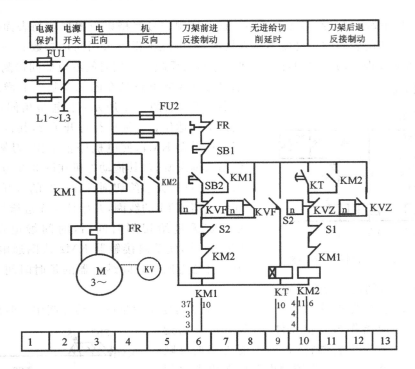

图 3.6　完整的刀架自动循环控制线路

为控制信号,组成预期要求的各种自动控制线路。因此,按控制过程变化参量进行控制的规律是组成电气控制线路的一种基本方法。

（3）控制方法综述

上面阐述了按照连锁控制的规律和按照控制过程变化参量进行控制的基本规律。根据这些基本规律结合生产机械的要求,就可以组成各式各样的电气控制线路。

时间控制方式:利用时间继电器等延时单元,将感测部分接受的输入信号经过延时一段时间后才发出,从而实现电路切换的时间控制。

速度控制方式:利用速度继电器或测速发电机,间接或直接地检测某机械部件的运动速度,来实现按速度原则的控制。

电流控制方式:借助于电流继电器,它的动作反映了某一电路中的电流变化,从而实现按电流原则的控制。

行程控制方式:利用生产机械运动部件与事先安排好位置的行程开关或接近开关(见 2.5 节)进行相互配合,而达到位置控制的作用。

如何正确选用这些控制方式是电气控制电路设计中的一个重要问题。例如,对某些物理量,既可用行程控制方式,也可用时间控制方式。但究竟采用何种控制方式,那就需要根据实际工作情况来决定。如若在控制过程中,由于工作条件不允许安置行程开关,那只能将行程位置的物理量转换成时间的物理量,从而采用时间控制方式。又如,某些压力、切削力、夹紧力、转矩等物理量,通过转换可变成电流物理量,这就可采用电流控制方式来进行控制。尽管实际情况有所不同,只要通过物理量的相互转换,便可灵活地使用各种控制方式。但一定要注意在直接参量转变为间接参量的过程中,二者之间的对应关系。

3.4　电气设计的一般原则

当电力拖动方案和控制方案确定后,就可以进行电气控制线路的设计。电气控制线路的设计是电力拖动方案和控制方案的具体化。电气控制线路的设计没有固定的方法和模式,作为设计人员,应开阔思路,不断总结经验,丰富自己的知识,设计出合理的、性价比高的电气线路。一般在设计时应遵循以下原则。

3.4.1　应最大限度地实现生产机械和工艺对电气控制线路的要求

设计之前,首先要调查清楚生产要求,因为控制线路是为整个设备和工艺过程服务的,不搞清楚要求就等于迷失了设计方向。生产工艺要求一般是由机械设计人员提供的,由于机械设计人员对电气线路的设计要求不甚了解,可能有时所提供的仅是一般性原则和意见,这时电气设计人员就需要对同类或接近产品进行调查、分析、综合,然后提出具体、详细的要求,征求机械设计人员意见后,作为设计电气控制线路的依据。

不同的场合对控制线路的要求有所不同。如一般控制线路只要求满足起动、反向和制动就可以了,有些则要求在一定范围内平滑调速和按规定的规律改变转速,出现事故时需要有必要的保护及信号预报以及各部分运动要求有一定的配合和连锁关系等。如果已经有类似设备,还应了解现有控制线路的特点以及操作者对它们的反映。这些都是在设计之前应该调查清楚的。

另外,在科学技术飞速发展的今天,对电气控制线路的要求越来越高,而新的电器元件和电气装置、新的控制方法层出不穷,如智能式的断路器、软启动器、变频器等。电气控制系统的先进性总是与电器元件的不断发展、更新紧密地联系在一起的。电气控制线路的设计人员应不断密切关心电机、电器技术、电子技术的新发展,不断收集新产品资料,更新自己的知识,以便及时应用于控制系统的设计中,使自己设计的电气控制线路更好地满足生产的要求,并在技术指标、稳定性、可靠性等方面进一步提高。

3.4.2　在满足生产要求的前提下,力求使控制线路简单经济

①尽量选用标准的、常用的或经过实际考验过的线路和环节。

②尽量缩减连接导线的数量和长度。设计控制线路时,应考虑到各元件之间的实际接线。特别要注意电气柜、操作台和限位开关之间的连接线,如图 3.7 所示。图 3.7(a)所示的接线是不合理的。因为按钮在操作台上,而接触器在电气柜内,这样接线就需要由电气柜二次引出连接线到操作台的按钮上,所以一般都将起动按钮和停止按钮直接连接,这样就可以减少一次引出线,如图 3.7(b)所示。

③尽量缩减电器元件的品种、规格和数量,尽可能采用性能优良、价格便宜的新型器件和标准件,同一用途尽可能选用相同型号。

④应减少不必要的触点以简化线路,因为使用的触点越少,则控制线路的故障几率就越低,工作的可靠性就越高。通常的做法有:

A.合并同类触点,如图 3.8 所示。但在合并触点时应注意对触点额定电流的限制。

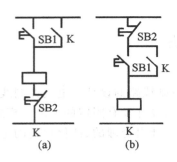

图 3.7 电器连接图

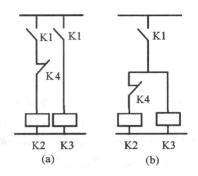

图 3.8 同类触点合并

B. 利用半导体二极管的单向导电性来有效地减少触点数,如图 3.9 所示。对于弱电电气控制电路,这样做既经济又可靠。

C. 在控制线路图设计完成后,宜将线路化成逻辑代数式验算,以便得到最简化的线路。

⑤控制线路在工作时,除必要的电器必须通电外,其余的尽量不通电,使这些电器处在短时工作制,节约电能并能延长电器的使用寿命。以异步电动机降压起动的控制线路(参看图 2.9)为例,如图 3.10(a)所示,在电动机起动后时间继电器 KT 就失去了作用,接成图 3.10(b)

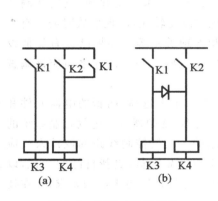

图 3.9 利用二极管等效

线路时可以在起动后切除 KT 的电源。

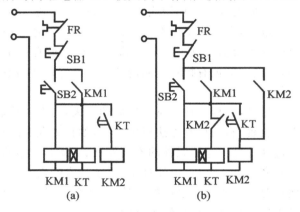

图 3.10 减少通电电器

3.4.3 保证控制线路工作的可靠和安全

为了保证控制线路工作可靠,最主要的是选用可靠的元件,如尽量选用机械和电气寿命长、结构坚实、动作可靠、抗干扰性能好的电器。同时在具体线路设计时应注意以下几点:

①正确连接电器的触点。同一电器的常开和常闭辅助触点靠得很近,如果分别接在电源的不同相

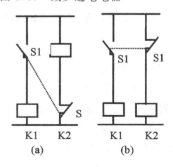

图 3.11 正确连接电器触点

上,如图 3.11(a)所示,限位开关 S 的常开触点和常闭触点由于不是等电位,当触点断开产生电弧时很可能在两触点间形成飞弧而造成电源短路,此外绝缘不好时也会引起电源短路。如果按图 3.11(b)接线,由于两触点电位相同,就不会造成飞弧,即使引入线绝缘损坏也不会将

电源短路。

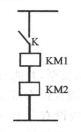

图 3.12　线圈不能
串联连接

②正确连接电器的线圈。在交流控制电路中不能串联接入 2 个电器的线圈,如图 3.12 所示。即使外加电压是两个线圈额定电压之和,也是不允许的。而每个线圈上所分配到的电压与线圈阻抗成正比,两个电器动作总是有先有后,不可能同时吸合。假如交流接触器 KM1 先吸合,由于 KM1 的磁路闭合,线圈的电感显著增加,因而在该线圈上的电压降也相应增大,从而使另一个接触器 KM2 的线圈电压达不到动作电压,因此,多个电器需要同时动作时其线圈应该并联连接。

③在控制线路中应避免出现寄生电路。在控制线路的动作过程中,那种意外接通的电路叫寄生电路(或叫假回路)。图 3.13 所示是一个具有指示灯和热保护的正反向电路。在正常工作时,能完成正反向起动、停止和信号指示。但当热继电器 FR 动作时,线路就出现了寄生电路如图 3.13 中虚线所示,使正向接触器 KM1 不能释放,起不了保护作用。

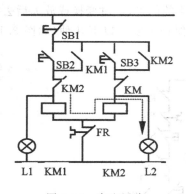

图 3.13　寄生回路

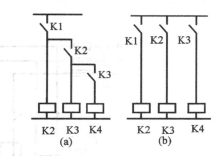

图 3.14　减少多个元件依次通电

④在线路中应尽量避免许多电器依次动作(如图 3.14(a)所示)才能接通另一个电器的控制线路,以增加线路的可靠性,正确接线如图 3.14(b)所示。

⑤防止线路出现触点竞争现象。如 2.2 节所述。

⑥防止误操作带来的危害,特别是对一些重要的设备应仔细考虑每一控制程序之间必要的连锁,即使发生误操作也不会造成设备事故。如在频繁操作的可逆线路中,正、反向接触器之间不仅要有电气连锁,而且要有机械连锁。

⑦设计的线路应能适应所在电网情况。根据电网容量的大小,电压、频率的波动范围以及允许的冲击电流数值等决定电动机采用直接起动还是间接起动方式。另外,在线路中采用小容量继电器的触点来控制大容量接触器的线圈时,要计算继电器触点断开和接通容量是否足够,如果不够必须加小容量接触器或具有足够容量的中间继电器,否则工作不可靠。

3.5 电气保护类型及实现方法

电气控制线路在事故情况下,应能保证操作人员、电气设备、生产机械的安全,并能有效地制止事故的扩大。为此,在电气控制电路中应采取一定的保护措施,以避免因误操作而发生事故。完善的保护环节包括过载、短路、过流、过压、失压等保护环节,有时还应设有合闸、断开、故事、安全等必须的指示信息。下面从电气设备角度讨论电气故障的类型、产生原因以及相应的保护。

3.5.1 电流型保护

电器元件在正常工作中,通过的电流一般在额定电流以内。短时间内,只要温升允许,超过额定电流也是可以的,这就是各种电器设备或电器元件根据其绝缘情况条件的不同,具有不同的过载能力的原因。电器元件由于电流过大引起损坏的根本原因是引起的温升超过绝缘材料的承受能力。电流型保护的基本原理是:将保护电器检测的信号,经过变换或放大后去控制被保护对象,当电流达到整定值时保护电器动作。电流型保护主要有以下几种(如图 3.15 所示):

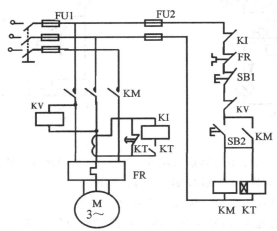

图 3.15 控制电路的欠压、过流、过载、短路保护

(1)短路保护 FU

绝缘损坏、负载短接、接线错误等故障,都可能产生短路现象。短路的瞬时故障电流可达到额定电流的几倍到几十倍而使电气设备损坏。短路保护要求具有瞬动特性,即要求在很短时间内切断电源。短路保护的常用方法是采用熔断器,如图 3.15 电路中的 FU1,在对主电路采用三相四线制或对变压器采用中点接地的三相三线制的供电电路中,必须采用三相短路保护。当主电机容量较小,其控制电路不需要另外设置熔断器,主电路中的熔断器可作为控制电路的短路保护;若主电机容量较大,则控制电路一定要单独设置短路保护熔断器,如本电路中的 FU2。

也可采用空气自动开关,既作为短路保护,又作为过载保护的电路。其中过流线圈具有反时限特性,用作短路保护;热元件用作过载保护。线路出故障时自动开关动作,事故处理完毕,只要重新合上开关,线路就能重新运行。

（2）过电流保护 KI

过电流保护是区别于短路保护的另一种电流型保护。电动机或电器元件超过其额定电流的运行状态,时间长了同样会过热损坏绝缘,因而需要这样一种保护,即保护的特点是电流值比短路时小,一般不超过 $2.5I_e$。过电流保护也要求有瞬动保护特性,即只要过电流值达到整定值,保护电器立即切断电源。如图 3.15 所示,按下 SB2 后,时间继电器 KT 的瞬动触点立即闭合,将过流继电器 KI 接入电路。但当电动机起动时,延时继电器 KT 的常闭触点闭合着,过电流继电器的过电流线圈被短接,这时虽然起动电流很大,但过电流保护不动作。起动结束后,KT 的常闭触点经过延时已断开,过电流继电器 KI 开始起保护作用。当电流值达到整定值时,过流继电器 KI 动作,其常闭触点断开,接触器 KM 失电,电机停止运行。

这种方法,既可用于保护目的,也可用于一定的控制目的。如将压力、切削力、夹紧力、转矩等物理量转换成电流物理量,然后采用电流控制方式来进行控制。

（3）过载保护 FR

过载也是指电动机运行电流大于其额定电流,但超过额定电流的倍数更小些。通常在 $1.5I_e$ 以内。引起过载的原因很多,如负载的突然增加,缺相运行以及电网电压降低等。长期处于过载也将引起电动机的过热,使其温升超过允许值而损坏绝缘。过载保护要求保护电器具有反时限特性,即根据电流过载倍数的不同,其动作时间是不同的,它随着电流的增加而减小。过载保护是采用热继电器与接触器配合动作的方法完成保护的,如图 3.15 中的 FR 在过载时其常闭触点动作,使接触器 KM 失电,电动机停转而得到保护。

（4）欠电流保护

所谓欠电流保护是指被控制电路电流低于整定值时动作的一种保护。例如弱磁保护。欠电流保护通常是用欠电流继电器来实现的。欠电流继电器线圈串联在被保护电路中,正常工作时吸合,一旦发生欠电流时释放以切断电源。其线圈在线路中的接法同过流保护继电器一样,但串入控制电路中的 KI 触点应采用常开触点,并与时间继电器的常闭延时断触点相并联。

（5）断相保护

异步电动机在正常运行中,由于电网故障或一相熔断器熔断引起对称三相电源缺少一相,使定子电流变得很大,造成电动机绝缘及绕组烧毁。对于正常运行采用三角形接法的电动机,如负载在 $53\%\sim67\%$ 之间发生断相故障,会出现故障相的线电流小于对称性负载保护电流动作值,但相绕组中最大的一相电流却已超过其额定值（△形接法时线电流是相电流的 $\sqrt{3}$ 倍）。由于热继电器热元件是串接在三相电流进线中,采用普通三相式热继电器起不到保护作用。断相保护通常采用专门为断相运行而设计的断相保护热继电器,如第 1 章中所述。

3.5.2　电压型保护

电动机或电器元件都是在一定的额定电压下正常工作,电压过高、过低或者工作过程中非人为因素的突然断电,都可能造成生产机械的损坏或人身事故,因此在电气控制线路设计中,应根据要求设置失压保护、过电压保护及欠电压保护。

（1）失压保护

电动机正常工作时，如果因为电源电压的消失而停转，那么在电源电压恢复时就可能自行起动而造成人身事故或机械设备损坏。为防止电压恢复时电动机的自行起动或电器元件的自行投入工作而设置的保护，称为失压保护。采用接触器及按钮控制电动机的起停，有失压保护作用，如图 3.15 所示。但如果不是采用按钮，而是用不能自动复位的手动开关、行程开关等控制接触器，必须采用专门的零压继电器。对于多位开关，要采用零位保护来实现失压保护，即电路控制必须先接通零压继电器。如图 3.16 所示，主令控制器 S 置于"零位"时，零电压继电器 K 吸合并自锁。当 S 置于"工作位置"时，保证了对接触器 KM 的供电。当断电时，K 释放，电网再接通时，必须先将 S 置"零位"，使 K 吸合，才能重新起动电动机，这样就起到失压保护作用。

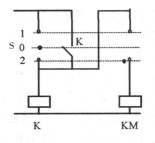

图 3.16　失压保护

（2）欠电压保护

电动机或电器元件在正常运行中，电网电压降低到 U_e 的 60%～80%（U_e 为其额定电压）时，就要求能自动切除电源而停止工作，这种保护称为欠电压保护。因为当电网电压降低时，在负载一定的情况下，电动机电流将增加；另一方面，如电网电压降低到 U_e 的 60%，控制线路中的各类交流接触器、继电器既不释放又不能可靠吸合，处于抖动状态（有很大噪声），线圈电流增大，既不能可靠工作，又可能造成电器元件和电动机的烧毁。除上述采用接触器及按钮控制方式也具有欠电压保护作用外，还可以采用空气开关或专门的电磁式欠电压继电器与接触器配合来进行欠电压保护，当电网低于整定值时，欠电压继电器 KV 释放，其常开触点断开使接触器释放，电动机断电。因此，欠压继电器是用其常开触点来完成保护任务的。

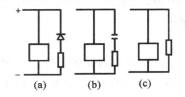

图 3.17　泄放电路

（a）　（b）　（c）

（3）过电压保护

可以采用专门的电磁式过电压继电器与接触器配合来进行过电压保护，其线圈的接法同欠压继电器，其触点的接法如图 3.15 所示。另外，直流电磁机构、电感量大的一类负载如电磁铁、电磁吸盘等，需设置相应的泄放回路来进行过电压保护，如图 3.17 所示。

3.5.3　其他保护

在现代工业生产中，控制对象千差万别，所需要设置的保护措施也难以一一列举。如电梯电气控制系统中的越位、极限保护（防止电梯冲顶或撞底）、速度保护（防止电梯超速），这类保护称为位置保护和速度保护。位置信号的检测可用行程开关、小干簧继电器、接近开关等。再如大功率中频逆变电源、各类自动焊机电源的晶闸管、闸流管、变压器采用水冷，当水压、流量不足时将损坏器件，需采用水压开关或流量继电器进行保护。

大多数的物理量均可转化为温度、压力、流量，因此为以上各种保护的需要而设计制造了各种专用的温度、压力、流量、速度继电器。它们的基本原理都是在控制回路中串联一个受这些参数控制的常开触点或常闭触点。各种继电器的动作都可以在一定范围内调节，以满足不同场合的保护需要。各种保护继电器的工作原理、技术参数、选用方法可以参阅专门的产品手册和介绍资料。

3.6　电气控制系统的一般设计方法

由 3.1 和 3.2 节所知,电气控制系统的设计一般包括确定拖动方案、选择电机和设计电气控制线路。电气控制线路的设计方法通常有两种:

一种方法是一般设计法,又叫经验设计法。它是根据生产工艺要求,利用各种典型的线路环节,直接设计控制线路。这种设计方法比较简单,但要求设计人员必须熟悉大量的控制线路,掌握多种典型线路的设计资料,同时具有丰富的设计经验,在设计过程中往往还要经过多次反复地修改、试验,才能使线路符合设计的要求。即使这样,设计出来的线路可能不是最简,所用的电器及触点不一定最少,所得出的方案不一定是最佳方案。

另一种方法是逻辑设计法,它是根据生产工艺的要求,利用逻辑代数来分析、设计线路的。用这种方法设计的线路比较合理,特别适合完成较复杂的生产工艺所要求的控制线路。但是相对而言逻辑设计法难度较大,不易掌握。本节介绍一般设计法,逻辑设计法在下一节作专门介绍。

一般设计法,由于是靠经验进行设计的,因而灵活性很大。初步设计出来的线路可能是几个,这时要加以比较分析,甚至要通过实验加以验证,才能确定比较合理的设计方案。这种设计方法没有固定模式,通常先用一些典型线路环节拼凑起来实现某些基本要求,而后根据生产工艺要求逐步完善其功能,并加以适当的连锁与保护环节。

第 2 章中已给出了基本的电气控制线路,讨论了基本的电气控制方法,展示了常用的典型控制电路。在此基础上,通过下面几个实际例子来说明电气控制线路的一般设计方法。

3.6.1　龙门刨床(或立车)横梁升降自动控制线路设计

在龙门刨床(或立车)上装有横梁机构,刀架装在横梁上,随加工件大小不同横梁需要沿立柱上下移动,在加工过程中,横梁又需要保证夹紧在立柱上不允许松动。横梁升降电机安装在龙门顶上,通过蜗轮传动,使立柱上的丝杠转动,通过螺杆使横梁上下移动。横梁夹紧电机通过减速机构传动夹紧螺杆,通过杠杆作用使压块将横梁夹紧或放松。如图 3.18 所示。

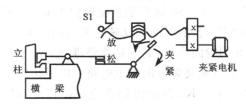

图 3.18　横梁夹紧放松示意图

(1)横梁机构对电气控制系统提出的要求

①保证横梁能上下移动,夹紧机构能实现横梁的夹紧或放松。

②横梁夹紧与横梁移动之间必须有一定的操作程序。

A. 按向上或向下移动按钮后,首先使夹紧机构自动放松;

B. 横梁放松后,自动转换到向上或向下移动;

C. 移动到需要位置后,松开按钮,横梁自动夹紧;

D. 夹紧后电机自动停止运动。

③具有上下行程的限位保护。

④横梁夹紧与横梁移动之间及正反向运动之间具有必要的连锁。

(2)横梁机构电气控制线路设计

在了解清楚生产要求之后则可进行控制线路的设计。

1)设计主电路

横梁移动和横梁夹紧需用两台异步电动机拖动。为了保证实现上下移动和夹紧放松的要求,电动机必须能实现正反转,于是采用 KM1,KM2,KM3,KM4 四个接触器分别控制上下移动电机 M1 和夹紧放松电机 M2 的正反转。因此,主电路就是两台电机的正反转电路。

2)设计基本控制电路

4 个接触器具有 4 个控制线圈,由于只能用 2 只点动按钮去控制上下移动和放松夹紧,按钮的触点不够,因此需要通过 2 个中间继电器 K1 和 K2 进行控制。根据生产对控制系统所要求的操作程序可以设计出图 3.19 所示的草图,但它还不能实现在横梁放松后才能自动向上或向下移动,也不能在横梁夹紧后使夹紧电机自动停止,这需要恰当地选择控制过程中的变化参量来实现上述自动控制要求。

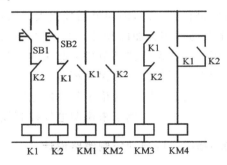

图 3.19 横梁控制电路初步设计

3)选择控制参量、确定控制原则

反映横梁放松的参量,可以有行程参量和时间参量。由于行程参量更加直接反映放松程度,因此采用行程开关 S1 进行控制(见图 3.20)。当压块压合 S1 时,其常闭触点断开,横梁已经放松,接触器线圈 KM4 失电,同时 S1 常开触点接通向上或向下接触器 KM1 或 KM2。

反映夹紧程度的参量可以有行程、时间和反映夹紧力的电流。如采用行程参量,当夹紧机构磨损后,测量就不精确。如用时间参量,更不易调整准确,因此这里选用电流参量进行控制最为适宜。图 3.20 中,在夹紧电机夹紧方向的主电路中串联接入一个电流继电器 K3,其动作电流可整定在两倍额定电流左右。K3 的常闭触点应该串接在 KM3 接触器电路中。由于横梁移动停止后,夹紧电机立即起动,在起动电流作用下,K3 将动作,使 KM3 又失电,故采用 S1 常开触点短接 K3 触点在起动过程中,S1 仍闭合,K3 不起作用。KM3 接通动作后,则依靠其辅助触点自锁,一直到夹紧力增大到 K3 动作后,KM3 才失电,自动停止夹紧电动机的工作。

4)设计连锁保护环节

设计连锁保护环节主要是将反映相互关联运动的电器触点串联或并联接入被连锁运动的相应电器电路中。这里采用 K1 和 K2 的常闭触点实现横梁移动电机和夹紧电机正反向工作

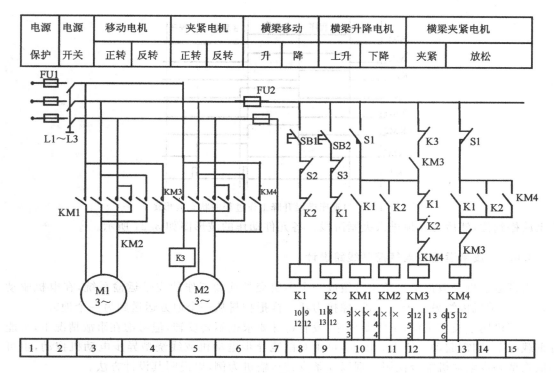

图 3.20　完整的横梁移动控制电路

的连锁保护。

横梁上下需要有限位保护,采用行程开关 S2 和 S3 分别实现向上和向下限位保护。

S1 除了反映放松信号外,它还起到了横梁移动和横梁夹紧间的连锁控制。

5)线路的完善和校核

控制线路初步设计完毕后,可能还有不合理的地方,应仔细校核。例如,进一步简化以节省触点数,节省电器间连接线等,特别应该对照生产要求再次分析设计线路是否逐条予以实现,线路在误操作时是否会产生事故。

现在让我们来回顾整个的工作过程,横梁的移动和放松分为以下 4 个阶段:

①首先,按下 SB1 或 SB2,K1 或 K2 通电,其相并联的常开触点使 KM4 通电,进入放松阶段;

②当横梁放松到位,S1 接通,使 KM1 或 KM2 通电,进入上升或下降阶段;

③当上升或下降到位后,松开按下的按钮,K1 或 K2 的常闭触点复位,使 KM3 接通,进入夹紧阶段;

④当经过夹紧电机的起动阶段,电流恢复正常值时,K3 的常闭触点复位接通,尽管开始夹紧后 S1 断开,KM3 仍然维持通电,直到夹紧后电机堵转,电流增大到整定动作值致使 K3 动作时,KM3 断电,整个线路停止工作。

以上分析初看无问题,但仔细分析横梁工作的第二个阶段即上升或下降阶段,其条件是横梁放松到位。试想如果按下 SB1 或 SB2 的时间很短,横梁放松还未到位就已松开按下的按钮,致使横梁既不能继续放松又不能进行夹紧,容易出现事故。

改进的方法是将 KM4 的辅助触点并联在 K1,K2 两端,使横梁一旦放松,就必然连续工

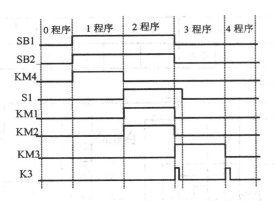

图 3.21 龙门刨床横梁升降工作过程的状态波形图

作至放松到位,然后可靠地进入夹紧阶段。各元件动作的波形图如 3.21 所示。

3.6.2 皮带运输机电气控制线路设计

皮带运输机一般都由多条皮带组成一个多层交叉连续工作的皮带运输系统,在电机驱动下,一个皮带机传给另一个皮带机,像接力赛一样把物料从一个地方运送到另一个地方。

皮带机属于长期工作,不需要调速,没有特殊要求也不要反转,但考虑在事故情况下,可能有重载起动,则需起动转矩大。因此,可由双鼠笼异步电动机或线绕型异步电动机拖动,也可和鼠笼型异步电动机配合使用。现以 3 条皮带运输机为例,以说明其设计方法。

(1)皮带运输机对电气控制系统提出的要求

①有延时起动预警功能。在起动时需先用蜂鸣器(YV)发出警报信号,预报机器即将起动,警告人们迅速退出危险区,之后方允许主机起动。

②为了避免货物在皮带上堆积,造成后面皮带重载起动,起动要求为:

A. 起动顺序:皮带机 3♯,2♯,1♯;

B. 每个皮带机起动之间要有一定的时间间隔。

③为了在停机后皮带机上无货物滞留,停机要求为:

A. 停机顺序:皮带机:1♯,2♯,3♯;

B. 每个皮带机停机之间要有一定的时间间隔。

(2)皮带运输机的电气控制线路设计

1)主电路的设计

3 台电动机都采用鼠笼型异步电动机拖动。由于 3 台电动机不同时起动,因此不会对电网造成较大的冲击,可以采用直接起动。又由于皮带运输机不经常起、制动,对于制动时间和停车准确度也无特殊要求,故无须采用专门的制动措施,自由停车即可。3 台电动机用熔断器实现短路保护,用热继电器实现过载保护,由 3 个接触器 KM1,KM2,KM3 控制其起、停,皮带运输机工作示意图如图 3.22(a)所示。

2)设计基本控制电路

选择带有瞬动触点的时间继电器组成预警控制电路,由 3 个接触器 KM1,KM2,KM3 控制 3 台电机的起、停。只有在报警时间过后,皮带机方能起动工作,控制电路的基本部分如图 3.22(a)所示,该电路只能分别手动控制电机的起停,不能实现自动控制的要求。

3)设计控制电路的特殊部分

①选择过程参量,确定控制原则:起动控制时,为了确保在前一个皮带机切实可靠地运行的前提下,后一个皮带机才能起动,行程参量才是直接的过程参量。但由于皮带做的是回转运动,检测行程比较困难,而用时间参量比较方便,故采用时间为间接变化参量,利用时间继电器作为输出器件的控制信号。该电路为时间原则控制。

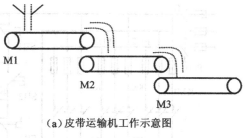

（a）皮带运输机工作示意图

②时间继电器数量的选择:时间继电器的数量由工艺所需的延时时间间隔所决定。在本例中,预警需要延时,起动时需要两个延时间隔,停车时也需要两个时间延时间隔,虽然各个延时间隔的延时时间相同,但它们的延时起点不同,故不能合用,需 5 个时间继电器。

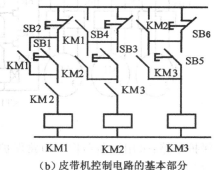

（b）皮带机控制电路的基本部分

图 3.22　皮带机控制

③延时起点和延时时间的确定:如前所述,时间继电器的延时起始点与延时值应正确调整,否则不能正确地反映所替代的直接参量。延时时间首先由工艺决定,因此时间继电器延时值的整定应由工艺所定的延时时间和延时起点来确定。实际上,延时时间的起点和延时值是相辅相成的。在本题中,当预警时间继电器 KT1 延时到时,KT2,KT3 同时通电,KT1、KT2 的延时整定值与工艺所定的时间一致,由于 KT2、KT3 同时通电,KT3 的延时整定值应等于 KT2 的延时值加上 KT3 的工艺所定的延时时间。如 KT3 的延时起点是在 KT2 延时达到时,则 KT3 的延时整定时间就与工艺所定时间一致。断电延时的整定情况与上相同。

④通电延时与断电延时的选择:由于时间继电器带有常开与常闭触点,故通电延时时间继电器可实现所有的延时功能。实际上,在本电路中,选用断电延时时间继电器实现停车时的时间间隔能简化电路。如全选用通电延时时间继电器,进行停车控制时就还需要一个中间继电器方能完成控制任务。

4）设计电路的连锁保护环节

加入自锁:在制动时,按下 SB1,KA、KT2 立即断开,使 KM3、KM4 断电,故应加自锁,因而 KT3、KT4 的延时方能起作用。皮带机的起、制动顺序控制电路如图 3.23 所示。

5）线路的校核

①预警功能:起动时按下 SB2,通电延时继电器 KT1 得电,其瞬动常开触点闭合。KT1 线圈自锁,报警器 YV 报警。KT1 延时到时,KT1 的通电延时常闭触点断开,YV 断电,报警结束,其通电延时常开触点闭合,KT2~KT5 得电,KT2、KT3 开始延时。

②起动过程:由于 KT4、KT5 为断电延时继电器,因此其断电延时常开触点立即接通。KM3 通电并自锁,当 KT2 延时到时,KM2 通电并自锁。KT3 延时到时,KM1 通电。实现了起动按 3♯,2♯,1♯ 的顺序。

③停车过程:按下 SB1,KT1 的线圈断电,KT1 的常开触点全部断开、常闭触点闭合。KT2~KT5 全部失电,KT4、KT5 开始延时,由于 KM1 未自锁,故立即断电停车。当 KT4 延时到时,KM2 断电。KT5 延时到时,KM3 断电。实现了停止按 1♯,2♯,3♯ 的顺序。

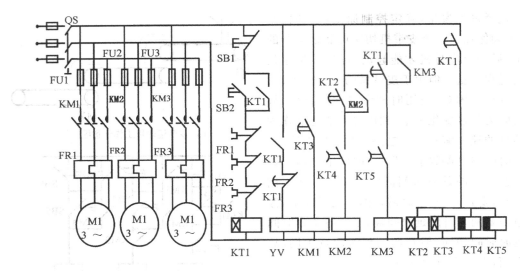

图 3.23 皮带机的完整的电路图

④保护电路：采用熔断器作为短路保护，热继电器作为过载保护。其中任何一台电动机过载时，均按停车顺序停车。

（3）"缺一"故障保护控制

对于多个执行元件共同执行一个任务，在整个工作过程中，这些元件中的任何一个都是不可缺少的工作机械，需要采用"缺一"故障保护控制。无论何种原因使得其中一台设备停车，则全系统必须立即停车，否则物料就会堆积在发生故障的皮带处。图 3.23 仅能实现对电动机过负荷停车。

一般的"缺一"故障保护控制线路如图 3.24 所示。该线路的"缺一"故障的检测环节是一个由 n 个执行接触器的辅助常闭触点组成的"或门"，负责输出"缺一"故障控制信号的是故障

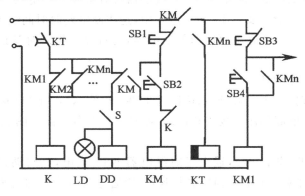

图 3.24 "缺 1"电路

继电器 K，发出故障警告的是电笛 DD 和信号灯 LD，它们的动作持续时间取决于时间继电器 KT 断电延时常开触点的整定时间。该控制线路采用双层按钮起动，先按下 SB2 使 KM 得电自锁，接通主控制电路电源。再按下 SB4，使 KM2～KMn 依次通电，起动对应的电动机，再由 KMn 的常开触点与 SB4 并联作为整个系统的自锁环节。当系统各个执行部件依次起动并全部投入运行时，系统投入正常运行。若其中有一个不动作，则系统就不可能自锁，当 SB4 松开后，系统各执行部件均断电，起动失败。正常起动后，KMn 常开触点闭合，使 KT 线圈通电。

它的断电延时常开触点闭合,为故障保护工作作好准备。此时,因 KM、KMn 常闭触点均已打开,所以故障信号不会产生。在运行中,若任一接触器断电,使其常闭触点闭合,则 K 通电,进行声光报警。K 的常闭触点打开,使 KM 线圈断电,主控电路的电源被切断,系统停止工作。同时,KT 线圈也断电,断电延时一定时间后,其断电常开延时触点打开,使报警信号断电。为避免正常停车时声光报警装置照样动作(当然这不符合要求),为此设置开关 S,可手控停止其工作。读者可自行尝试将该"缺一"故障保护控制线路接入图 3.23。

3.7　电气控制线路的逻辑设计方法

在 2.6 节中,已讨论了电路的逻辑变量、逻辑函数表达式、相关规定、逻辑代数的运算,本节中主要讨论如何运用逻辑代数进行电气线路设计,以便将继电-接触器系统设计得更为合理,充分发挥元件的作用,使所应用的元件数量最少。与经验设计法相比,逻辑设计法的难度较大。但在设计复杂的控制线路时,逻辑设计法有明显的优点。

3.7.1　利用逻辑函数化来简化电路

逻辑函数化简可以使继电接触器电路简化,因此有重要的实际意义。这里介绍公式法化简,关键在于熟练掌握基本定律,可采用提出因子、并项、扩项等,消去多余因子、多余项等方法进行化简。

例 3.1　$F = A\overline{B}C + \overline{A}\,\overline{B}\,\overline{C} + \overline{B}\,\overline{C} + AC + \overline{B}C = AC(1+\overline{B}) + \overline{B}\,\overline{C}(1+A) + \overline{B}C =$
$$AC + \overline{B}\,\overline{C} + \overline{B}C = AC + \overline{B}$$

对应的电路如图 3.25 所示。

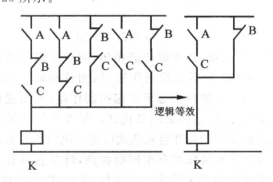

图 3.25　逻辑等效电路

在由逻辑函数化简实现继电-接触器电路时,应注意以下问题:

①注意触点容量的限制。检查化简后触点的容量是否足够,尤其是担负关断任务的触点容量。因为触点的额定电流比触点的分断电流约大 10 倍,所以化简后要注意触点是否有此能力。

②注意线路的合理性、可靠性。一般继电器、接触器带有多对触点,在有多余触点的情况下,不必强求化简来节约触点数量,而应考虑充分发挥元件的作用,并让线路的逻辑功能更加明确。

3.7.2 继电-接触器线路的逻辑函数

(1)继电-接触器开关逻辑函数的一般表达式

1)两种电机起、保、停线路的逻辑函数表达式

在 2.6 节中已经阐明,继电-接触器线路是开关线路,符合逻辑规律。它以执行元件作为

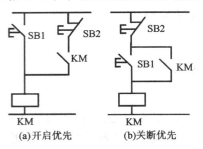

图 3.26 两种起、保、停电路环节

逻辑函数的输出变量,而以检测信号、中间单元及输出变量的反馈触点作为逻辑变量,按一定规律列出逻辑函数表达式。下面通过两种电机起、保、停线路说明列逻辑函数表达式的规律,如图 3.26 所示。

组成电路的触点按 2.6 节规定,线路中 SB1 为起动信号(开启),SB2 为停止信号(关断),KM 的常闭触点 KM 为保持信号。对图 3.26(a)可列出逻辑函数为

$$f_{km}=SB1+\overline{SB2} \cdot KM$$

其一般形式为

$$f_{km}=X_{开}+X_{关} \cdot KM \tag{3.1}$$

式中 $X_{开}$——开启信号(即开启转换主令信号);

　　　$X_{关}$——关断信号(即关断转换主令信号);

　　　KM——自保持信号(反馈信号);

　　　f_{km}——接触器 KM 的逻辑函数。

对图 3.27(b)可列出逻辑函数为

$$f_{km}=\overline{SB2} \cdot (SB1+KM)$$

其一般形式为

$$f_{km}=X_{关} \cdot (X_{开}+KM) \tag{3.2}$$

这两个电路都是起、保、停电路,其逻辑功能相仿,但从逻辑函数表达式来看,式(3.1)中 $X_{开}=1,f_{km}=1,X_{关}$ 在这种状态下不起控制作用,因而这种电路被称为开启从优形式;式(3.2)中 $X_{关}=0$,则 $f_{km}=0,X_{开}$ 在这种状态下不起控制作用,因而这种电路被称为关断从优形式。一般情况下,为了安全起见,选择关断从优式。但在有的情况下却只能选择开启从优式,如图 3.20 中 KM3 的控制就用的是开启从优式以避开电机的起动过程。

式(3.1)、式(3.2)所示的逻辑函数都有相同的特点,就是它具有 3 个逻辑变量:$X_{开}$、$X_{关}$ 和 KM。而实际的起、保、停电路往往有许多连锁条件,例如,铣床的自动循环工作必须在主轴旋转条件下进行,而龙门刨返回行程油压不足也不能停车,而且必须到原位停车。因此对开启信号及关断信号都增加了约束条件,这时只要将式(3.1)、式(3.2)扩展一下,就能全面地表示输出逻辑函数。

2)逻辑函数的一般表达式

这里引入两个新信号:

①开启约束信号 $X_{开约}$:对于开启信号来讲,当开启的转换主令信号不只一个,还需具备其他条件才能开启时,则开启信号用 $X_{开主}$ 表示,其他条件称开启约束信号,用 $X_{开约}$ 表示。二者是"与"的逻辑关系。

②关断约束信号 $X_{关约}$：当关断信号不止一个，要求其他几个条件都具备才能关断时，则关断信号用 $X_{关主}$ 表示，其他条件称为关断约束信号，以 $X_{关约}$ 表示。"0"状态是关断状态，显然 $X_{关主}$、$X_{关约}$ 全为"0"时，则关断信号才为"0"，否则不具备关断条件，因此二者是"或"的关系。

用它们去代替式(3.1)、式(3.2)中的 $X_{开}$、$X_{关}$，则可得起、保、停电路的扩展形式。式(3.1)扩展成式(3.3)，式(3.2)扩展成式(3.4)。

$$f_{km} = X_{开主} \cdot X_{开约} + (X_{关主} + X_{关约}) \cdot KM \tag{3.3}$$

$$f_{km} = (X_{关主} + X_{关约}) \cdot (X_{开主} \cdot X_{开约} + KM) \tag{3.4}$$

3) 逻辑函数的简单表达式

当 $X_{开主} \cdot X_{开约}$ 均为长信号时，一般不需要自锁，逻辑函数的简单表达式为：

$$f_{km} = (X_{关主} + X_{关约}) \cdot (X_{开主} \cdot X_{开约}) \tag{3.5}$$

当约束信号不存在时，逻辑函数的最简表达式为：

$$f_{km} = X_{关主} \cdot X_{开主} \tag{3.6}$$

(2) 开启信号和关断信号的选择形式

要正确地选择开启信号和关断信号的形式，首先应了解开启线与关断线。使逻辑函数的状态由"0"变"1"的界线称为开启线；使逻辑函数的状态由"1"变"0"的界线称为关断线。

选择逻辑变量组成逻辑函数的依据是：由逻辑变量的"与"、"或"、"非"关系组成的逻辑输出函数就是要保证在开启、关断边界内取"1"，边界外取"0"。

开启线的转换主令信号是 $X_{开主}$，若转换主令信号由常态变为受激，则 $X_{开主}$ 取其动合触点（常开形式）；若转换主令信号由受激变为常态，则 $X_{开主}$ 取其动断触点（常闭形式）。

关断线的转换主令信号是 $X_{关主}$，若转换主令信号由常态变为受激，则 $X_{关主}$ 取其动断触点（常闭形式）；若转换主令信号由受激变为常态，则 $X_{关主}$ 取其动合触点（常开形式）。

$X_{开约}$、$X_{关约}$ 属于约束条件，反映了线路的连锁等关系。原则上 $X_{开约}$ 应取开启线近旁的"1"状态、开启线外尽量为"0"状态的逻辑变量；$X_{关约}$ 应取关断线近旁的"0"状态、开启线外为"1"状态的逻辑变量。其相应触点的动合、动断形式（既常

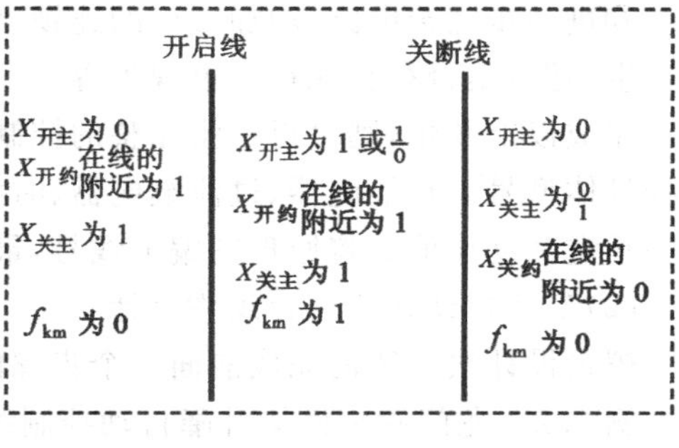

图 3.27　开启线与关断线

开、常闭形式）的选择应以保证逻辑输出函数在开启、关断边界内取"1"，边界外取"0"的要求为原则。如图 3.27 所示。

是否要加自锁环节应视 $X_{开主} \cdot X_{开约}$ 为"1"的范围而定。若在开启、关断边界内 $X_{开主} \cdot X_{开约}$ 不能保持"1"状态（即为短信号），则要加自锁环节；若在开启、关断边界内 $X_{开主} \cdot X_{开约}$ 始终保持"1"状态（即为长信号），则不需要自锁。

例：某动力头主轴电机控制线路设计。要求滑台停在原位(S1)时，主轴电机起动，进给到需要位置(S2)时才允许停止主轴电机。起动按钮为 SB1，停止按钮为 SB2，可用式(3.3)或式(3.4)设计线路。对于触点形式的选择只需牢牢记住一个大原则：保证逻辑输出函数在开启、关断边界内取"1"，边界外取"0"。设计分析，其中：

$$X_{开主} = SB1 \quad X_{开约} = SA1 \quad X_{关主} = \overline{SB2} \quad X_{关约} = \overline{SA2}$$

按式(3.3)其逻辑函数式如下：

$$f_{km} = SB1 \cdot SA1 + (\overline{SB2} + \overline{SA2})KM1$$

按式(3.4)其逻辑函数式如下：

$$f_{km} = (\overline{SB2} + \overline{SA2}) \cdot (SB1 \cdot SA1 + KM)$$

上述二式对应的电路图如图 3.28 所示,所取的触点形式完全满足要求。

3.7.3 逻辑设计方法的一般步骤与设计

如前所述,一般设计法即经验设计法要求设计人员必须熟悉大量的控制线路,掌握多种典型线路的设计资料,同时具有丰富的设计经验,但仍难以得

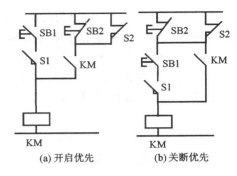

(a) 开启优先　　(b) 关断优先

图 3.28　动力头控制电路

到既简单又合理的方案。但采用逻辑设计方法,可以使线路简化、充分利用电器元件、得到较合理的线路。对复杂线路的设计,特别是生产自动线、组合机床等控制线路的设计,采用逻辑设计法比经验设计法更为方便、合理。

(1)逻辑设计法的一般步骤

①充分研究加工工艺过程,作出工作循环图或工作示意图;

②按工作循环图作执行元件节拍表及检测元件状态表——转换表;

③根据转换表,确定中间记忆元件的开关边界线,设置中间记忆元件;

④列写中间记忆元件逻辑函数式及执行元件逻辑函数式;

⑤根据逻辑函数式建立电路结构图;

⑥进一步完善电路,增加必要的连锁、保护等辅助环节,检查电路是否符合原控制要求,有无寄生回路,是否存在触点竞争现象等。

完成以上 6 步,则可得一张完整的控制原理图。若需实际制作,还要对原理图上所有元件选择具体型号。热继电器、过流继电器、时间继电器等需要按自动控制的要求和具体的工艺循环去整定其动作值。将原理图编上线号,最后画出装配图,完成设计任务。

(2)用逻辑设计法进行线路设计

逻辑设计法一般需完成前面 6 个步骤内容,以下例子说明如何进行逻辑设计。

例 3.2 龙门刨床横梁升降自动控制线路设计。

该例的工艺要求如 3.6 节所述。龙门刨床横梁移动是操作工人根据需要按上升或下降按钮 SB1 或 SB2。首先,横梁夹紧电机 M2 向放松方向运行,完全放松后碰 S1 行程开关,横梁转入上升或下降,即控制升降电机的接触器 KM1 或 KM2 动作,到达需要位置时手松开 SB1 或 SB2,横梁停止移动,自动夹紧(即夹紧电机 M2 向夹紧方向运行),S1 复位。当夹紧力达到一定程度时,过电流继电器 K3 动作,夹紧电机停止工作。以下按步骤设计。

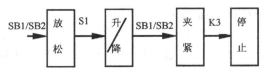

图 3.29　工作循环图

1)按上述工艺过程可列出工艺循环图如图 3.29 所示

SB1/SB2 中的"/"表示"或"。

2) 根据工作循环图列出状态表

状态表是按顺序把各程序输入信号(检测元件)的状态、中间元件状态和输出的执行元件状态用"0"、"1"表示出来,列成表格形式。它实际是由输入元件状态表、中间元件状态表、执行元件状态表综合在一起所组成的。元件处于原始状态为"0"状态,受激状态(开关受压动作,电器吸合)为"1"状态。将各程序元件状态——填入,若一个程序之内状态有 1~2 次变化,则用 $\frac{1}{0}$、$\frac{0}{1}$ 或 $\frac{0}{1}$、$\frac{1}{0}$ 表示。为了清楚起见,将使程序转换的那些转换主令信号单列一行,同时也在转换主令信号转换的程序分界线上以粗黑线表示。

根据上面规定列出表 3.1。

表 3.1　龙门刨横梁升降状态表

程序	名称	执行元件状态			检测元件状态			转换主令信号
		KM1/KM2	KM3	KM4	S1	K3	SB1/SB2	
0	原位	0/0	0	0	0	0	0/0	
1	放松	0/0	0	1	0	0	1/1	SB1/SB2
2	上升/下降	1/1	0	0	1	0	1/1	S1
3	夹紧	0/0	1	0	$\frac{1}{0}$	$\frac{1}{0}$	0/0	SB1/SB2
4	停止	0/0	0	0	0	$\frac{1}{0}$	0/0	K3

注:表中的粗黑线表示相应程序的开启线与关断线。

3) 找出特征数

特征数是在各个程序中由检测元件状态构成的二进制数。

根据表 3.1,各程序特征数如下:

原　位　　000
第一程序　001
第二程序　101
第三程序　110
　　　　　100 } (由检测元件状态 $\frac{1}{0}$ $\frac{1}{0}$ 0 得到)
　　　　　010
　　　　　000 } (010 不可能出现,可舍去)
第四程序　010
　　　　　000 } (由检测元件状态 0 $\frac{1}{0}$ 0 得到)

原位:所有元件都不受激,特征数 000。

第一程序:按下 SB2/SB2 进入放松程序,KM4 吸合,夹紧电机向放松方向运行,但并未压合 S1,特征数 001。

第二程序:放松到位,S1 受激后转入第二程序,视 SB1 还是 SB2 受激,以决定横梁是上升还是下降,特征数 101。

第三程序:松开 SB1/SB2,升/降停止,转入第三程序,KM3 吸合,夹紧电机 M2 起动并向夹紧方向运动。起动开始时,起动电流使 K3 动作。完成起动后,K3 又释放,所以状态 K3 为 $\frac{1}{0}$;M2 向夹紧方向运行,状态 S1 为 $\frac{1}{0}$,由受激转为常态。第三程序的检测元件状态为 $\frac{1}{0}$ $\frac{1}{0}$ 0,在 KM3 接通,夹紧电机起动的短时间内,可能有的情况是:

①在状态 K3 由 1 变 0 的过程中,K3 为 1 时,S1 的状态为 1(起动未结束夹紧机构仍压合 S1),特征数为 110。

②K3 由 1 变 0 时 S1 的状态仍然保持为 1(起动刚结束时夹紧机构仍压合 S1),特征数为 100。

③当状态 S1 由 1 变 0 时,K3 仍保持为 1(实际上并不存在,因为开始夹紧后若行程开关 S1 已释放,则在此之前起动过程肯定已结束),特征数为 010(这组特征数可舍去)。

④最终检测元件的状态全变为 0(即起动结束,且夹紧机构也从压合 S1 的位置移开,但还未夹紧),特征数为 000。

第四程序:当横梁夹紧后,K3 动作,状态为 1,转入第四程序,使全部元件处于常态,恢复初始状态,K3 又为 0,故 K3 为 $\frac{1}{0}$,反映了 K3 在横梁夹紧后动作,线路进入停止状态后 K3 又释放的过程。故第四程序特征数为 010 和 000。

4)决定待相区分组

检测元件的状态决定了线路的输出状态,而检测元件的状态又由特征数来表征。每一程序中,其特征数可以相同,但程序与程序之间,特征数不能相同。从图 3.1 可知,如果程序与程序之间的特征数相同,就意味着控制系统对应于相同的输入,而有不同的输出结果,且这些不同的结果是不确定的,这是进行控制系统设计中不允许存在的现象。

若程序与程序之间的特征数相同,那么这些程序就被称为待相分区组,特征数互不相同的程序叫做相分区组。首先根据特征数确定待相分区组,然后增加新的特征数,使其成为相分区组。

本例中待相区分组为第三程序的 000 与第四程序的 000。

5)设置中间记忆元件——中间继电器,使待相区分组增加特征数,成为相区分组

状态表中第三程序中有特征数 000,第四程序也有特征数 000,所以要增加中间单元 K。若第三程序 K 为 1,第四程序 K 为 0,则可区分,待相区分组转化为相区分组。

	原特征数	K	新特征数
第三程序	000	1	0001
第四程序	000	0	0000

其实 KM3 本身就具有记忆功能,可用 KM3 替代 K,以省去一中间继电器,因而第三程序一定要自锁。

6)列出中间元件和输出元件的逻辑函数式

由 3.7.2 节已得出关断优先和开启优先两种输出元件的一般逻辑代数式(3.3)、式(3.4);

当不须自锁时的简单逻辑函数表达式(3.5);以及既不须自锁又不存在约束信号时,逻辑函数的最简表达式(3.6)。

列写逻辑代数式的关键是根据状态表找出该输出逻辑函数工作的区域,该工作区域的开启线、关断线,$X_{开主}$、$X_{开约}$信号和 $X_{关主}$、$X_{关约}$信号。若在开启、关断边界内 $X_{开主} \cdot X_{开约}$ 不能保持"1"状态(即为短信号),则要加自锁环节;若在开启、关断边界内 $X_{开主} \cdot X_{开约}$ 始终保持"1"状态(即为长信号),则不需要自锁。并判断 $X_{开主}$、$X_{开约}$信号能否保证在开启、关断边界内使逻辑输出函数始终取"1",下面对 4 个输出元件列写出逻辑代数式。

①输出元件 KM1/KM2,功能为横梁上升/下降。

工作区域为第二程序。横梁上升的转换主令信号为 S1,处于受激状态,所以 $X_{开主}$取 S1 动合触点(常开)状态,为了防止升、降按钮同时按压的误操作,将 SB2 的动断触点(常闭)的状态 $\overline{SB2}$ 作为 $X_{开约}$。在开关边界线内 $X_{开主} \cdot X_{开约} = S1 \cdot \overline{SB2} = 1$,因此不需要自锁环节。KM2 的逻辑函数式原理上与此相同,只是选择 SB2 为下降按钮。

其逻辑函数式如下:
$$f_{km1} = S1 \cdot \overline{SB2} \cdot SB1$$
$$f_{km2} = S1 \cdot \overline{SB1} \cdot SB2$$

②输出元件 KM3,功能为横梁夹紧。

工作区域为第三程序。横梁上升时转换主令信号为 SB1,它由受激转为常态;横梁下降时,转换主令信号是 SB2,也是由受激转为常态。前者 $X_{开主} = \overline{SB1}$(SB1 的常闭触点),$X_{开约} = S1 \cdot \overline{SB2}$;后者 $X_{开主} = \overline{SB2}$(SB2 的常闭触点),$X_{开约} = S1 \cdot \overline{SB1}$。由于 S1 在开关边界内由 1 变 0,因此需要自锁。K3 为关断主令信号,由常态到受激,因此取 K3 的常闭触点状态 $\overline{K3}$。若选择式(3.4)关断优先形式,则
$$f_{km3} = \overline{K3} \cdot (\overline{SB1} \cdot \overline{SB2} \cdot S1 + KM3)$$

在上式中夹紧电机起动时 K3 动作,K3 的常闭触点断开而使 $X_{开主}$、$X_{开约}$不起作用,f_{km3} 为"0"只有选择式(3.3)开启优先形式方可使 f_{km3} 在开启线内为"1"。
$$f_{km3} = \overline{SB1} \cdot \overline{SB2} \cdot S1 + \overline{K3} \cdot KM3$$

对上式进行化简。由状态表可知 $\overline{SB1} \cdot \overline{SB2}$ 在开关线内一直为"1",故乘上它不影响逻辑值的变化,因此将上式演变为
$$f_{km3} = S1 \cdot \overline{SB1} \cdot \overline{SB2} + \overline{K3} \cdot KM3 \cdot \overline{SB1} \cdot \overline{SB2}$$
$$= (S1 + \overline{K3} \cdot KM3) \cdot \overline{SB1} \cdot \overline{SB2}$$

③输出元件 KM4,功能为横梁放松。

工作区域为第一程序。若 $X_{开主}$ 为 SB1 或 SB2,开启状态由常态到受激,因此取其常开触点。其关断边界线上为 S1 受激,因此取其常闭触点为 $X_{关主}$。SB1 或 SB2 为长信号,无须自锁。
$$f_{km4} = (SB1 + SB2) \cdot \overline{S1}$$

7)画电路图

按上面求出的逻辑函数式画电路图,这时应注意元件的触点数。例如,以上 4 式中有 3 式内都有 S1,一个行程开关可能没有这么多触点,这时可利用中间继电器增加等效触点,或者分析可否找到等位点。对于上面的式子只要将 S1 置于最前面位置,成为 KM1、KM2、KM3 公共通路,则 S1 将包含在这三个逻辑函数式内。因为将 S1 合并,也就是将 KM2 的关断信号

K3 · KM3 与 S1 并联,并联后要分析其影响。由于 KM1、KM2 不工作时,SB1、SB2 为 0,因此这样并联对 KM1、KM2 无影响,但可节省 S1 的一对常闭触点。其电路如图 3.30 所示。

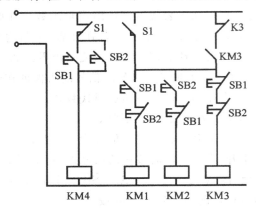

图 3.30　横梁升降电路之一

线路中 SB1、SB2 的触点是两对常开、两对常闭,数量太多,元件难以满足要求,同时控制按钮到开关柜的距离也很远,穿线太多,应予简化。

若

$$K = SB1 + SB2$$

则

$$K = \overline{SB1 + SB2} = \overline{SB1} \cdot \overline{SB2}$$

$$f_{km4} = (SB1 + SB2) \cdot \overline{S1} = K \cdot \overline{S1}$$

$$f_{km3} = (S1 + \overline{K3} \cdot KM3) \cdot \overline{SB1} \cdot \overline{SB2}$$

$$= (S1 + \overline{K3} \cdot KM3) \cdot \overline{K}$$

$$f_{km1} = S1 \cdot \overline{SB2} \cdot SB1 = S1 \cdot (SB1 + SB2 \cdot \overline{SB2}) \cdot \overline{SB2}$$

$$= S1 \cdot (SB1 + SB2) \cdot \overline{SB2} = S1 \cdot K \cdot \overline{SB2}$$

同理可得

$$f_{km2} = S1 \cdot K \cdot \overline{SB1}$$

根据以上关系作电路图如图 3.31 所示。

8)进一步完善电路

加上必要的连锁保护等辅助措施,校验电路在各种状态下是否满足工艺要求,其他保护、联锁、互锁等在经验设计法中已叙述,此处从略。最后得到完整控制电路图如图 3.32 所示。

读者可将两种设计法所设计的电路进行比较,体会各自的特点。初学逻辑设计法时,往往觉得难度很大,好像不如经验设计法来得快捷。但逻辑设计法在设计较为复杂的电路时,将显示出它独特的

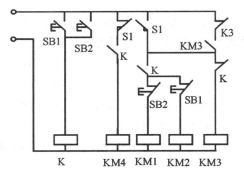

图 3.31　横梁升降电路之二

优越性。学习逻辑设计法能加深对电路的分析与理解,有助于弄清电气控制系统中输入与输出的作用与相互关系,认识到继电-接触器控制线路设计的实质,对以后学习可编程控制器打下良好的基础。

综上所述,无论用何种方法进行继电接触器控制线路的设计,都应遵循的一条基本规则:

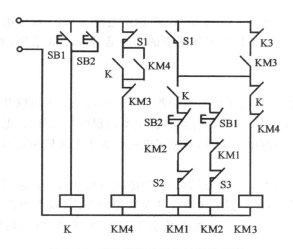

图 3.32　完整横梁升降的控制线路图

"最简单的线路是最可靠的",即设计人员必须尽一切可能为减少元件和触点数量而努力。

3.8　常用电器元件的选择

在控制系统原理图设计完成之后,就可根据线路要求,选择各种控制电器,并以元件目录表形式列在标题栏上方。正确、合理地选用各种电器元件,是控制线路安全、可靠工作的保证,也是使电气控制设备具有一定的先进性和良好经济性的重要环节。本节主要从设计、使用角度介绍一些常用控制电器的选用依据,相关的技术参数等可见第 1 章。

3.8.1　常用电器元件的选择原则

①根据对控制元件功能的要求,确定电气元件的类型。比如,当元件用于通、断功率较大的主电路时,应选用交流接触器;若有延时要求,应选用延时继电器。

②确定元件承载能力的临界值及使用寿命。主要是根据电气控制的电压、电流及功率大小来确定元件的规格。

③确定元器件预期的工作环境及供应情况。如防油、防尘、货源等。

④确定元件在供应时所需的可靠性等。确定用以改善元件失效率用的老化或其他筛选实验。采用与可靠性预计相适应的降额系数等。进行一些必要的计算和校核。

3.8.2　电器元件的选择

(1)各种按钮、开关的选用

1)按钮

按钮通常是用来短时接通或断开小电流控制电路的一种主令电器。其选用依据主要是根据需要的触点对数、动作要求、结构形式、颜色以及是否需要带指示灯等要求。如起动按钮选绿色,停止按钮选红色,紧急操作选蘑菇式等。目前,按钮产品有多种结构形式,多种触头组合以及多种颜色,供不同使用条件选用。

按钮的额定电压有交流 500V，直流 440V，额定电流为 5A。常选用的按钮有 LA2，LA10，LA19 及 LA20 等系列。符合 IEC 国际标准的新产品有 LAY3 系列，额定工作电流为 1.5～8A。

2) 刀开关

刀开关又称为闸刀，主要用于接通和切断长期工作设备的电源以及不经常起动、制动和容量小于 7.5kW 的异步电动机。刀开关选用时，主要是根据电源种类、电压等级、断流容量及需要极数。当用刀开关来控制电动机时，其额定电流要大于电动机额定电流的 3 倍。

3) 组合开关

组合开关主要用于电源的引入与隔离，又叫电源隔离开关。其选用依据是电源种类、电压等级、触头数量以及断流容量。当采用组合开关来控制 5kW 以下小容量异步电动机时，其额定电流一般取设备的 1.5～3 倍。接通次数小于 15～20 次/h，常用的组合开关为 HZ 系列：HZ1，HZ2，…，HZ10 等。

4) 行程开关

行程开关主要用于控制运动机构的行程、位置控制或连锁等。根据控制功能、安装位置、电压电流等级、触点种类及数量来选择结构和型号。常用的有 LX2，LX19、JLXK1 型行程开关以及 JXW-11、JLXK1-11 型微动开关等。

对于要求动作快、灵敏度高的行程控制，可采用无触点接近开关，特别是近年来出现的霍尔接近开关性能好，寿命长，是一种值得推荐的无触点行程开关。

5) 自动开关（自动空气开关）

由于自动开关具有过载、欠压、短路保护作用，故在电气设计的应用中越来越多。自动开关的类型较多，有框架式、塑料外壳式、限流式、手动操作式和电动操作式。在选用时，主要从保护特性要求（几段保护）、分断能力、电网电压类型、电压等级、长期工作负载的平均电流、操作频繁程度等几方面去确定它的型号。常用的有 DZ10 系列（额定电流分 10，100，200，600A 四个等级）。符合 IEC 标准的有 3VE 系列（额定电流从 0.1～63A）。

在初步确定自动开关的类型和等级后，各级保护动作值的整定还必须注意和上、下级开关保护特性的协调配合，从总体上满足系统对选择性保护的要求。

（2）接触器的选择

接触器的额定电流或额定控制功率随使用场合及控制对象的不同、操作条件与工作繁重程度不同而变化。接触器分直流接触器和交流接触器两大类，交流接触器主要有 CJ0 及 CJ10 系列，直流接触器多用 CZ0 系列。目前，符合 IEC 和新国标的产品有 LC1-D 系列，可与西门子 3BT 系列互换使用的 CJX1、CJX2 系列，这些新产品正逐步取代 CJ 和 CZ0 系列产品。

在一般情况下，接触器的选用主要依据是接触器主触头的额定电压、电流要求，辅助触头的种类、数量及其额定电流，控制线圈电源种类，频率与额定电压，操作频繁程度和负载类型等因素。

对于交流接触器，被选接触器的额定电压应高于线路额定电压，主触头的额定电流应大于负载电流，对于电动机负载可按下面经验公式计算主触点电流 I_c：

$$I_c = \frac{P_e \times 10^3}{KU_e}$$

式中　K——经验系数，取 1～1.4；

P_e——被控电动机额定功率(kW);

U_e——电动机额定线电压(V)。

对于频繁起动、制动与频繁正反转工作情况,为了防止主触点的烧蚀和过早损坏,应将接触器的额定电流降低一个等级使用,或将控制容量减半选用。

接触器控制线圈的电压种类与电压等级应根据控制线路要求选用。简单控制线路可直接选用交流 380V、220V,线路复杂、使用电器较多时,应选用 127V,110V 或更低的控制电压。直流接触器的选用方法与交流接触器基本相同。

(3)继电器的选择

1)电磁式继电器的选用

①中间继电器的选用:中间继电器用于电路中传递与转换信号,扩大控制路数,将小功率控制信号转换为大容量的触头控制,扩充交流接触器及其他电器的控制作用。其选用主要根据触点的数量及种类确定型号,同时注意吸引线圈的额定电压应等于控制电路的电压等级。常用 JZ7 系列,新产品有 JDZ1 系列、CA2-DN1 系列及仿西门子 3TH 的 JZC1 系列等。

②电流、电压继电器选用的主要依据是:被控制或被保护对象的特性、触头的种类、数量、控制电路的电压、电流、负载性质等因素。线圈电压、电流应满足控制线路的要求。

如果控制电流超过继电器触头额定电流,可将触头并联使用。也可以采用触头串联使用方法来提高触头的分断能力。

2)时间继电器的选用

选用时应考虑延时方式(通电延时或断电延时)、延时范围,延时精度要求、外形尺寸、安装方式、价格等因素。

常用的时间继电器有空气阻尼式、电磁式、电动式及晶体管式和数字时间继电器等,在延时精度要求不高且电源电压波动大的场合,宜选用价格低廉的电磁式或空气阻尼式时间继电器。当延时范围大,延时精度较高时,可选用电动式或晶体管式时间继电器,延时精度要求更高时,可选用数字式时间继电器,同时也要注意线圈电压等级能否满足控制电路的要求。JS7系列是应用较多的空气阻尼式时间继电器,代替它的新产品是 JSK1。

3)热继电器的选用

对于工作时间较短、停歇时间长的电动机,如机床的刀架或工作台的快速移动,横梁升降、夹紧、放松等运动,以及虽长期工作但过载可能性很小的电动机如排风扇等,可以不设过载保护,除此以外,一般电动机都应考虑过载保护。

热继电器有两相式、三相式及三相带断相保护等形式。对于星形接法的电动机及电源对称性较好的情况可采用两相结构的热继电器;对于三角形接法的电动机或电源对称性不够好的情况则应选用三相结构或带断相保护的三相结构热继电器;在重要场合或容量较大的电动机,可选用半导体温度继电器来进行过载保护。

热继电器发热元件额定电流,一般按被控制电动机的额定电流的 0.95~1.05 倍选用,对过载能力较差的电动机可选得更小一些,其热继电器的额定电流应大于或等于热元件的额定整定电流值。过去常用的热继电器 JR0 系列,新产品有 JRS1 系列、LR1-D 系列及西门子3UA 系列。

(4)熔断器选择

熔断器主要对电气设备起短路瞬时保护作用。其主要类型有:插入式、螺旋式、填料封闭管式等。熔断器选择的主要内容是按类型、额定电压、熔断器额定电流等级与熔体额定电流。熔断器的选择方法为:根据电路的特点及参数求出熔体电流,再根据熔体电流大小选择熔断器的额定电流来确定其规格型号。

①对负载电流较为平稳的电气设备如照明、信号、热电电路可直接按负载额定电流来选取。

②对具有冲击电流的电气设备如电动机,熔体额定电流可按下式计算值选取:

单台电机长期工作 $I_R = (1.5 \sim 2.5)I_e$

多台电机长期共用一个熔断器保护

$$I_R \geqslant (1.5 \sim 2.5)I_{Nmax} + \sum I_e$$

式中 I_{Nmax}——为容量最大一台电动机的额定电流;

$\sum I_e$——是除容量最大电动机之外,其余电动机额定电流之和。

轻载及起动时间短时,系数取1.5,起动负载重、时间长、起动次数又较多时,取2.5。为满足选择性保护的要求,应注意熔断器上下级之间的配合,要求上一级熔断器的熔断时间至少是下一级的3倍,不然将会发生越级动作,扩大停电范围。

3.9 电气控制的工艺设计

工艺设计的目的是为了满足电气控制设备的制造和使用要求,工艺设计必须在原理设计完成之后进行。在完成电气原理设计及电器元件选择之后,就可以进行电气控制设备总体配置,即总装配图、总接线图设计,然后再设计各部分的电器装配图与接线图,并列出各部分的元件目录、进出线号以及主要材料清单等技术资料,最后编写使用说明书。

3.9.1 电气设备总体配置设计

各种电动机及各类电器元件根据各自的作用,都有一定的装配位置,例如,拖动电动机与各种执行元件(电磁铁,电磁阀、电磁离合器、电磁吸盘等)以及各种检测元件(限位开关、传感器、温度、压力、速度继电器等)必须安装在生产机械的相应部位。各种控制电器(各种接触器、继电器、电阻、自动开关、控制变压器、放大器等),保护电器(熔断器、电流、电压保护继电器等)可以安放在单独的电器箱内,而各种控制按钮、控制开关、各种指示灯、指示仪表、需经常调节的电位器等,则必须安放在控制台面板上。由于各种电器元件安装位置不同,在构成一个完整的自动控制系统时,必须划分组件,同时要解决组件之间,电气箱之间以及电气箱与被控制装置之间的连线问题。

划分组件的原则是:

①功能类似的元件组合在一起。例如用于操作的各类按钮、开关、键盘、指示检测、调节等元件集中为控制面板组件,各种继电器、接触器、熔断器,照明变压器等控制电器集中为电气板组件,各类控制电源、整流、滤波元件集中为电源组件等。

②尽可能减少组件之间的连线数量,接线关系密切的控制电器置于同一组件中。

③强弱电控制器分离,以减少干扰。

④力求整齐美观,外形尺寸,重量相近的电器组合在一起。

⑤便于检查与调试,需经常调节、维护和易损元件组合在一起。

电气控制设备的各部分及组件之间的接线方式通常有:

①电器板、控制板,机床电器的进出线一般采用接线端子(按电流大小及进出线数选用不同规格的接线端子)。

②电器箱与被控制设备或电气箱之间采用多孔接插件,便于拆装、搬运。

③印制电路板及弱电控制组件之间宜采用各种类型标准接插件。

电气设备总体配置设计任务是根据电气原理图的工作原理与控制要求,将控制系统划分为几个组成部分称为部件。以龙门刨床为例,可划分机床电器部分(各拖动电动机,抬刀机构电磁铁,各种行程开关和控制站等)、机组部件(交磁放大机组,电动发电机组等)以及电气箱(各种控制电气、保护电器、调节电器等等)。根据电气设备的复杂程度,每一部分又可划成若干组件,如印制电路组件、电器安装板组件、控制面板组件,电源组件等。要根据电气原理图的接线关系整理出各部分的进出线号,并调整它们之间的连接方式。

总体配置设计是以电气系统的总装配图与总接线图形式来表达的。图中应以示意形式反映出各部分主要组件的位置及各部分接线关系,走线方式及使用管线要求等。

总装配图、接线图(根据需要可以分开,也可以并在一起画)是进行分部设计和协调各部分组成一个完整系统的依据。总体设计要使整个系统集中、紧凑,同时在场地允许条件下,对发热厉害,噪声和振动大的电气部件,如电动机组、起动电阻箱等尽量放在离操作者较远的地方或隔离起来。对于多工位加工的大型设备,应考虑两地操作的可能。总电源紧急停止控制应安放在方便而明显的位置。总体配置设计合理与否将影响到电气控制系统工作的可靠性,并关系到电气系统的制造、装配质量、调试、操作以及维护是否方便。

3.9.2　元件布置图的设计及电器部件接线图的绘制

电气元件布置图是某些电器元件按一定原则的组合。电器元件布置图的设计依据是部件原理图(总原理图的一部分)。同一组件中电器元件的布置要注意以下问题:

①体积大和较重的电器元件应装在电器板的下面,而发热元件应安装在电器板的上面。

②强电弱电分开并注意弱电屏蔽,防止外界干扰。

③需要经常维护、检修、调整的电器元件安装位置不宜过高或过低。

④电器元件的布置应考虑整齐、美观、对称。外形尺寸与结构类似的电器安放在一起,以利加工、安装和配线。

⑤电器元件布置不宜过密,要留有一定的间距,若采用板前走线槽配线方式,应适当加大各排电器间距,以利布线和维护。

各电器元件的位置确定以后,便可绘制电器布置图。布置图是根据电器元件的外形绘制,并标出各元件间距尺寸。每个电器元件的安装尺寸及其公差范围,应严格按产品手册标准标注,作为底板加工依据,以保证各电器的顺利安装。

在电器布置图设计中,还要根据本部件进出线的数量(由部件原理图统计出来)和采用导线规格,选择进出线方式,并选用适当接线端子板或接插件,按一定顺序标上进出线的接线号。

电气部件接线图是根据部件电气原理及电器元件布置图绘制的。

①接线图和接线表的绘制应符合 GB6988—86 中《电气制图接线图和接线表》的规定。

②电气元件按外形绘制,并与布置图一致,偏差不要太大。

③所有电气元件及其引线应标注与电器原理图中相一致的文字符号及接线号。原理图中的项目代号、端子号及导线号的编制分别应符合 GB5904—85《电气技术中的项目代号》、3B4026—83《电器接线端子的识别和用字母数字符号标志接线端子的通则》及 GB4884—85《绝缘导线标记》等规定。

④与电气原理图不同,在接线图中同一电器元件的各个部分(触头、线圈等)必须画在一起。

⑤电气接线图一律采用细线条,走线方式有板前走线及板后走线两种,一般采用板前走线。对于简单电气控制部件,电器元件数量较少,接线关系不复杂,可直接画出元件间的连线。但对于复杂部件,电器元件数量多,接线较复杂的情况,一般是采用走线槽,只需在各电器元件上标出接线号,不必画出各元件间连线。

⑥接线图中应标出配线用的各种导线的型号、规格、截面积及颜色要求。

⑦部件的进出线除大截面导线外,都应经过接线板,不得直接进出。

3.9.3　电气箱及非标准零件图的设计

在电气控制系统比较简单时,控制电器可以附在生产机械内部,而在控制系统比较复杂或由于生产环境及操作的需要,通常都带有单独的电气控制箱,以利制造、使用和维护。

电气控制箱设计要考虑以下几方面问题:

①根据控制面板及箱内各电气部件的尺寸确定电气箱总体尺寸及结构方式。

②结构紧凑外形美观,要与生产机械相匹配,应提出一定的装饰要求。

③根据控制面板及箱内电气部件的安装尺寸,设计箱内安装支架(采用角铁、槽钢、扁铁或直接由外壳弯出筋条作固定架),并标出安装孔或焊接安装螺栓尺寸,或注明采用配作方式。

④根据方便安装、调整及维修要求,设计其开门方式。

⑤为利于箱内电器的通风散热,在箱体适当部位设计通风孔或通风槽。

⑥为便于电器箱的搬动,应设计合适的起吊勾、起吊孔、扶手架或箱体底部带活动轮。

根据以上要求,先勾画出箱体的外形草图,估算出各部分尺寸,然后按比例画出外形图,再从对称、美观、使用方便等方面考虑进一步调整各尺寸、比例。

外形确定以后,再按上述要求进行各部分的结构设计,绘制箱体总装图及各面门、控制面板、底板、安装支架、装饰条等零件图,并注明加工要求,视需要选用适当的门锁。

大型控制系统,电气箱常设计成立柜式或工作台式,小型控制设备则设计成台式、手提式或悬挂式。电气箱的品种繁多,造型结构各异,在箱体设计中应注意吸取各种形式的优点。

非标准的电器安装零件,如开关支架、电气安装底板(胶木板成镀锌铁板)、控制箱的有机玻璃面板、扶手、装饰零件等,应根据机械零件设计要求,绘制其零件图,凡配合尺寸应注明公差要求并说明加工要求如镀锌、油漆、刻字等。

3.9.4　清单汇总和说明书的编写

在电气控制系统原理设计及工艺设计结束后,应根据各种图纸,对本设备需要的各种零件及材料进行综合统计,按类别划出外购成件汇总清单表、标准件清单表、主要材料消耗定额表及辅助材料消耗定额表,以便采购人员,生产管理部门按设备制造需要备料,做好生产准备工作。这些资料也是成本核算的依据,特别是对于生产批量较大的产品,此项工作尤其要仔细做好。

新型生产设备的设计制造中,电气控制系统的投资占有很大比重,同时,控制系统对生产机械运行可靠性、稳定性起着重要的作用。因此,控制系统设计方案完成后,在投入生产前应经过严格的审定,为了确保生产设备达到设计指标,设备制造完成后,又要经过仔细的调试,使设备运行处在最佳状态。设计说明及使用说明是设计审定及调试、使用、维护过程中必不可少的技术资料。

设计及使用说明书应包含以下主要内容。

①拖动方案选择依据及本设计的主要特点。

②主要参数的计算过程。

③设计任务书中要求各项技术指标的核算与评价。

④设备调试要求与调试方法。

⑤使用、维护要求及注意事项。

思考题及习题

3.1 电气控制线路常用的保护环节有哪些? 各采用什么电器元件?

3.2 电气控制设计中应遵循的原则是什么? 设计内容应包括哪些主要方面?

3.3 电气控制原理设计的主要内容有哪些? 原理设计的主要任务是什么?

3.4 设计一工作台自动循环控制线路,工作台在原位(位置 1)启动,运行到位置 2 后立即返回,循环往复,直至按下停止按钮。

3.5 设计一小型吊车的控制线路。小型吊车有 3 台电动机。横梁电机 M1 带动横梁在车间前后移动,小车电机 M2 带动提升机构在横梁上左右移动,提升电机 M3 升降重物。3 台电机都采用直接起动,自由停车。要求:

1)3 台电动机都能正常起、保、停;

2)在升降过程中,横梁与小车不能动;

3)横梁具有前、后极限保护,提升有上、下极限保护。

设计主电路与控制电路。

3.6 有 3 台电动机 M1,M2,M3。要求 M1 起动后经过一段时间,M2 和 M3 同时起动,当 M2 或 M3 停止后,经一段时间 M1 停止。3 台电动机均直接起动,且带有短路和过载保护。要求画出主电路和控制电路。

题图 3.7 小车装卸料控制

3.7 如题图 3.7 所示,小车在 A,B 间作往复运动,由 M1 拖动。小车在 A 点加入物料(由电磁阀 YV 控制),时间 20s。小车装完料后从 A 点运动到 B 点,由电机 M2 带动小车倾倒物料,时间 3s,然后 M2 断电,车斗复原。小车在 M1 的拖动下运动退回 A 点再装料,循环进行。此题要求用继电器、接触器设计控制电路。要求画出主电路图和控制电路图。

3.8 工厂大门控制电路的设计。该大门由电动机拖动,如题图 3.8 所示。要求:

1)长动时在开、关门到位后能自动停止;

2)能点动开、关门。

3.9 试设计某专用机床的电气控制电路,画出电气原理图,制定电器元件清单,编写使用说明书。该机床用于镗某一零件前后孔,其程序和使用电机如下:

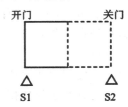

题图 3.8 工厂大门示意图

$$快进→工进→快进→工进→快退→停止$$

主电机 M1	Y112M-4	4kW
工进电机 M2	Y100L1-4	2.2kW
快进电机 M3	Y801-2	0.75kW

设计要求:

①工作台除起动时采用按钮外,其他过程由行程开关自动控制,并能完成一次循环。为保证从快进到工进的准确定位,需采取制动措施。

②电路中应设有短路、过载、欠压、限位等保护措施,各程序均能进行点动调整。

③画出行程开关与行程挡块配合的位置简图,述说各行程开关在各自行程的状态。

其他要求根据加工工艺由读者自行考虑。

第**4**章
典型的机床控制线路分析

本章从典型机床控制线路入手,介绍阅读、分析一般电气控制线路的方法、步骤,加深对所学知识的了解。下面以普通机床和组合机床为例,分析其电气控制线路。

4.1 卧式车床的电气控制线路

4.1.1 概述

车床是一种应用极为广泛的金属切削机床。用它能车削外圆、内孔、端面、螺纹定型表面等,并可装上钻头、铰刀等工具进行加工。

车床主要由机身、主轴变速箱、尾架、进给箱、丝杠、光杠、刀架及溜板箱等组成。

车床在加工过程中主要有两种运动:主运动和进给运动。

主运动是主轴通过卡盘或顶尖带动工件作旋转运动,它消耗绝大部分能量。进给运动是溜板带动刀架的纵向和横向的直线运动,它消耗的能量很小。

根据普通车床加工的需要,其电气控制线路应满足如下几点要求:

1)主轴转速和进给速度可调

车削加工时,由于工件的材料性质、尺寸、工艺要求、加工方式、冷却条件及刀具种类不同,切削速度应不同,因此要求主轴转速能在相当大的范围内进行调节。

中小型普通车床主轴转速的调节方法有两种:

一种是通过改变电动机的磁极对数来改变电动机的转速,以扩大车床主轴的调速范围;另一种是用齿轮变速箱来调速。

目前中小型车床多采用不变速的异步电动机拖动,靠齿轮箱的有级调速来实现变速。对于大型或重型车床,以及主轴需无级调速的车床,可采用可控硅控制的直流调速系统。

加工螺纹,要求保证工件的旋转速度与刀具的移动速度之间具有严格的比例关系。为此,车床溜板箱与主轴之间通过齿轮来连接,所以刀架移动和主轴旋转都是由一台电动机来拖动的,而刀具的进给是通过挂轮架传给进给箱的配合来实现的。

2)主轴能正反两个方向旋转

车削加工一般只需要单向旋转,但在车削螺纹时,为避免乱扣,要求主轴反转来退刀,因此要求主轴能正反旋转。车床主轴旋转方向可通过改变主轴电动机转向及用机械手柄(离合器)来控制。

3)主轴电动机起动应平稳

为满足此要求,一般功率较小的电动机(在 5kW 以下)可以直接起动;功率较大的电动机(在 10kW 以上)一般用降压起动,但若电动机在空载或轻载情况下起动,虽然功率较大,仍可用直接起动。

4)主轴应能迅速停车

迅速停车可以缩短辅助时间,提高工作效率。为使停车迅速,电机必须采取制动。车床主轴电动机的制动方式有两种,一种是电气制动(例如能耗制动和反接制动),另一种是机械制动(例如机械摩擦的离合器制动)。

5)车削时的刀具及工件应进行冷却

由于加工时,刀具及工件的温度相当高,应设专用电动机拖动冷却泵工作。

6)控制线路应有必要的保护及照明等电路。

现以 CM6132 型普通车床和 C650 型普通车床为例介绍其电气控制线路原理。

4.1.2　CM6132 普通车床的电气控制线路

图 2.1 为 CM6132 普通车床电气原理图,表 4.1 为其电气元件表。

从图 2.1 可以看出:CM6132 普通车床也有三台电机,主电机 M1,用于拖动主运动及进给运动;液压泵电动机 M2,供主运动变速装置用油,由继电器 KA 控制;冷却泵电机 M3,由转换开关 SA2 控制。

(1)CM6132 车床的特点

①主运动的正反转由操作手柄控制,用继电器实现控制电路的自锁和控制电路的零压保护。

②主轴采用电磁离合器制动,当操作手柄扳向停车(中间)位置时,电磁离合器线圈自动通电,主轴制动。待通电一段时间后,电磁离合器电路自动切断。

③机床由自动开关接通电源,液压泵的起动、停止由自动开关控制。

(2)主轴控制

1)主轴电机控制

图 2.1 中 M1 电机由接触器 KM1,KM2 控制其正反转,KM1,KM2 接触器分别由操作手柄的转换开关触点 SA1-2,SA1-3 控制,SA1-1 触点为操作手柄处于停止位置时闭合的触点。

当操作手柄处于中位(停止位置)SA1-1 闭合时,接通 KA 继电器,并实现控制电路自锁和控制电路的零压保护。操作手柄扳向上(正转位置)或向下(反转位置),SA1-2 或 SA1-3 闭合,可使 KM1 或 KM2 线圈接通,实现对主电机的正反转控制。

其操作手柄与转换开关触点 SA1 的逻辑关系说明见表 4.2。

2)主轴变速

机床主运动为分离传动,主运动变速箱中的九级速度,是利用液压机构操作两组拨叉进行改变的。变速时只需转动变速手柄,液压变速阀即转到相应的位置,使得两组拨叉都移到相应的位置定位并压动微动开关 SQ1 和 SQ2,使其为"1",HL2 灯亮,表示变速完成。若滑移齿轮未啮合好,则 HL2 灯不亮,此时应将主轴转动一下,使齿轮正常啮合,HL2 灯则亮,说明已经可以进行正常的工作启动。

3)主轴制动

将操作手柄扳到中间(停车位置)时,SA1-1 触点闭合,时间继电器断电,电磁离合器 YC

接通,VC 整流电路提供直流电给 YC,产生制动。KT 延时触头延时断开,YC,VC 断电,制动结束。

表 4.1　CM6132 普通车床电气元件表

符号	名称及用途
M1	主电机
M2	液压泵电机
M3	冷却泵电机
SA1-1，SA1-2，SA1-3	主电机正反控制转换开关
SA2~SA4	转换开关
QF	自动开关
FU1~FU4	熔断器
KM1、KM2	主电机控制正反转用接触器
KA	继电器
KT	断电延时时间继电器
TC	控制变压器
HL1、HL2	指示灯
EL	照明灯
SQ1、SQ2	微动开关
VC	整流器
YC	电磁离合器
PE	保护地线

表 4.2　操作手柄与转换开关触点 SA1 的逻辑关系

位置 触头	操纵手柄		
	向上	中间	向下
SA1-1	—	+	—
SA1-2	+	—	—
SA1-3	—	—	+

(3)电气控制线路的保护

电气控制线路具备了短路保护、过载保护、零压及欠压保护。

短路保护——短路时通过熔断器的熔体熔断切断主电路,电动机立即停转。

过载保护——通过热继电器实现。当负载过载或电动机单相运行时,热继电器动作,其常闭触点将控制电路切断,使接触器吸引线圈失电,切断电动机主电路使电动机停转。

零压及欠压保护——在图 2.1 中,电动机正常运动时,转换开关处在 SA1-2 或 SA1-3 接通位置。若电源消失或电源电压过分降低时,KA 失电,KA 常开触点断开,由于 SA1-1 转换触点处于断开位置,因此,当电源恢复时,电机不会自行起动。同时按钮自锁电路也具备零、欠压保护。当电源消失或电源电压过分降低时,按钮控制的接触器释放,切断电动机电源。当电压恢复,由于自锁触点仍断开,按触器线圈不会通电,电机不会自行起动。

4.1.3　C650 普通车床的电气控制线路分析

C650 型普通车床属于中型车床,床身的最大工件回转直径为 1 020mm,最大工件长度为

3 000mm。

图 4.1 为 C650 普通车床的电器控制线路原理图。

车床共有 3 台电动机：M1 为主轴电动机，拖动主轴旋转，并通过进给机构以实现进给运动。M2 为冷却电动机，提供切削液。M3 为快速移动电动机，拖动刀架的快速移动。

C650 普通车床的工作过程如下：

1）M1 的点动控制

调整车床时，要求 M1 点动控制。工作过程如下：合上刀开关 QS，按下起动按钮 SB2，接触器 KM1 通电，M1 串接限流电阻 R 低速转动，实现点动。松开 SB2，接触器 KM1 断电，M1 停转。

2）M1 的正、反转控制

正转：合上刀开关 QS 按下起动按钮 SB3，一方面接触器 KM 通电，其主触点短接电阻 R，同时其辅助常开触点使中间继电器 KA 接通，KA 的辅助常开触点闭合形成自锁，并且使接触器 KM1 通电，M1 正向全压起动；另一方面时间继电器 KT 常闭触点短接，延时一段时间后，KT 通电延时打开的常闭触点断开，电流表 A 串接于主电路监视负载情况。

反转：合上刀开关 QS，按下起动按钮 SB4，工作过程与正转时相似。

停车：按停止按钮 SB1，控制电流全部切断，电动机 M1 停转。

3）M1 的反接制动控制

C650 车床采用速度继电器实现反接制动。速度继电器 KS 与电动机 M1 同轴连接。当电动机正转时，速度继电器正向触点 KSF 动作；当电动机反转时，速度继电器反向触点 KSR 动作。

M1 反接制动工作过程如下：

M1 的正向反接制动。电机正转时，速度继电器正向常开触点 KSF 闭合。制动时，按下停止按钮 SB1，接触器 KM、时间继电器 KT、中间继电器 KA、接触器 KM1 均断电，主回路串入电阻 R（限制反接制动电流），松开 SB1，接触器 KM2 通电（由于 M1 的转动惯性，速度继电器正向常开触点 KSF 仍闭合），M1 电源反接，实现反接制动。当速度下降到接近零时，速度继电器的正向常开触点断开，KM2 断电，M1 停转，制动结束。

M1 的反向反接制动。工作过程和正向相同，只是电动机 M1 反转时，速度继电器的反向常开触点 KSR 动作。反向制动时，KM1 通电，实现反接制动。

4）刀架快速移动控制

转动刀架手柄压下行程开关 SQ2，接触器 KM4 通电，电动机 M3 转动，实现刀架快速移动。

5）冷却泵电动机控制

按起动控制钮 SB6，接触器 KM3 通电，电动机 M2 转动，提供切削液。

按下停止按钮 SB5，KM3 断电，M2 停止转动。

6）电路中的保护装置

从线路图上看到，主电路中设有保护装置。M1 的短路保护用熔断器 FU1，过载保护用热继电器 FR1 和限流电阻 R（为了减少反接制动时的制动电流），并且通过电流互感器 TA 接入电流表 A 以监视主电机绕组的电流。冷却泵电机 M2 和快速移动电机 M3 的短路保护用熔断器 FU3，M2 还设有过载保护用热继电器 FR2，由于 M3 为短时工作，不设过载保护。线路中

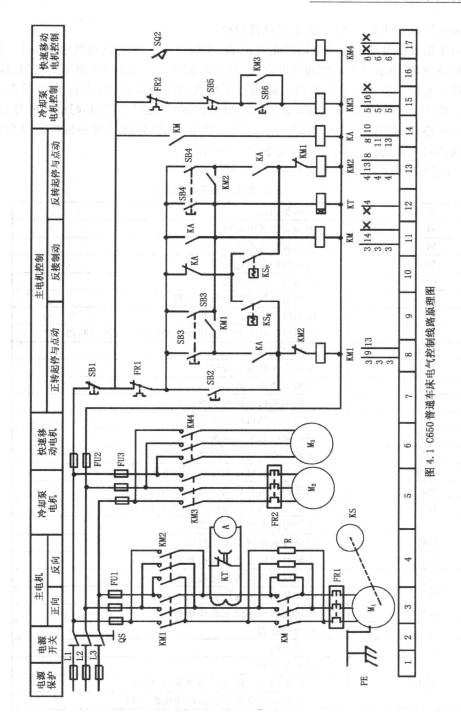

图 4.1 C650 普通车床电气控制线路原理图

也设置了必要的自锁和互锁环节,读者可自行分析。

为了防止很大的电动机起动电流冲击电流表,在线路中装设了时间继电器 KT。主轴电动机起动时,时间继电器 KT 的线圈得电吸合,但它的延时断开的动断触点 KT1 仍然接通,将电流表短路。电流互感器副边电流只经此触点所构成的闭合回路,电流表 A 中没有电流流过。主电动机 M1 起动,电流降到额定值。时间继电器 KT1 延时完毕,延时触点断开,此时电流表才接入电路,从而避免了起动电流对电流表的冲击。KT 延时时间的长短可以根据主轴电动机的起动时间来进行调整,一般情况下为 0.5~1s。

C650 普通车床的电器元件目录列于表 4.3 中。

表 4.3　C650 车床电器元件目录表

符号	名称及用途
M1	主传动交流电动机
M2	冷却泵交流电动机
M3	快速移动交流电动机
QS	电源引入隔离开关
FU1	主轴电动机短路保护熔断器
FU2	控制线路短路保护熔断器
FU3	冷却泵电动机和快速移动电动机短路保护熔断器
SB1	反接制动按钮
SB2	主轴电动机点动按钮
SB3	主轴电动机正转起动按钮
SB4	主轴电动机反转起动按钮
SB5	冷却泵电动机停止按钮
SB6	冷却泵电动机起动按钮
FR1	主轴电动机过载保护继电器
FR2	冷却泵电动机过载保护热继电器
SQ	快速移动电动机起停限位开关
KA	主轴电动机起停反接制动中间继电器
KT	保护电流表时间继电器
KM	短路限流电阻交流接触器
KM1	主轴电动机正转交流接触器
KM2	主轴电动机反转交流接触器
KM3	冷却泵电动机起停交流接触器
KM4	快速电动机起停交流接触器
A	监视电流表
R	限流电阻
TA	电流互感器
KSR	主轴电动机正转反接制动速度继电器
KSF	主轴电动机反转反接制动速度继电器

4.2　组合机床的电气控制电路

4.2.1　概述

随着生产的发展和生产规模的扩大,产品往往需要大批量生产,为此设计和生产了各种专用机床和自动线。组合机床就是适用于大批量产品生产的专用机床。

组合机床是为某些特定的工件,进行特定工序加工而设计的专用设备。它可以完成工件加工的全部工艺过程,如钻孔、扩孔、铰孔、镗孔、攻丝、车削、削铣、磨削及精加工等工序。一般采用多轴、多刀、多工序、多面同时加工,它是一种工序集中的高效率、自动化机床。它由大量通用部件及少量专用部件组成。当加工对象改变时,可较方便地利用组合通用部件和专用部件重新改装,以适用新零件的加工要求,所以组合机床亦便于产品更新。

组合机床的电气控制系统和组合机床总体设计有相同的特点,也是由许多通用的控制机构和典型的基本控制环节组成的;由于组合机床的控制系统大多采用机械、液压、电气或气动相结合的控制方式,因此,除典型环节外还有液压进给系统控制电路和某些特殊的控制环节。其中电气控制往往起着连接中枢的作用。

通用部件按其在组合机床中所起作用可分为:

动力部件——如动力头和动力滑台。它们是完成组合机床刀具切削运动及进给运动的部件。其中能同时完成刀具切削运动及进给运动的动力部件,通常称为动力头;而只能完成进给运动的动力部件,则称为动力滑台。

输送部件——如回转分度工作台、回转鼓轮、自动线工作回转台及零件输送装置。其中回转分度工作台是多工位组合机床和自动线中不可缺少的通用部件。

控制部件——如液压元件、控制板、按钮台及电气挡铁。

支撑部件——如滑座、机身、立柱和中间底座。

其他部件——如机械扳手、气动扳手、排屑装置和润滑装置。

值得注意的是,组合机床通用部件不是一成不变的,它将随着生产力的向前发展而不断更新,因此相应的电气控制线路也将随着更新换代。

组合机床上最主要的通用部件是动力头和动力滑台。动力滑台按结构分有机械滑台和液压动力滑台。动力滑台可配制成卧式或立式的组合机床,动力滑台配置不同的控制电路,可完成多种自动循环。动力滑台的基本工作循环形式有:

1)一次工作进给

快进→工作进给→(延时停留)→快退

可用于钻、扩、镗孔和加工盲孔、刮端面等。

2)二次工作进给

快进→一次工作进给→二次工进→(延时停留)→快退

可用于镗孔完后又要车削或刮端面等。

3)跳跃进给

快进→工进→快进→工进→(延时停留)→快退

例如,镗削两层壁上的同心孔,可跳跃进给自动工作循环。

4)双向工作进给

快进→工进→反向工进→快退

例如用于正向工进粗加工,反向工进精加工。

5)分级进给

快进→工进→快退→快进→工进→快退→…→快进→工进→快退

主要用于钻深孔。

现以 DU 型组合机床为例介绍电气控制线路原理。

4.2.2 机械动力滑台控制电路

机械动力滑台由滑台、滑座和双电机(快速和进给电机)、传动装置 3 部分组成,滑台的工作循环由机械传动和电气控制完成。下面以机械动力滑台具有正反向工作进给控制为例,说明其工作原理。控制电路和工作循环如图 4.2 所示。

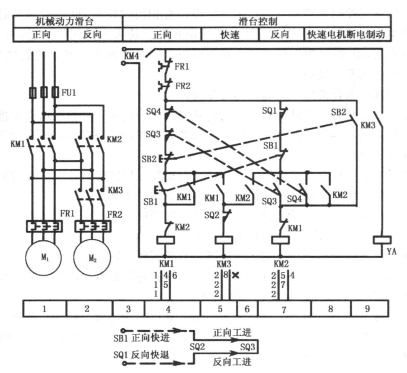

图 4.2　机械动力滑台控制电路

图 4.2 中,M1 为工作进给电机,M2 为快速进给电机。滑台的快进由 M2 电机经齿轮使丝杆快速旋转实现。主轴的旋转靠一专门电机拖动,由接触器 KM4(电路未画出)控制。SQ1 为原位行程开关,SQ2 为快进转工进的行程开关,SQ3 为终点行程开关,SQ4 为限位保护开关。KM1,KM2 接触器控制 M1,M2 电机的正反转。YA 是制动电磁铁。

由电路图可看出:

①主轴电机与 M1,M2 电机有顺序起停关系,只有主轴电机起动后,即 KM4 触点闭合,

M1,M2 电机才能起动。

②滑台在快进或快退过程中,M1,M2 电机都运转,这时,滑台通过机械结构保证,由 M2 快进电机驱动。

③M2 快进电机的制动器为断电型(机械式)制动器,即在 YA 断电时制动。

④滑台正向运动快进转工进由压下 SQ2 实现,反向工进转快退,由松开 SQ2 实现,这里应用了长挡铁。

⑤正反进给互锁。

⑥M1,M2 电机均有热继电器,只要其中之一过载,控制电路就断开。

控制电路中,SB1 为起动向前按钮,SB2 为停止向前并后退的按钮。电路的工作原理如下:

(1)滑台原位停止

此时,SQ1 被压下,其常闭触点断开。

(2)滑台快进

按下 SB1 按钮,KM1 线圈得电自锁,并依次使 KM3 线圈和 YA 线圈得电,M2 电动机制动器松开,M1,M2 电机同时正向运转,机械滑台向前快速进给,此时,SQ1 复位,其常闭触点闭合。

(3)滑台工进

当滑台长挡铁压下行程开关 SQ2,其常闭触点断开,KM3 线圈断电,并使 YA 也断电,M2 电机被迅速制动,此时滑台由 M1 电机拖动正向工进。

(4)滑台反向工进

当挡铁压下行程开关 SQ3,其常开触点闭合,常闭触点断开,KM1 线圈断电,KM2 线圈得电自锁,M1 电机反向运转,滑台反向工进。SQ3 复位,其常开触点断开,常闭触点闭合。

(5)滑台快退

当长挡铁松开 SQ2,SQ2 复位,其常闭触点闭合,KM3 线圈再得电,并使 YA 得电,M2 电动机反向运转,滑台快退,退到原位时,SQ1 被压下,其常闭触点断开,KM2 断电,并使 KM3、YA 断电,M1,M2 电机停止。

SQ4 为向前超程开关,当 SQ4 被压时,其常开触点闭合,常闭触点断开,使 KM1 线圈断电,KM2 线圈得电,滑台工进退回,当挡铁松开 SQ2 后,滑台转而快速退回。

4.2.3　液压动力滑台控制电路

液压动力滑台与机械滑台的区别在于,液压滑台进给运动的动力是动力油,而机械滑台的动力来自于电动机。

液压滑台由滑台、滑座和油缸 3 部分组成。油缸拖动滑台在滑座上移动。

液压滑台也具有前面所述机械滑台的典型自动工作循环,它通过电气控制电路控制液压系统实现。滑台的工进速度由节流阀调节,可实现无级调速。电气控制电路一般采用行程、时间原则及压力控制方式。

(1)具有一次性工作进给的液压滑台电气控制电路(如图 4.3 所示)

1)滑台原位停止

滑台由油缸 YG 拖动前后进给,电磁铁 YA1,YA2,YA3 均为断电状态,滑台原位停止,并压下行程开关 SQ1,其常开触点闭合,常闭触点断开。

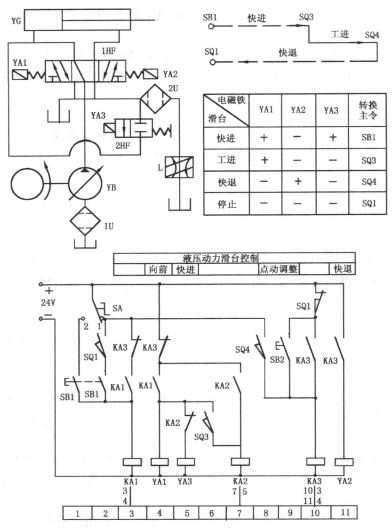

电磁铁 滑台	YA1	YA2	YA3	转换 主令
快进	+	−	+	SB1
工进	+	−	−	SQ3
快退	−	+	−	SQ4
停止	−	−	−	SQ1

图 4.3　一次性工作进给的液压滑台电气控制电路

2)滑台快进

把转换开关 SA1 扳到"1"位置,按下 SB1 按钮,继电器 KA1 得电并自锁,继而使 YA1,YA3 电磁铁得电,使电磁阀 1HF 及 2HF 推向右端,于是变量泵打出的压力油经 1HF 流入滑台油缸左腔,右腔流出的油经 1HF,2HF 也流入左腔,使滑台快进,此时,SQ1 复位,其常开触点断开,常闭触点闭合。

3)滑台工进

当挡铁压动行程开关 SQ3,其常开触点闭合,KA2 得电并自锁,KA2 的常闭触点断开,YA3 断电,电磁阀 2HF 复位,滑台右腔流出的油只能经节流阀 L 流入油箱,滑台转位工进。由于有 KA2 的自锁,滑台不会因挡铁离开 SQ3 而使 KA2 电路断开。此后,SQ3 的常开触点断开。

4)滑台快退

当滑台工进到终点,挡铁压动 SQ4 行程开关,其常开触点闭合,KA3 得电并自锁,KA3 的常闭触点打开,常开触点闭合分别使得 YA1 断电,YA2 得电使电磁阀 1HF 推向左,变量泵打出的油经 1HF 流入滑台油缸右腔,左腔流出的油经 1HF 直接流入油箱,滑台快退。当滑台退到原位,压动 SQ1,其常闭触点断开,YA2 断电,1HF 复位,油路断,滑台停止。

5)滑台的点动调整

将转换开关 SA 扳到"2"位置,按下按钮 SB1,KA1 得电,继而 YA1,YA3 得电,滑台可向前快进,由于 KA1 电路不能自锁,因而当 SB1 松开后,滑台停止。

当滑台不在原位,即 SQ1 常开触点断开,若需要快退,可按下 SB2 按钮,使 KA3 得电,YA2 得电,滑台快退,退到原位时,压下 SQ1,SQ1 的常闭触点断开,KA3 失电,滑台停止。

在上述电路中,若需要使滑台工进到终点,延时停留,即使工作循环为:快进→工进→延时停留→快退,则稍加修改,加一延时线路即可,控制电路如图 4.4 所示。

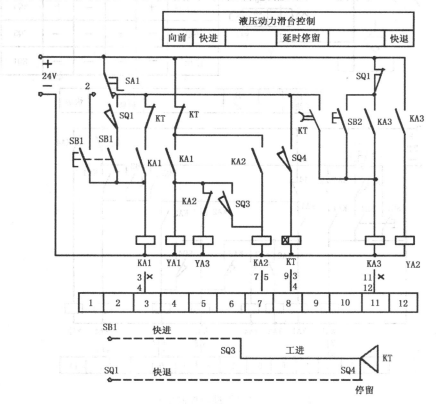

图 4.4　具有"延时停留"的电路

图 4.4 与图 4.3 比较,实际上只是多加一个时间继电器 KT。将 KA3 的两个常闭触点用 KT 的两个瞬时常闭触点代替,增设一个 KT 延时触点,起延时作用。

图 4.4 中,当工进到终点时,压动行程开关 SQ4,其常开触点闭合,使 KT 得电,此时 KT 的两个常闭瞬时触点立即断开,使 YA1,YA3 断电,滑台停止工进。KT 延时触点延时后闭合,KA3 得电,继而使 KA2 得电,滑台才开始后退,从而达到工进到位后停留延时再快退的目的。

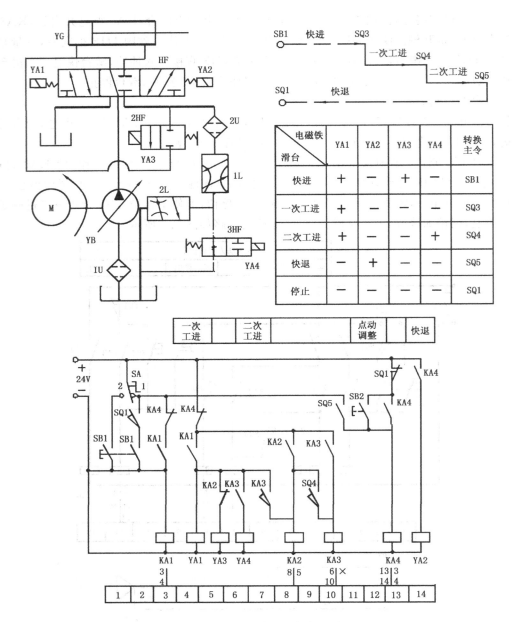

图4.5 二次工作进给控制电路

（2）二次工作进给控制电路

根据加工工艺的要求，有时需要设计两种进给速度，先以较快的进给速度加工（一工进），而后以较慢的速度加工（二工进），二次工作进给控制电路如图4.5所示。

该电路实现快进→一次工进→二次工进→快退的工作循环，工作原理与上述相似。

1）滑台原位停止

压下 SQ1，其常开触点闭合，常闭触点断开。

2）滑台快进

按下 SB1，KA1 得电自锁，YA1，YA3 得电，电磁阀1HF，2HF 推向右，滑台快进。

3）滑台一工进

滑台挡铁压下 SQ3，KA2 得电自锁，YA3 断电，2HF 复位，液压油经节流阀 1L 流入油箱，滑台一工进。

4）滑台二工进

滑台挡铁压下 SQ4，KA3 得电自锁；YA4 得电，3HF 推向左，液压油经节流阀 1L、2L 流入油箱，滑台二工进，二工进速度由两个节流调速阀调整，比一工进速度更慢。

5）滑台快退

滑台挡铁压下 SQ5，KA4 得电，YA2 得电，YA1、YA4 断电，滑台快退。退到原位时，压下 SQ1，YA2 断电，滑台停止。

思考题与习题

4.1　试述 C650 型车床主轴电动机的控制特点及时间继电器 KT 的作用。

4.2　CM6132 车床具有哪些保护环节？

4.3　组合机床的电气控制线路有什么特点？

4.4　结合具体条件，选几台常用机床，认识机床电气柜及有关电器的安装。根据电器安装实物绘出机床电气原理图，并说明其工作原理。

第5章
现代低压电器

本章从低压电器产品的发展出发,介绍新型的电子电器、智能电器以及具有联网功能的网络电器。低压电器涉及的技术领域比较广,对新技术发展较为敏感。许多新技术的发展与应用都带动了低压电器的发展。高性能、小型化、电子化、智能化、模块化、组合化、多功能化以及可通信功能是低压电器发展的趋势。随着这种发展,带来了崭新的控制理念,改变了传统的控制系统结构,尤其是底层网络——现场总线的出现和发展,更是促进了低压电气产品的智能化和可通信化,并使电气控制系统发生了根本的变化。我们必须用全新的观点、全新的理念来看待和分析当今的电气控制领域发生的翻天覆地的变化,"电气控制技术"的外延和内涵已从根本上改变。网络无处不在,现代电器产品不但处在控制网中,而且可和 Internet 相连。从本章开始到以后的各章中,将逐步接触新型的电器产品和电气控制装置。

5.1 低压电器产品的发展

低压电器产品大致可分为四代:

第一代产品:20 世纪 60 年代—70 年代初,主要产品为 DW10,DZ10,CJ10 等系列产品为代表的 17 个系列产品,性能水平相当于国外 50 年代水平,其性能指标低、体积大、耗材、耗能、保护特性单一、规格及品种少,市场占确率为 20%～30%(以产品台数计算)。

第二代产品:70 年代末—80 年代,主要产品为 DW15,DZ20,CJ20 为代表,共 56 个系列。技术引进产品以 ME,TO,TG,3TB,B 系列为代表,共 34 个系列。达标攻关产品 40 个系列,技术指标明显提高,保护特性较完善,体积缩小,结构上适应成套装置要求。市场占有率为 50%～60%。

第三代产品:90 年代,主要产品为 DW45,S,CJ45(CJ40)等系列产品,高性能、小型化、电子化、智能化、组合化、模块化、多功能化。市场占有率:5%～10%,如智能断路器、软起动器等。第三代电器产品虽然一般具有高性能、小型化、电子化、智能化、模块化、组合化、多功能化等特征。但受制于通信能力的限制,不能很好地发挥智能产品的作用。

第四代产品:国外主要低电器制造商从 90 年代开始不断开发现场总线低压电器产品。这种产品除了具有第三代低压电器产品的特征外,其主要技术特征是可通信,能与现场总线系统连接(有关现场总线可参见第 9 章)。

智能化、可通信低压电器的产品结构特征及基本功能:

①低压电器产品中装有微处理器;

②低压电器带有通信接口,能与现场总线连接;

③采用标准化结构,具有互换性,内部可更换部件采用模块化结构;

④保护功能齐全;

⑤外部故障记录显示;

⑥参数测量显示;

⑦内部故障自诊断;

⑧能进行双向通信;

第四代低压电器产品的技术特征:

①第四代低压电器产品必须有完整的体系,否则难以发展总线系统,也不易推广;

②带有通信接口,能方便地与现场总线连接;

③整个体系产品强调标准化。其标准化内容包括:

A. 通信协议实行开放式、标准化;

B. 国内生产的开关电器与通信接口之间的通信方式、规约应有统一标准;

C. 系统中各种通信接口、辅助模块、连接器的结构、安装与连接方式应标准化;

D. 同类产品应具互操作性。

④可通信电器产品母体应是高性能、小型化、模块化、组合化。

我国从 90 年代起开发的第三代产品已带有智能化功能,但是单一智能化电器在传统的低压配电、控制系统中很难发挥其优越性,产品价格相对较高,难以全面推广。采用现场总线系统后使智能化低压电器功能得以充分利用,同时由于系统成本较原有计算机网络系统大幅度下降,使智能化低压电器的应用成为现实。预计今后 5～10 年内,随着通信电器的开发利用,我国第三代、第四代高档次低压电器产品市场占有率将从目前的 5%增加到 30%以上,从而大大促进我国低压电器总体水平的提高。

5.2　电子电器和智能电器

电子电器是全部或部分由电子器件构成的电器。随着半导体技术的迅速发展,电子技术渗透到各个领域,在各种电量与非电量的信号检测电器中得到了很好的发展,不但大大提升了检测的性能指标,而且其相应的检测功能得到广泛的拓展;电力电子开关器件在电子执行器中得到了广泛的应用,产生了软启动器、固态继电器等新型的电器,它们的开关速度高、寿命长、控制功率小、功能强,易于与计算机接口。

随着计算机技术的发展,智能化技术用到了低压电器中。这种智能型低压电器控制的核心是具有单片计算机功能的微处理器,智能型低压电器的功能不但覆盖了全部相应的传统电器和电子电器的功能,而且还扩充了测量、显示、控制、参数设定、报警、数据记忆及通信等功能。随着技术的发展,智能电器在性能上更是大大优于传统电器和电子电器。除了通用的单片计算机外,各种专用的集成电路如漏电保护等专用集成电路、专用运算电路等的采用,减轻了 CPU 的工作负荷,提高了系统的相应速度。另外,系统集成化技术、新型的智能化和集成化传感器的采用,使智能化电气产品的整体性提高一个档次。尤其是可通信智能电器产品,适应了当前网络化的需要,有良好的发展前景。下面介绍几种电子电器和智能电器。

5.2.1 接近开关

接近开关是一种无触点行程开关,它是一种非接触型的物体位置检测装置。当某种物体与之接近到一定距离时就发出动作信号,而无须机械接触。接近开关不仅仅是避免了机械式行程开关触点容易损坏等缺点,其应用已远远超出一般行程控制和限位保护的范畴。它广泛用于高速脉冲发生、高速计数、测速、液面控制、无触点按钮等。即使用于一般的行程控制,其定位精度、操作频率、使用寿命和对恶劣环境的适应能力也优于一般机械式行程开关。

接近开关可根据其传感机构工作原理的不同分为下列几种形式:①高频振荡型用于检测各种金属;②电容型用于检测各种导电或不导电的液体及固体;③电磁感应型用于检测导磁和非导磁金属;④永久磁铁型及磁敏元件型用于检测磁场及磁性金属;⑤光电型用于检测不透光的物质;⑥超声波型用于检测不透过超声波的物质。其中以高频振荡型为最常用,它占全部接近开关产量的80%以上。下面介绍一种晶体管停振型接近开关。

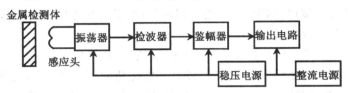

图 5.1 停振型接近开关原理框图

晶体管停振型接近开关属于高频振荡型,其工作原理如图5.1所示。信号的发生机构实际上是一个LC振荡器,其中L是电感式感应头。当金属检测体接近感应头时,在金属检测体中将产生涡流,由于涡流的去磁作用使感应头的等效电感发生变化,改变振荡回路的谐振阻抗和谐振频率,使振荡减弱,直至停止,并以此发出接近信号。

如图5.2是一种晶体管停振型接近开关的实际电路。图中采用了电容三点式振荡器,感应头L仅有两根引出线,因此也可作成分离式结构。

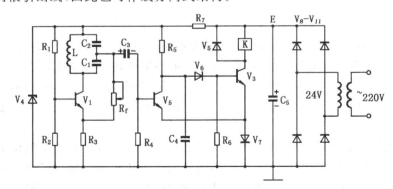

图 5.2 晶体管停振型接近开关电路

由 C_2 取出的反馈电压经 R_2 和 R_f 加到晶体管 V_1 的基极和发射极两端,取分压比等于1,即 $C_1 = C_2$,其目的是为了能够通过改变 R_f 来整定开关的动作距离。由 V_2,V_3 组成的射极耦合触发器不仅用于鉴幅,同时也起电压和功率的放大作用。V_2 的基射结还兼作检波器。为了减轻振荡器的负担,选用较小的耦合电容 C_3(510pF)和较大的耦合电阻 R_4(10 kΩ)。振荡器输出的正半周电压使 C_3 充电,充电方向如图所示。负半周时 C_3 经过 R_4 放电,选择大的 R_4

可减小放电电流,由于每周内的充电量等于放电量,所以大的 R_4 也会减少充电电流,使振荡器在正半周的负担减轻。但 R_4 也不应过大,以免 V_2 基极信号过小而在正半周内不足以饱和导通。检波电容 C_4 不接在 V_2 的基极而接到集电极上,其目的也是为了减轻振荡器的负担。由于充电时间常数 R_5C_4 远大于放电时间常数(C_4 通过半波导通向 V_2 和 V_7 放电),因此当振荡器振荡时,V_2 的集电极电位基本等于其发射极电位并使 V_3 可靠截止。当有金属检测体接近感应头 L 使振荡器停振时,V_3 的导通因 C_4 充电约有数百微秒的延迟。C_4 的另一作用是当电路接通电源时,振荡器虽不能立即起振,但由于 C_4 上的电压不能突变,使 V_3 不致有瞬间的误导通。

接近开关的主要技术指标有:动作距离(大多数情况下指开关刚好动作时感应头与检测物体之间的距离。一般在 $5\sim30$mm,精度从 5μm 到 0.5mm)、重复精度、操作频率、复位行程等。

5.2.2 电子时间继电器

电子时间继电器可分为晶体管式时间继电器和数字式时间继电器。

(1)晶体管式时间继电器

晶体管式时间继电器除执行继电器外,均由电子元件组成,无机械运动部件,具有延时范围宽、调节范围大、控制功率小、体积小、经久耐用的优点,正日益得到广泛应用。

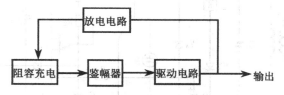

图 5.3 晶体管时间继电器原理框图

晶体管时间继电器分为通电延时型、断电延时型和带瞬动触点的通电延时型。它们均是利用电容对电压变化的阻尼作用作为延时的基础,大部分的电路都有图 5.3 所示的电路结构。即时间继电器工作时首先通过电阻对电容充电,待电容上电压值达到预定值时,驱动电路使执行继电器接通实现延时输出,同时自锁并放掉电容上的电荷,为下次工作作好准备。从下面介绍的典型的 JS20 系列晶体管时间继电器中,大家会加深对这种电路结构的了解。

JS20 时间继电器所用电路分为两类,一类是单结晶体管电路,另一类是场效应管电路。其主要技术参数如表 5.1 所示。

表 5.1 JS20 系列晶体管时间继电器的主要技术参数

产品类型	额定工作电压/V		延时等级/s	延时重复误差/%	消耗功率/W	机械寿命/万次	重复动作间隔时间/s	最小通电时间/s
	交流	直流						
通电延时	36,110,127,220,380	24,48,110	1,5,10,30,60,120,180,240,300,600,900	≤±3	<5	60	>2	
瞬动延时	36,110,127,220		1,5,10,30,60,120,180,240,300,600					
断电延时	36,110,127,220,380		1,5,10,30,60,120,180					>2

鉴于篇幅所限,下面只对通电延时继电器进行讨论。

通电延时型为单结晶体管电路,如图 5.4 所示,通电延时电路由延时环节、鉴幅器、出口电路、电源和指示灯等几部分组成。电源的稳压部分由 R_1 和稳压管 V_3 构成,供给延时和鉴幅,驱动电路中的晶闸管 VT 和继电器 K 则由整流电源直接供电。电容 C_2 的充电回路有两条,一条是通过电阻 $R_{W1}+R_2$,另一条是通过由低阻值 R_{W2},R_4,R_5 组成的分压器经二极管 V_2 向电容 C_2 提供的预充电电路。

电路的工作原理如下:当接通电源后,经二极管 V_1 整流,电容 C_1 滤波以及稳压管 V_3 稳压的直流电压通过 R_{W2},R_4,V_2 向电容 C_2 以极低的时间常数快速充电。与此同时,也通过 R_{W1} 和 R_2 向电容 C_2 充电。电容 C_2 上的电压在相当于 U_{R5} 预充电压的基础上按指数规律逐渐升高。当此电压大于单结晶体管的峰点电压 U_P 时,单结晶体管导通,输出电压脉冲触发晶闸管 VT。VT 导通后使继电器 K 吸合,其触点除用来接通或分断外电路外,并利用继电器 K 的另一常开触点将 C_2 短路,使之迅速放电,为下次使用作准备。此时氖指示灯泡 N 起辉。当切断电源时,K 释放,电路恢复原始状态,等待下次动作。

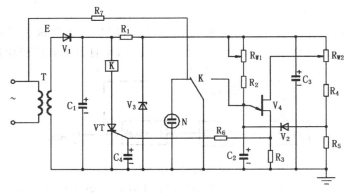

图 5.4　JS20 单结晶体管时间继电器电路

(2)数字式时间继电器

数字式时间继电器较之晶体管式时间继电器来说,延时范围可成倍增加,调节精度可提高两个数量级以上,控制功率和体积更小的特点,适用于各种需要精确延时的场合以及各种自动化控制电路中。这类时间继电器功能特别强,有通电延时、断电延时、定时吸合、循环延时 4 种延时形式和十几种延时范围供用户选择,这是晶体管时间继电器不可比拟的。它们通常具有图 5.5 所示的电路结构。

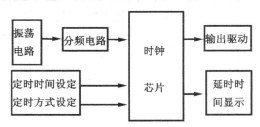

图 5.5　数字时间继电器原理框图

1)JSF 系列电子式时间继电器

JSF 系列电子式时间继电器是引进美国 AMERACE 公司 SCF 时间继电器国产化的产

品。JSF 系列电子式时间继电器选用国产优质元器件,具有时钟信号输出,配合专用时间校验器,能快速地将 JSF 继电器整定到所需要的延时值,因而减少了调整时间。

JSF 系列电子式时间继电器外形如图 5.6 所示。

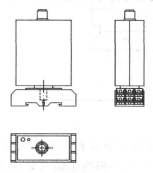

图 5.6　JSF 时间继电器外形图

JSF 继电器的安装方式为安装轨兼装置式与面板式两种。安装轨符合德国 DIN 标准,可用于安装轨式安装,也可用于板式安装和面板安装。

当 JSF 继电器的控制电源电压在 127V 以下时,交流与直流可以通用。

JSF 系列时间继电器的主要技术数据如下:额定电压有交流 24,36,48,110,127,220,380V 共 7 种,直流 24,36,48,110,127V 共 5 种;JSF 继电器消耗功率不大于 3W;正常工作的控制电源电压范围为 85%～110% 的额定电压;正常工作的直流电源峰值纹波系数不大于 5%;JSF 继电器的输出有两对转换触点;延时重复误差小于 ±1%＋10ms;电压波动误差小于 ±2.5%;温度误差小于 ±5%;复位时间小于 0.5s;机械寿命为 1 000 万次;电寿命为 50 万次。

2)ST6P 系列电子式时间继电器

ST6P 系列电子式时间继电器是引进日本富士电机株式会社全套专有制造技术生产的小型时间继电器。ST6P 系列电子式时间继电器为目前国际上较新式时间继电器之一,是 ST3P 系列的简化型。它内部装有时间继电器专用的大规模集成电路,并使用高质量薄膜电容器与金属陶瓷可变电阻器,从而减少了元器件数量,缩小了体积,增加了可靠性,提高了抗干扰性能。另外,采用了高精度振荡回路和高分频回路,保证了高精度及长延时。时间继电器的输出继电器采用 HH5 系列小型控制继电器,触点有 2 转换和 4 转换两种。安装方式为插拔式,使用插座安装。

ST6P 系列电子式时间继电器的外形如图 5.7 所示。

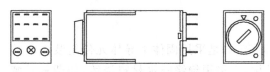

图 5.7　ST6P 电子式时间继电器外形图

5.2.3　温度继电器

影响电动机绕组寿命的是过高的温升。安装在主回路上的双金属片热保护继电器可通过检测电流来保护电机。而引起绕组温升的因素很多,除了电流外,还有过载、断相、散热不良和机械故障等。因此最好是将温度传感器埋入电动机绕组,直接检测绕组的温度来进行保护。热电偶曾经被用作这种温度检测的传感器,但由于其变化灵敏度太低,效果不太理想。

PTC 热敏电阻埋入式温度继电器可用来保护电动机绕组由于任何原因引起的过热。这种 PTC 热敏电阻在其居里点附近有极高的温度系数,所以该继电器灵敏度很高。但是由于它只能工作在居里点附近,因此动作值的可调范围很窄,对应不同的保护动作温度就必须选配不同居里温度的热敏电阻。

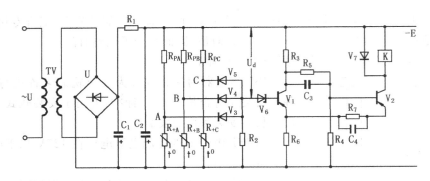

图 5.8　热敏电阻并联接线的温度继电器

　　一个热敏电阻只能检测一相绕组的温度，因此 1 台三相电动机至少需要 3 个热敏电阻。对于大、中型电动机和某些特种电机，如需考虑多监测几个位，则需在每相绕组的几处地方都埋设热敏电阻。

　　热敏电阻并联接成的温度继电器电路如图 5.8 所示，每相的热敏电阻 R_{tA}，R_{tB}，R_{tC} 各与一固定电阻 R_{PA}，R_{PB}，R_{PC} 串联以进行分压，三相热敏电阻组成并联式测量电路，当 R_t 随温度变化而变化时，分压比改变，于是从 R_t 上取得信号电压，各相输出的信号电压经二极管或门（$V_3 \sim V_5$）送至一个公共鉴幅器（V_6），令各相的分压电阻 R_P 值相等，则只要 3 个热敏电阻的特性和参数相同，各相就能在相同的温度下动作。图中，鉴幅器的下级电路是直接驱动继电器 K 的射极耦合触发器。初态时由于 A、B、C 各点的电压值较高，故 V_1 截止，V_2 导通。随着电动机绕组温度的升高，热敏电阻 R_t 阻值增大，R_t 上的分压比提高，该点 A（B 或 C）的电位下降。当测量电路的输出信号电压在数值上低于鉴幅器的门限电压 U_d 时，二极管或门（$V_3 \sim V_5$）导通，稳压管 V_6 被击穿，射极耦合触发器翻转为 V_1 导通、V_2 截止，于是继电器 K 释放，发出温度控制信号。

5.2.4　固体继电器

（1）概述

　　固体（态）继电器（简称 SSR）是采用固体半导体元件组装而成的一种新颖的无触点开关。固体继电器通常为封装结构，它采用绝缘防水材料浇铸，如塑料封装、环氧树脂灌封等。由于固体继电器的接通和断开没有机械接触部件，因而具有控制功率小、开关速度快、工作频率高、使用寿命长、很强的耐振动和抗冲击能力、动作可靠性高、抗干扰能力强、能承受的浪涌电流大、对电源电压的适应范围广、耐压水平高、噪声低等一系列优点。现在，固体继电器不仅在许多自动化控制装置中代替了常规机电磁式继电器，而且广泛应用于数字程控装置、微电机控制、调温装置、数据处理系统及计算机终端接口电路，尤其适用于动作频繁、防爆耐潮和耐腐蚀等特殊场合。固态继电器按切换负载性质分有直流和交流两种，现以使用最为广泛的带有电压过零触发的交流型固态继电器 AC-SSR 为例进行介绍。

　　（2）AC-SSR 固态继电器的工作原理

　　如图 5.9 所示，当无信号输入时，光电耦合器中的光敏三极管是截止的，电阻 R_2 为晶体管 V_1 提供基极注入电流，使 V_1 管饱和导通，它旁路了经由电阻 R_4 流入可控硅 V_2 的触发电流，故 V_2 截止，这时晶体管 V_1 经桥式整流电路而引入的电流很小，不足以使双向可控硅导通 V_3。

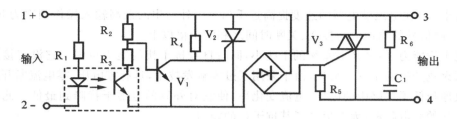

图 5.9　有电压过零功能的 SSR 工作原理图

有信号时,光电耦合器中的光敏三极管就导通,但只有当交流负载电源电压接近零时,电压值较低,经过整流,R_2 和 R_3 分压点上的电压不足以使晶体管 V_1 导通。而整流电压却经过 R_4 为可控硅 V_2 提供了触发电流,故 V_2 导通,这种状态相当于短路,电流很大,只要达到双向可控硅的导通值,V_3 便导通。一旦 V_3 导通,不管输入信号是否存在,只有当电流过零时才能恢复关断。

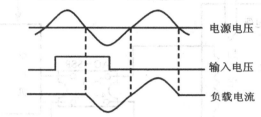

图 5.10　输入输出波形

上述触发过程仅出现在电压过零附近。因而若输入信号电压出现在过零触发点之后,当电阻 R_2 和 R_3 上的分压值早已超出晶体管 V_1 导通需要的程度,V_1 导通。从而旁路了可控硅 V_2 的触发电流。双向可控硅 V_3 在负载电压的这个半波中不再触发,而只有在下半波的电压过零附近,若输入信号仍保留,便自然进入导通状态;若输入信号消失,则不能再导通,如图 5.10 所示。图 5.11 绘出了具有电压过零功能的 AC-SSR 的 3 个区域。其中 I 区约在 $\pm 10 \sim 15\text{V}$,为死区;II 区约在 $\pm 15 \sim 25\text{V}$,为响应区;III 区在大于 $\pm 25\text{V}$ 的范围内,为抑制区。

电阻 R_6(20Ω)和 C_1 组成浪涌抑制器。

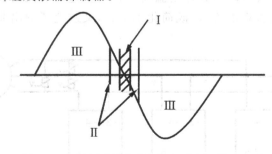

图 5.11　有电压过零功能的 AC-SSR 的 3 个区

（3）AC-SSR 固态继电器的主要特点与特性

①控制功率小:在最大输入电压下的最大输入电流为 $12 \sim 20\text{mA}$,能被 TTL 或 CMOS 逻辑集成电路直接驱动,AC-SSR 的输入电压多在 $3 \sim 32\text{V}$,可靠的接通电压为 $5 \sim 6\text{V}$,可靠关断电压在 0.8V 以下。AC-SSR 能在工频电压下驱动上百安培的负载,具有很大功率放大作用。

②动作快:AC-SSR 的转换时间不大于市电周期的一半(即 10ms),而 DC-SSR 的响应时

间小于几十 μs，比电磁继电器的速度提高近千倍。国外给出的最高输入操作频率为 5kHz，一般来说，控制信号的周期应为接通、关断时间之和的十倍以上。

③抗干扰能力强：SSR 对系统的干扰小，同时自身抗干扰的能力也强。它没有接点跳动，消除了因火花产生的干扰。另外，由于采用了过零触发技术，具有零电压、零电流断开的特性，从而有效地降低了线路中的电压、电流变化率，使它对外界的电磁干扰降到最低。此外，输入与输出之间的光电隔离，大大提高了其抗干扰的能力。

SSR 的不足之处是关断后有漏电流，另外，在过载能力方面不如电磁接触器。

（4）应用

主要参数：输入参数有输入信号电压、输入电流限制、输入阻抗；输出参数有标称电压和标称电流、断态漏电流、导通电压等。

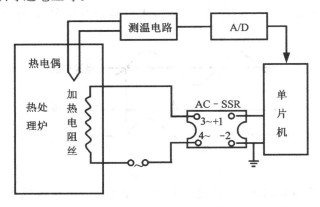

图 5.12　AC-SSR 温度控制系统

例 1：AC-SSR 用于温度控制系统，如图 5.12 所示。热电偶用于炉温检测，A/D 转换器将测温电路送来的信号经过模数转换后送给单片机。单片机经过 PID 运算后通过其输出端口直接控制带过零触发功能的 AC-SSR，在一个控温周期内，由单片机输出脉冲的占空比来控制 AC-SSR 的通断率（输出口高电平时 AC-SSR 接通，低电平时关断，即脉冲调制方式），也就是控制输入炉子平均功率的大小以达到控制温度的目的。这样的控制较之于单片机输出经过 D/A 转换后去移相触发可控硅的方式，既简化了电路，又避免了输出非正弦电压波形造成的对电网的公害。

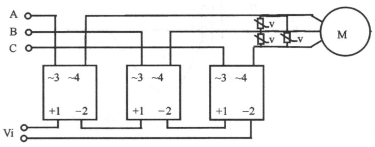

图 5.13　AC-SSR 组成三相交流开关

例 2：异步电动机的起、停控制。图 5.13 中，采用一个驱动信号串联控制 3 个 AC-SSR，3 个 AC-SSR 组成三相交流电子开关，相当于用电子开关来代替接触器主触点的作用。这种用法的特点是可用单片机的输出口直接驱动，无须另加放大与隔离电路，尤其适用于动作频繁、防爆等特殊场合。

当驱动信号的驱动电流大于几个 SSR 所需"输入电流"之和时,则可采用并联驱动方式;当驱动信号的驱动电压大于几个 SSR 所需"输入电压"之和时,则可采用串联驱动方式,如本例所示。用这种三相交流电子开关构成的电气控制系统可用于防爆场合。

随着电力电子技术的发展,可以预料 SSR 在过载能力方面会大大提高,SSR 的应用将越来越广泛。

5.2.5　软起动器

目前,交流感应电动机以其低成本,高可靠性和少维护等优点在各种工业领域中得到广泛的应用。但是,它在直接在线起动时,存在着两个缺点。首先,它的起动电流可高达 7 倍额定电流,这要求电网裕量比较大,而且降低了电气控制设备的使用寿命、增加了维护成本。其次,起动转矩是正常转矩的 2 倍,这会对负载产生冲击,增加传动部件的磨损和额外的维护。基于以上原因,产生了交流感应电动机降压起动设备。

传统的降压起动方法有 Y/△起动和自耦变压器降压起动两种,每种方法都有各自的缺点。电动机用 Y/△起动设备起动时,在切换瞬间会出现很高的电流尖峰,产生破坏性的动态转矩,引起的机械振动对电动机转子、轴连接器、中间齿轮以及负载都是非常有害的。自耦变压器降压起动设备体积庞大,成本高,而且还存在与负载匹配的电动机转矩很难控制的缺点。由于传统的降压起动设备存在许多缺点,因此出现了电子软起动控制器。

图 5.14 所示为软起动器(Softstarter)原理框图。软起动设备的功率部分由 3 对正反并联的晶闸管组成,它由电子控制线路调节加到晶闸管上的触发脉冲的角度,以此来控制加到电动机上的电压,使加到电动机上的电压按某一规律慢慢达到全电压。通过适当地设置控制参数,可以使电动机的转矩和电流与负载要求得到较好的匹配。软起动器还有软制动、节电和各种保护功能。

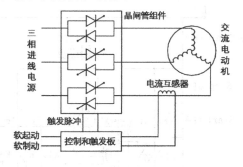

图 5.14　软起动器原理示意图

国产的软起动器有天津电气传动研究所监制、苏州华中电器有限公司制造 JR1 系列交流电动机软起动控制器,江苏启东电器厂制造的 QWJ2 系列节电型无触点起动器等。国外生产的有 ABB 公司的 PS 系列 Softstart 软起动器等(已获 ISO9001 认证)。下面介绍 Softstart 软起动器。

软起动器起动时电压沿斜坡上升,升至全压的时间可设定在 0.5～60s。软起动器亦有软停止功能,其可调节的斜坡时间在 0.5～240s。不同起动方法下的起动转矩和起动时的电机电压分别如图 5.15,5.16 所示。

使用 Softstart 软起动器可解决水泵电机起动与停止时管道内的水压波动问题,其起动电流可降至约 3.5～4Ie(额定电流),可解决起动风机时传动皮带打滑及轴承应力过大的问题;可减少压缩机、离心机、搅动机等设备在起动时对齿轮箱及传动皮带的应力,可解决输送带起动或停止过程中由于颠簸而造成的产品倒跌及损坏的问题,可减少起动时皮带打滑引起的皮带磨损及对齿轮箱的应力。

起动电流过高会使电网电压下降,从而导致对其他弱电网中的负载造成干扰。软起动器

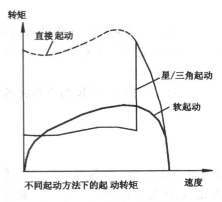

图 5.15　电动机起动转矩图

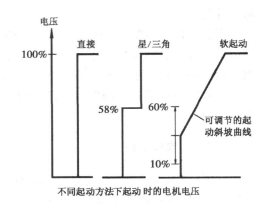

图 5.16　电动机起动电压图

不但可解决这一问题,而且电缆的面积及熔丝的规格亦可相应减少,从而降低安装成本,降低起动电流意味着降低了能耗。

空载电机或大部分时间运行在低载的电机耗用的电能往往超出其必需。选用 Softstart 软起动器的节能功能,可使电机电压调节至适应于实际负载。这样,功率因数及效率得以改善,并把电能损耗降低。

软起动器的内部电子式过载继电器提供较通常的热过载继电器更高的保护性能。例如,它一直保持对间歇运行时电机温度的检查,并对超出设定电流极限提供过载保护。

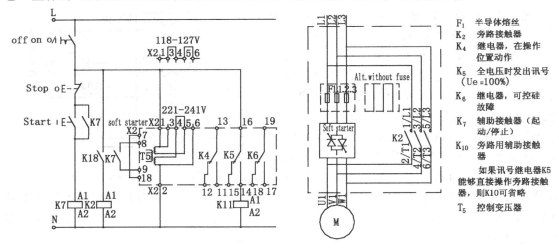

图 5.17　软起动器应用原理接线图

图 5.17 所示为 PSD 型软起动器的应用原理图实例。用一接触器与软启动器并联,其目的是出于安全考虑。正常工作时按下启动按钮,继电器 K_7 接通,软启动器工作。在软启动器出现故障时,继电器 K_{11} 接通,驱动接触器 K_2 接通,短路软启动器,将电路切换过来,以保证系统的不中断工作。

5.2.6　智能型断路器

智能型断路器是指具有智能化控制单元的低压断路器。

智能型断路器与普通断路器一样,也有基本框架(绝缘外壳)、触头系统和操作机构,所不同的是普通断路器上的脱扣器现在换成了具有一定人工智能的控制单元,或者叫智能型脱扣器。这种智能型控制单元的核心是具有单片计算机功能的微处理器,其功能不但覆盖了全部脱扣器的保护功能(如短路保护、过流过热保护、漏电保护、缺相保护等),而且还能够显示电路中的各种参数(电流、电压、功率、功率因素等)。各种保护功能的动作参数也可以显示、设定和修改。保护电路动作时的故障参数,可以存储在非易失存储器中以便查询。还扩充了测量、控制、报警、数据记忆及传输、通信等功能,其性能大大优于传统的断路器产品。

　　智能型可通信断路器属第四代低压电器产品。随着集成电路技术的不断提高,微处理器和单片机的功能越来越强大,成为第四代低压电气的核心控制技术。专用集成电路如漏电保护、缺相保护专用集成电路、专用运算电路等的采用,不仅能减轻 CPU 的工作负荷,而且能够提高系统的相应速度。另外,断路器要完成上述的保护功能,就要有相应的各种传感器。要求传感器要有较高的精度、较宽的动态范围同时又要求体积小,输出信号还要便于与智能控制电路接口。故新型的智能化、集成化传感器的采用可使智能化电气开关的整体性提高一个档次。

　　智能化断路器是以微处理器为核心的机电一体化产品,使用了系统集成化技术。它包括供电部分(常规供电、电池供电、电流互感器自供电)、传感器、控制部分、调整部分以及开关本体。各个部分之间相互关联,又相互影响。如何协调与处理好各个组成部分之间的关系,使其既满足所有的功能,又不超出现有技术条件所允许的范围(体积、功耗、可靠性、电磁兼容性等),就是系统集成化技术的主要内容。

　　智能化断路器原理框图如图 5.18 所示。单片机对各路电压和电流信号进行规定的检测。当电压过高或过低时发出缺相脱扣信号。当缺相功能有效时,若三相电流不平衡超过设定值,发出缺相脱扣信号,同时对各相电流

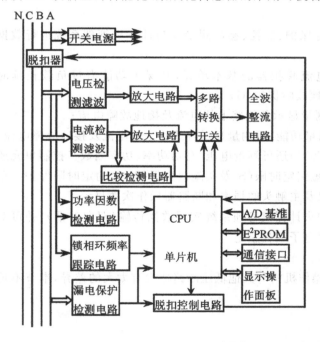

图 5.18　智能化断路器原理框图

进行检测,根据设定的参数实施三段式(瞬动、短延时、长延时)电流热模拟保护。

　　目前,国内生产智能型断路器的厂家还不多,其中有的是国内协作生产的,如贵州长征电器九厂的 MA40B 系列智能型万能式断路器、上海人民电器厂的 RMW1 系列智能型空气断路器;有的是引进技术生产的,如上海施耐德配电电器有限公司引进法国梅兰日兰公司的技术和设备生产的 M 系列万能式断路器、厦门 ABB 低压电器设备有限公司引进 ABB SACE 公司的技术和设备生产的 F 系列万能式断路器。下面简要介绍 F 系列断路器。

　　F 系列(SACE Megamax F)万能式断路器是以 ABB SACE 公司的技术和设备生产的新型断路器,适用于交流 50Hz 或 60Hz、额定电压为 690V 及以下的配电网络、直流 250V 及以下的电路中,作为分配电能和设备、线路的过负载、短路、欠电压、接地故障保护,以及在正常条

件下线路不频繁转换之用。

F 系列断路器具有分断能力高、规格多、安全性能好、使用可靠、维护方便、采用模块式结构、结构紧凑、体积小等优点。智能化的微处理器式过电流脱扣器保护功能齐全,如过电流保护、接地故障保护、保护区域选择性连锁等。配上控制、测量、对话单元后,具有多种故障报警、各种电气参数的测量、主触头磨损率、断路器通断次数的显示以及与电网计算机管理系统进行数据传输的功能。

F 系列断路器的额定绝缘电压为 1 000V,额定冲击耐受电压为 12kV,工频试验电压为 3 500V。断路器按分断短路电流的能力分为普通型(代号 B,N,S)、高分断型(H,V)、限流型(L)等。

F 系列断路器装设的微处理器式过电流脱扣器,有 PR1 型和 AR1 型(AR1 型微处理器过电流脱扣器仅用于交流回路)两种形式。断路器的每极装有一个电流互感器,过电流脱扣器以电流互感器的二次电流为额定电流,便于微处理器分析控制。下面仅介绍 PR1 型微处理器过电流脱扣器。

PR1 型微处理器过电流脱扣器具有保护、监控、参数测量及与计算机管理系统进行数据通信等功能。它由以下各元件组成:

①保护单元 PR1/P:PR1/P 是过电流脱扣器的基本单元,其保护功能有过负载长延时(L)、短路短延时(S)、短路瞬时(I)及接地故障保护(G)等;

②电流表单元 PR1/A:PR1/A 可测量显示各线路上的电流及接地故障电流;

③控制单元 PR1/C:PR1/C 具有测量功能,可测量显示各线路上的电流及接地故障电流、电源频率。配上专用的电压互感器(TV051)还可测量电压、有功功率、功率因数。控制单元还具有保护区域选择性连锁功能,适用于短路定时限(S)及接地故障保护(G)的定时限保护。单元内还设有多种事故和预告报警触头以及主触头磨损率和断路器操作次数显示。

④对话单元 PR1/D:PR1/D 可与中央计算机管理系统实现数据传输(双向对话),并可对保护单元进行保护整定值的现场或远程电子编程整定。

其外部接线电路图如图 5.19 所示。

F 系列断路器的框架、触头系统和操作机构与其他低压断路器没有太大的差异,本节不再介绍。

思考题与习题

5.1 低压电器的发展分几个阶段?每个阶段各有何特点?

5.2 接近开关较之行程开关有什么优越性?其传感检测部分有何特点?是如何感测到金属体的接近的?

5.3 简述如图 5.3 的晶体管时间继电器工作原理,设工作电压 E＝22V,V_4 的参数为:$I_p \leqslant 2.5\mu A$,$\eta=0.61$,欲得到 $t_d=120s$ 的延迟时间,试计算电路的 R,C 值。

5.4 简述电子温度继电器的工作原理,并说明与传统的双金属片热保护继电器有何不同。

5.5 能否用双向可控硅替代 AC-SSR?试分析图 5.8 AC-SSR 过零触发的原理和光电

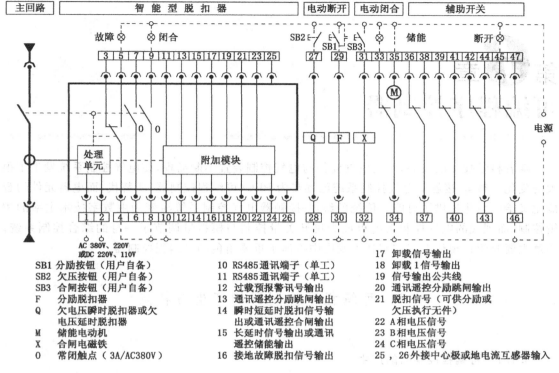

| 主回路 | 智能型脱扣器 | 电动断开 | 电动闭合 | 辅助开关 |

图 5.19　二次接线图（脱扣器为 bse4,bse5 带附加功能）

耦合器的作用。为什么 SSR 不能完全取代接触器？

5.6　何谓软启动器？在图 5.13 中,软启动器为什么要与接触器主触点并联？接触器在什么情况下工作？

5.7　智能电器有什么特点？其核心是什么？

5.8　试比较智能断路器在功能上与一般断路器的区别。

第**6**章
可编程序控制器

随着科学技术的发展,新的电气元件与电气控制装置不断涌现,使电气控制系统发生了很大的变化。继电-接触器电气控制系统已逐步为 PLC(可编程控制器)所替代,而电器元件的智能化又给网络化提供了可能。传统的继电-接触器电气控制系统演变为由数字技术主宰的逻辑控制,而现代的电气控制系统也成为集开关量控制与模拟量调节于一身的综合控制系统。本章主要介绍在现代电气控制技术发展中扮演了重要角色的可编程控制器。

6.1   可编程序控制器的产生与特点

6.1.1   可编程控制器的产生

20 世纪 60 年代末,工业生产随着市场的转变,开始由大批量少品种的生产转变为小批量多品种的生产。当时这类大规模生产线的控制电路多是由继电控制盘构成的,它不但体积大、耗电多、可靠性低,特别是生产程序的改变非常困难。市场所需的"柔性"生产线呼唤新型控制系统的诞生。

1968 年,美国通用汽车公司(GM)公开招标研制功能更强,使用更方便、灵活,价格便宜,可靠性更高的新型控制器。一年后美国数字设备公司(DEC)根据 GM 公司提出的 10 项招标指标,研制成功了世界上第一台可编程序控制器,并在 GM 公司汽车生产线上首次应用成功。当时人们把这第一台可编程控制器叫做可编程序逻辑控制器(Programmable Logic Controller),简称 PLC。它只是用来取代继电-接触器控制,仅有执行继电器逻辑、计时、计数等较少的功能。它将继电-接触器控制的硬连线逻辑转变为计算机的软件逻辑编程的设想变成为现实,较好地把继电-接触器控制简单易懂,使用方便,价格低等优点与计算机功能完善、灵活性强、通用性好的优点结合起来,基本上解决了继电-接触器控制系统在可靠性、灵活性、通用性方面存在的难题。随着计算机技术的发展,可编程控制器还增加了算术运算、数据传输与处理及对模拟量进行控制等功能,使之成为一种真正的计算机工业控制设备。故 1980 年美国电气制造协会(National Electrical Manufacturers Association)把这种新的控制设备正式命名为可编程序控制器(Programmable Controller 简称 PC)。但为了与个人计算机的专称 PC 相区别,在此仍把可编程序控制器简称为 PLC。新的控制器 PLC 诞生,带来了全新的控制理念、崭新的控制系统结构以及继电-接触器控制系统远远不可企及的强大功能。

6.1.2　可编程控制器的特点

可编程控制器的指标是由使用者首先提出来的，与其他工业设备相比，它具有独一无二的特性，其特点如下：

（1）高可靠性

PLC 除了采用优质器件等一般的可靠性措施外，还采用了如下独特的方式：在硬件方面采用了较先进的电源，以防止由电源回路串入的干扰。其内部采用了电磁屏蔽，以防辐射干扰。外部输入/输出电路一律采用光电隔离，加上了常规滤波和数字滤波；软件方面设置了警戒时钟 WDT、自诊断等措施。这些措施使 PLC 的平均无故障时间可达 30 万小时。

（2）灵活性高、扩展性好、通用性强

它不但可以替代继电器控制系统，使硬件软化，提高系统的可靠性，而且可方便地通过编制和修改用户程序来适应各种工艺流程变更的要求，灵活性高；PLC 由于使用标准的积木式结构、简单易学的梯形图语言以及模块化的软件设计，因而通用性强；PLC 与现场接口容易，用户可将所有的输入输出信号全部直接接到可编程控制器输入输出端子，无须考虑现场信号与控制器之间的接口问题，设计周期短。

（3）功能强

PLC 具有自诊断、监控和各种报警功能，既可完成顺序控制，又可进行闭环回路的调节控制。随着技术的发展，PLC 的网络功能发展很快，可以说，PLC 在工控领域内几乎无所不能。

（4）适应性强，性价比高

PLC 是专为工业环境下应用而设计的工业计算机，体积小，重量轻，耗电低，性价比高，是现场工人易于接受的新一代"蓝领计算机"。

6.2　可编程控制器的组成与工作原理

6.2.1　可编程控制器的基本结构

PLC 采用典型的计算机结构，由中央处理单元、存储器、输入输出接口电路等组成，如图 6.1 所示。虚线内为 PLC 的基本组成部分，虚线外为 PLC 的外设。

（1）中央控制单元（CPU 模块）

CPU 是 PLC 的核心部件，控制所有其他部件的操作。PLC 的中央处理装置，不是直接采用通用微机，而是使用其 CPU 芯片来组成适应工业现场特性的可编程控制器。大多数 PLC 使用双极型位片处理器，以组成一套面向工业流程又有较高速度的指令系统。PLC 所采用了类似微机语言的编程方式，但不必使用高级语言，而采用传统的继电器符号语言（梯形图），因而不必要求操作人员精通有关计算机软件、硬件方面的知识。PLC 的软件分为系统程序与用户程序。系统程序主要是系统管理和监控程序，以及对用户程序做编译处理的程序。制造厂家使用 CPU 部件的指令系统编写系统程序并固化到 ROM 中。CPU 按系统程序赋予的功能，接受并存储从编程器键入的用户程序和数据，并将其存入到用户存储器中。存储器除了 ROM，还有 RAM 和 EPROM，用于存放用户程序。

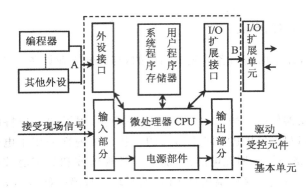

图 6.1 PLC 结构框图

（2）输入输出电路（I/O 模块）

输入（Input）电路和输出（Output）电路简称为 I/O 模块，它们是联系外部现场和 CPU 模块的桥梁。

1）输入电路

输入电路用来采集输入信号，包括主令信号和来自现场的检测信号如行程开关及其他传感器、检测继电器的检测信号等，并对其进行了隔离、滤波和电平转换，使之转换成 CPU 能够接收和处理的信号。其直流输入电路如图 6.2 所示。图中使用了 PLC 机内的 24V 作为输入回路的电源，例如当X0 端子对应的开关闭合时，发光二极管导通发光，光敏三极管将接受到的这个信号经过滤波处理后送入缓冲器，待 CPU 调用。

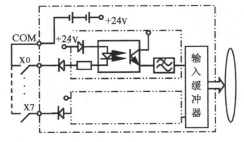

图 6.2 PC 的直流输入电路

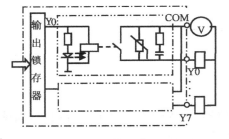

图 6.3 开关量输出模块原理图

2）输出电路

输出电路将 CPU 送出的信号经过隔离、电平转换和放大后驱动接触器、电磁阀等执行元件。输出电路由输出开关器件来分，有晶体管、晶闸管、继电器 3 种输出方式，其继电器输出方式如图 6.3 所示。例如，当程序执行结果 Y0 为"1"时，其输出锁存器的相应单元被置"1"，所对应的输出继电器接通，其常开触点合上（相当于输出端子 Y0 与公共端 COM 接通），所对应的负载得电运行。输出负载的电源一般外接，如图 6.3 所示。

（3）编程器

编程器用来输入和编辑用户程序，也可以用来监视可编程控制器运行时各种元件的工作状态。一般只在程序输入、调试和检修时使用编程器，编程时可以在线和离线编程。

编程器分为简易编程器（只能输入和编辑指令表）、专用图形编程器（可以直接生成和编辑梯形图程序）和计算机编程。现在多用 PC 机作为可编程控制器的上位机进行编程与监控，构成一种通用编程系统。

（4）电源

可编程控制器使用 220V 交流电源或 24V 直流电源。可编程控制器内部的直流稳压电源为各模块内的电路供电。许多可编程控制器还可以为输入电路和外部电子检测装置(传感器如接近开关等)提供 24V 直流电源,驱动现场执行机构的电源由用户提供。

6.2.2　可编程控制器的工作过程

PLC 运行时内部进行的一系列操作可分为四大类:故障诊断及处理、数据输入与输出、执行用户程序、服务于外设命令。

PLC 中的 CPU 按分时原则操作顺序进行,即每一时刻执行一个操作。这种分时操作的过程称为对程序的扫描。CPU 的扫描过程也就是 PLC 的工作过程,如图 6.4 所示。

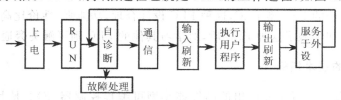

图 6.4　PLC 扫描工作过程

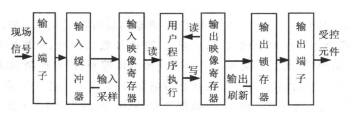

图 6.5　PC 对输入/输出的处理规则

PLC 处理 I/O 信号的过程如图 6.5 所示。其工作过程分为输入采样、程序执行和输出刷新阶段。PLC 以扫描工作方式将所有输入信号读入到输入映像寄存器中存储(即输入刷新)。用户程序执行时按从上到下、从左到右的顺序扫描每条指令,并分别从输入映像寄存器和输出映像寄存器获得所需数据进行运算、处理,再将程序执行结果写入输出映像寄存器。在执行完所有用户程序后,将输出映像寄存器的值送到输出锁存器(输出刷新)以驱动用户设备。PLC 是以扫描方式进行工作的,即 PLC 对信号的输入、数据的处理和控制信号的输出分别在一个扫描周期内的不同时间间隔里以批处理方式进行。在一个工作周期内,输入/输出映像寄存器的信息保持不变。每次执行完用户程序后,如果没有外设命令,则系统会自动循环地扫描运行。

PLC 的这种“串行”工作方式,可以避免继电-接触器控制中触点的竞争和时序的失配问题,这是 PLC 可靠性高的原因之一。但导致了输出对输入时间上的滞后,扫描周期越长,滞后越严重。扫描周期除了执行用户程序所占用的时间外,还包括系统管理操作占用的时间。前者与程序的长短及指令操作的复杂程度有关,后者基本不变。另外,如果考虑到 I/O 硬件电路的延时,其滞后比扫描原理滞后更大。这种滞后不仅与扫描方式和电路惯性相关,还与程序设计的安排有关。

6.3 FX2 可编程控制器逻辑指令系统及其编程方法

可编程控制器的种类很多,一般按 PLC 的输入输出点数分为大、中、小 3 种类型,按其结构又可分为整体式和模块式 PLC。FX2 就属于整体式,小型 PLC 一般多采用这种结构。中型以上的 PLC 一般采用模块式结构,硬件配置选择余地大,维修更换方便。不同厂家生产的 PLC 以及大中小型 PLC 的结构和功能不尽相同,但它们的工作原理大体类似。本章着重介绍日本三菱公司生产的 FX2 型 PLC,这种 PLC 设计合理,功能强,性价比高,在我国应用较为广泛。读者在学习和掌握了这种 PLC 后,对学习其他的 PLC 则可触类旁通。

6.3.1 FX2 的技术指标

FX 系列是三菱公司近年来推出的高性能小型可编程控制器,FX2 是其中的一种。它有灵活多变的系统配置,还有许多特殊功能模块供用户选用。功能强大,使用方便。技术指标和性能如下所述。

FX2 的基本指令执行时间为 $0.74\mu s$,用户存储器容量可扩展到 8K 步,其 I/O 点数一共 128 点,99 条功能指令。有模拟量输入/输出模块、高速计数器模块、位置控制模块、凸轮控制模块、数据输入/输出模块、通信模块等。可以实现模拟量控制、位置控制和联网功能。

FX2 有近 1 300 点辅助继电器、100 点状态继电器、256 点定时器、200 点 16 位加计数器和 35 点 32 位加/减计数器、近 3 000 点 16 位数据寄存器、64 点跳步指针、9 点中断指针,这些编程元件对于一般的系统足够了。

FX2 系列可编程控制器由基本单元、扩展单元、扩展模块及特殊适配器构成。仅用基本单元或将上述各种产品组合起来使用均可。使用时如 I/O 触点不够,可选 I/O 点数多的 PLC,如仅需增加输入或输出模块,则可选用 I/O 扩展单元与 PLC 配合使用。

表 6.1 FX2 系列的基本单元与扩展单元

单元	输入/输出点数	输出形式	
		继电器输出	晶体管输出
基本单元	8/8	FX2-16MR	FX2-16MT
	12/12	FX2-24MR	FX2-24MT
	16/16	FX2-32MR	FX2-32MT
	24/24	FX2-48MR	FX2-48MT
	32/32	FX2-64MR	FX2-64MT
	40/40	FX2-80MR	FX2-80MT
扩展单元	16/16	FX-32ER	—
	24/24	FX-48ER	FX-48ET

6.3.2 FX2 的内部编程软元件及其功能

用户使用的每一个输入输出端子及内部的每一个存储单元都称为元件。各元件有其不同的功能,有其固定的地址。

(1)输入/输出继电器(X,Y)

1)输入继电器(X)

PLC 的输入端子是从外部现场接收信号的窗口。

输入继电器的元件编号用 8 进制数表示,X0～X177,最多可有 128 点,不能用程序驱动,只受现场信号的影响。输入信号频率要求低于 PLC 的扫描周期/秒,为了保证确实驱动,输入信号电流必须大于 4.5mA;为了保证确实关断,输入信号电流必须小于 1.5mA。

X0～X7 这 8 点为特殊输入端子,其数字滤波常数可用程序在 0～60ms 的范围内设定,实际最短时间为 50μs。它们可用作高速计数器的输入端,PLC 的外部中断信号也从这几点输入。

2)输出继电器(Y)

PLC 的输出端子是向外部负载输出信号的窗口。

输出继电器的元件编号用 8 进制数表示,Y0～Y177,最多可有 128 点。

PLC 的输入输出端子(X,Y)对应于输入/输出内部继电器(X,Y),其外部接线和内部等效电路如图 6.6 所示。从图 6.5 和图 6.2 可知,从输入端子输入的信号送入缓冲器,在刷新时读入映像寄存器,输入端子 X 的状态与输入映像寄存器中 X 的状态只有在输入刷新时才完全相等。图 6.6 的中间部分为用户程序(梯形图方式),因而所谓的继电器的"线圈"实指 PLC 的内部存储单元,而使用其相应的"常开触点"指读取该存储单元的状态,"常闭触点"指读取该存储单元的状态后取反。因此,继电器触点可在编制程序时无数次使用,也可根据需要采用常开、常闭的形式。同样从图 6.5 中可以看到,输出继电器的线圈由程序运算结果将其相应的输出映像寄存器置"1"或"0",同样可以有许多的常开、常闭"软"触点供编程使用。在本周期中,执行完用户程序后进行输出刷新,将输出映像寄存器的值送给输出锁存器,输出端子 Y 的状态与输出映像寄存器中 Y 的状态只有在输出刷新时才完全相等。其后仅有一对外部输出的常开接点,用来驱动现场执行机构,见图 6.3。

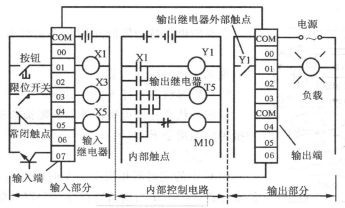

图 6.6 PC 的等效电路

(2)辅助继电器(M)

辅助继电器是用软件来实现的,它们不能接收外部的输入信号,也不能直接驱动外部负载,相当于继电-接触器控制系统中的中间继电器。除了输入、输出继电器 X、Y 采用 8 进制外,其余元件均采用 10 进制。

1)普通辅助继电器

①通用辅助继电器 M0～M499(共 500 点),无断电保持功能;

②断电保持辅助继电器 M500～M1023(共 524 点),在电源中断时用锂电池保持它们在映像寄存器中的内容。

可根据需要采用常开、常闭的形式。

2)特殊辅助继电器 M8000～M8255(共 256 点)

①只能利用其触点的特殊辅助继电器,线圈由 PLC 自动驱动,用户只可利用其触点。例如(见图 6.7):

M8000　运行(RUN)监控(PLC 运行时接通);

M8002　初始脉冲(仅在运行开始瞬间接通);

M8012　100ms 时钟脉冲。

②可驱动线圈的特殊辅助继电器,用户驱动线圈后 PLC 完成特定的动作,例如:

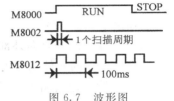

图 6.7　波形图

M8033　PLC 停止时输出保持;

M8034　禁止全部输出;

M8039　定时扫描。

PLC 内部有很多特殊辅助继电器,它们各自具有特定的功能,详细内容可查阅用户手册。

(3)状态元件(S)

状态元件 S 在步进顺控程序的编程中是重要的软元件,它与后面叙述的步进顺控指令 STL 组合使用。有以下类型:

1)通用状态元件

①无断电保持功能的通用状态元件 S0～S499(共 500 点)。其中:

S0～S9　初始状态;

S10～S19 回零。

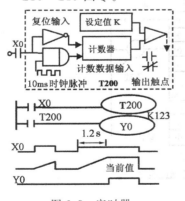

图 6.8　定时器

②有断电保持功能的通用状态元件 S500～S899(共 400 点)。

见 6.4 顺序控制一节。

2)报警器状态元件 S900～S999

这部分状态元件可用作外部故障诊断输出。见用户手册中报警功能指令 FUN46。

(4)定时器(T)

PLC 中的定时器相当于一个时间继电器,它有一个设定值寄存器(字)一个当前值寄存器(字)以及触点(bit)。这 3 个存储单元使用同一个元件号。常数 K(K 为十进制数,H 为十六进制数)作为定时器的设定值,也可用数据寄存器(D)的内容来设定定时值。PLC 内部定时器是根据时钟脉冲累计计时的,时钟脉冲有 1ms、10ms、100ms。当所计时间达到设定值时,其输出触点动作。

1)通用定时器 T0～T245(见图 6.8)

①100ms 定时器 T0～T199(共 200 点),定时范围 0.1～3 276.7s,其中 T192～T199 为子

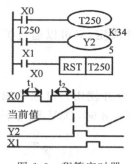

图 6.9 积算定时器

程序和中断程序专用定时器。

②10ms 定时器 T200～T245（共 46 点），定时范围 0.01～327.67s。

2）积算定时器 T246～T255（见图 6.9）

①1ms 定时器 T246～T249（共 4 点），定时范围 0.001～32.767s，其定时不受扫描周期影响，中断动作，可在子程序和中断程序使用；

②100ms 定时器 T250～T255（共 6 点），定时范围 0.1～3 276.7s。

（5）计数器（C）

1）内部信号计数器

内部信号计数器是在执行扫描操作时对内部元件的信号进行计数的计数器。因此，其接通（ON）和断开（OFF）时间应比 PLC 的扫描周期稍长，通常其输入信号的频率大约为几个扫描周期/秒。

①16 位增计数器（设定值 1～32767，可由常数 K 或数据寄存器 D 设定）：

C0～C99（共 100 点），无停电保持计数器；

C100～C199（共 100 点），停电保持计数器。

其工作梯形图与相应波形见图 6.10。

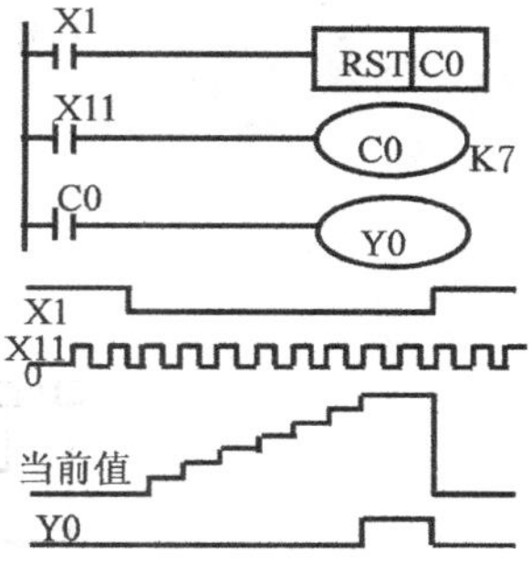

②32 位双向计数器（设定值－2147483648～＋2147483648）

C200～C219（共 20 点），无停电保持计数器；

C220～C234（共 15 点），停电保持计数器。

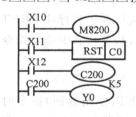

图 6.10　计数器

计数方向由特殊辅助继电器 M8200～8234 设定。对于

C△△△，当 M△△△接通时为减计数器，断开时为加计数器，如图 6.11 所示。

图 6.11　加/减计数器

2）高速计数器 C235～C255（共 21 点）

高速计数器又称为中断计数器，它的计数不受扫描周期的影响，所有的高速计数器均为增减计数器。它们共用 PLC 上 6 个高速计数器输入端口（X0～X5），因此，最多同时用 6 个高速计数器。另外，高速计数器的选择不是任意的，它取决于所需计数器的类型及高速输入端子，例如 C235 为一相计数器，其脉冲输入端子规定为 X0，另外需在程序中驱动 C235 线圈以激活计数器。详细内容可见 FX2 技术手册。

（6）数据寄存器（D）（字）

数据寄存器在模拟量检测与控制以及位置控制等场合用来存储数据和参数，数据寄存器为 16 位（最高位为符号位），两个合并起来可以存放 32 位数据。

1）通用数据寄存器 D0～D199（共 200 点）

特殊辅助继电器 M8033 为 ON 时，D0～D199 具有断电保护功能。

2）断电保持数据寄存器 D200～D511（共 312 点）

除非写入新数据，否则原有的数据不会丢失。D490～D509 在 2 台 PLC 作点对点通信时被用作通信操作。另外，可用数据寄存器 D 来指定计数器、定时器的时间常数。

3）特殊数据寄存器 D8000～D8255（共 256 点）

用来监控 PLC 的运行状态，如电池电压、扫描时间、正在动作状态的编号等。

4)文件寄存器 D1000～D2999(共 2 000 点)

用于存储大量的数据,例如采集数据等。其数量由 CPU 的监控软件决定,但可以通过扩充存储卡的方式加以扩充。

5)变址寄存器(V/Z)(字)

变址寄存器 V 与 Z 都是 16 位数据寄存器,在 32 位操作时,将 V,Z 合并使用。可像其他的数据寄存器一样进行读写,其内容用来修改编程元件的元件号。如 V=8 时,D5V 相当于 D13(5+8=13)。

(7)指针 P/I

1)分支指针

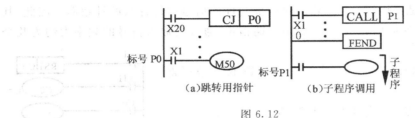

图 6.12

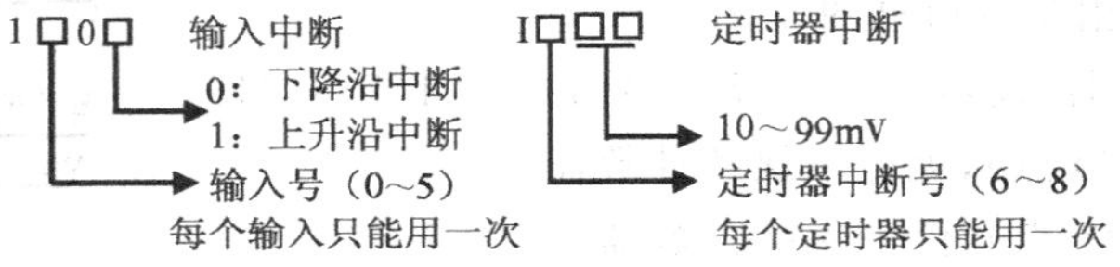

图 6.13　中断指针

分支指针用 P0～P63(共 64 点),用来指示跳转指令(CJ)的跳步目标(如图 6.12(a)所示),还可用来指示子程序调用指令(CALL)调用的子程序入口地址,执行到子程序中 SRET(子程序返回)指令时返回去执行主程序(如图 6.12(b)所示),可参见 5.6.2 一节中功能指令 FUC00,FUN01。

2)中断用指针 I0□□～I8□□(共 9 点)

中断用指针用来指明某一中断源的中断程序入口标号,执行到 IRET(中断返回)指令时返回主程序。中断指针编号的意义如图 6.13 所示。FX2 有 6 个外部中断源和 3 个定时中断源,先产生的中断具有优先权;中断同时产生时,中断指针号较低的具有优先权。

6.3.3　基本逻辑指令

FX2 有 27 条逻辑指令,此外还有 98 条功能指令。仅用基本逻辑指令便可以编制出开关量控制系统的用户程序。

(1)逻辑取及输出线圈(LD/LDI/OUT)

LD(Load):常开触点与母线连接的指令;

LDI(Load Inverse):常闭触点与母线连接的指令;

OUT(Out):驱动线圈的输出指令。

LD/LDI 的操作元件为 X,Y,M,S,T,C;

OUT 的操作元件为 Y,M,S,T,C。

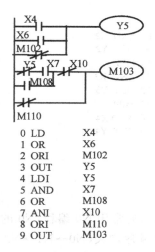

```
0 LD    X4
1 OR    X6
2 ORI   M102
3 OUT   Y5
4 LDI   Y5
5 AND   X7
6 OR    M108
7 ANI   X10
8 ORI   M110
9 OUT   M103
```

图 6.14　LD\AND\OR\OUT 指令

其梯形图与指令表如图 6.14 所示。

（2）触点的串（AND/ANI）、并联（OR/ORI）
（操作元件同上）

AND(And)：常开触点串联连接指令；

ANI(And Inverse)：常闭触点串联连接指令；

OR(Or)：常开触点并联连接指令；

ORI(Or Inverse)：常闭触点并联连接指令。

其梯形图与指令表如图 6.14 所示。

（3）电路块的串/并连（ANB/ORB）

1）ANB

两个以上的触点串联连接而成的电路块称为"串联电路块"，ANB(And Block)为并联电路块的串联连接指令。分支的起点用 LD，LDI，并联电路块结束后，使用 ANB 指令与前面电路串联。

2）ORB

两个以上的触点并联连接而成的电路块称为"并联电路块"，ORB(Or Block)为串联电路块的并联连接指令。分支的起点用 LD，LDI，串联电路块结束后，使用 ORB 指令与前面电路并联。

需要注意的是，对于每一电路块使用 ANB/ORB 指令，则串联/并联电路块数无限制。ANB/ORB 指令也可连续使用，但这样用时，重复使用 LD，LDI 指令的次数限制在 8 次以下。其梯形图如图 6.15 所示。

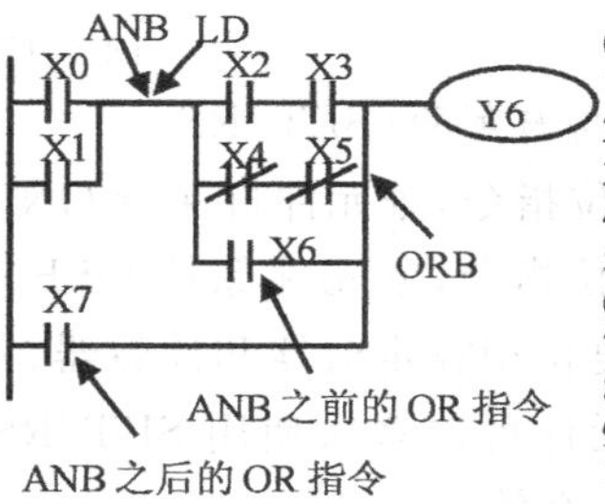

（4）栈存储器与多重输出指令

PLC 中有 11 个存储运算中间结果的存储器，被称为栈存储器。

MPS(Push)：进栈指令。使用一次 MPS 指令，当时的逻辑运算结果压入栈的第一层，栈中原来的数据依次向下一层推移。

MRD(Read)：读栈指令。MRD 用来读出最上层的数据，栈内的数据不会上移或下移。

MPP(Pop)：出栈指令。使用 MPP 指令时各层的数据向上移动一层，最上层的数据在读出后从栈内消失。

使用栈的例子如图 6.16 所示。

（5）主控与主控复位指令 MC/MCR

MC(Master Control)：主控指令。MC 指令可用于辅助继电器 M 和输出继电器 Y。

MCR(Master Control Reset)：主控复位指令。

使用主控指令的触点称为主控触点，它在梯形图中与一般的触点垂直，是控制一组电路的总开关。MC 指令的输入触点 X。断开时，积算定时器、计数器、用复位/置位驱动的软元件保持其当前的状态，非积算定时器和用 OUT 指令驱动的元件变为 OFF。与主控触点相连的触点必须用 LD/LDI 指令，因为使用 MC 指令后，母线移到主控触点的后面去了。MCR 使母线

```
0 LD  X0
1 OR  X1
2 LD  X2
3 AND X3
4 LDI X4
5 ANI X5
6 ORB
7 OR  X6
8 ANB
9 OR  X7
10 OUT Y6
```

图 6.15　ORB 和 ANB 指令

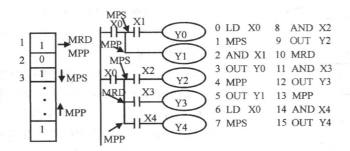

图 6.16　栈存储器与多重输出指令

(LD 点)回到原来的位置。

在 MC 指令区使用 MC 指令称为嵌套。在没有嵌套结构时,通常用 N0 编程,N0 的使用次数没有限制,如图 6.17 所示。有嵌套时,在嵌套级 N 的编号顺序增大(N0→N1→N2→N3→N4→N5 等)。返回时用 MCR 指令,就从大的嵌套级开始解除。

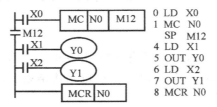

图 6.17　主控与主控复位指令

(6)自保持与解除(SET/RST)

SET:置位指令,令元件自保持 ON。该指令可用于 Y,M,S。

RST:复位指令,令元件保持 OFF。该指令可用于 Y,M,S,D,V,Z,还可用来复位积算定时器和计数器。其波形图如图 6.18 所示。

对同一元件可以多次使用 SET/RST 指令,顺序可任意,但在最后执行的一条才有效。

(7)脉冲输出(PLS/PLF)

PLS:上升沿微分输出指令。

PLF:下降沿微分输出指令。

PLS/PLF 指令只能用于 Y,M,其控制梯形图和波形图如图 6.18 所示。

(8)空操作(NOP)与程序结束(END)指令

NOP(Non Processing):空操作指令。空操作指令使该步程序空操作,另外,执行完清除用户程序后,用户存储器的内容全部为空。

END(End):程序结束指令。该指令表示程序结束,进行输出处理,刷新警戒时钟。如果将 END 指令插入程序中,则只执行程序的第一步到 END 这一步之间的程序。

(9)编程注意事项

梯形图是面向控制过程的一种"自然语言"。PLC 的梯形图虽然是

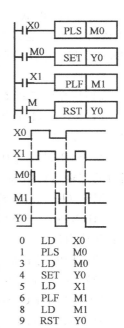

图 6.18　置位复位与
脉冲输出指令

从继电器控制线路发展而来的,但又有一些本质的区别。

1)概念电流

PLC 梯形图中流过的电流不是物理电流而是"概念电流",是用户程序表达方式中满足输出执行条件的形象表达方式。

2)线圈与触点

PLC 有许多中间继电器(M)、定时器(T)、计数器(C)等软元件。它们同样有"线圈"、"常开触点"、"常闭触点"。PLC 梯形图中的继电器不是物理继电器,每个继电器线圈或触点均为 PLC 机中相应存储器,继电器线圈或触点的"通"、"断"相应于存储器中的"1"或"0"信息。这些触点可以无数次使用,不受限制。而实际的物理继电器等电器元件的触点数是有限的,其容量也是有限的。

3)左/右母线

在梯形图中的左、右两根竖线称为梯形图的左/右母线,左母线不能直接连线圈,右母线不能直接连触点。其含义是必须根据条件逻辑运算方可进行诸如对线圈置"1"或"0"的操作,而经过逻辑运算后的每一步也必须有输出结果。右母线可以不画。

4)程序编排上要尽量合理

鉴于 PLC 的原理与工作特点,输出刷新是在本周期程序运行完后一次性输出,对梯形图的扫描顺序是先上后下,先左右右,因而对先动的元件先编程,后动作的元件后编程,以避免不必要的输出滞后。相同线圈的操作,最后一次运算才是有效,故应避免同一元件的线圈使用了两次或多次的"双线圈输出"。另外,串联多的电路应尽量放在上部,并联多的电路应尽量靠近左母线。

6.3.4　编程实例

(1)简单编程

1)延时通、断定时器

PLC 的定时器均为通电延时定时器,如图 6.8 所示;但通过编程可实现断电延时,如图 6.19 所示。图 6.20 为延时通延时断定时器梯形图。

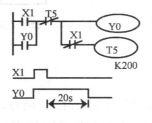

图 6.19　断电延时

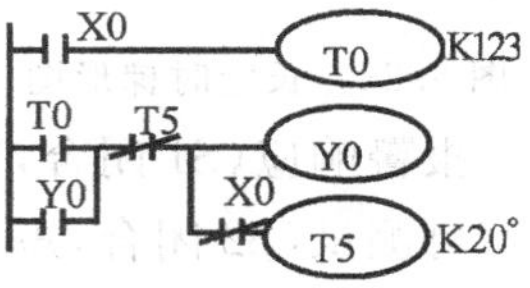

图 6.20　通/断电延时

2)振荡电路

该电路可提供不同占空比的振荡脉冲,可用作彩灯闪烁电路等用途,如图 6.21 所示。

3)按通按断电路

此电路可用做分频电路、用一个按钮控制通断的电路以及奇偶校验电路等,如图 6.22 所示。

对于以上梯形图读者可自行画出相关波形。

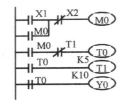

图 6.21　灯闪烁梯形图

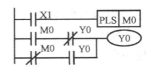

图 6.22　按通按断梯形图

(2)编程实例

1)长定时电路

由定时器的级连或定时器与计数器的组合使用,可构成各种长定时电路。其中主要的是基准脉冲的制作。可使用特殊辅助继电器 M8011(10ms 时钟)、M8012(100ms 时钟)、M8013(1s 时钟)、M8014(1 分时钟)作为基准脉冲,也可用图 6.23 中的方式得到基准脉冲,但如用特殊辅助继电器触点如 M8013 替换 C0 的计数脉冲 T2,则可直接得到精度更高的时钟脉冲。在图 6.23 中 Y0 为定时器 T0、T1 级连而得到的长延时输出,Y1 为定时器 T2 与计数器 C0 级连而得到的长延时输出。

2)报警电路

要求:报警(S0 闭合)时蜂鸣器(YV)响,灯(L)闪烁(闪烁频率为 ON 0.5s,OFF 0.5s)。

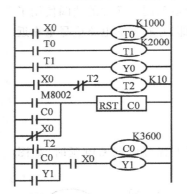

图 6.23　长定时梯形图

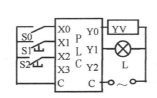

图 6.24　报警控制输入输出

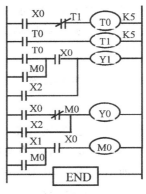

图 6.25　报警控制梯形图

报警响应(S1 闭合,短信号)后蜂鸣器不响,灯常亮。

可测试(S2 闭合,短信号)灯和蜂鸣器。

报警条件结束后灯灭。

图 6.24 为其输入输出接线图,图 6.25 为梯形图。当报警条件达到时,S0 闭合,X0 通,Y1 输出脉冲使灯闪烁;工作人员处理报警时按下报警响应按钮 S1,X1 通,M0 使 Y0 断,Y1 直通,蜂鸣器不响,灯常亮。故障处理完后报警条件消除,灯灭。按下 S2 可测试灯和蜂鸣器是否正常。

6.4　步进顺控指令 STL

用梯形图或指令表编程的方式固然为广大电气技术人员所接受,但对于一个复杂的控制系统,尤其是顺序控制程序,由于内部的连锁、互动关系复杂,其梯形图往往长达数百行,通常要由熟练的电气工程师才能编制出这样的程序。而且程序的可读性不高,给以后可编程控制器系统的维修和改进带来了很大的困难。采用符合 IEC 标准的 SFC(Sequential Function Chart)语言编程,可使设计时间减少 2/3,而且程序的可读性强、调试和修改方便。利用这种先进的编程方法,初学者也容易编出复杂的程序。

FX2 在基本逻辑指令的基础上,增加了两条简单的步进顺控指令,同时辅之以大量的状态元件,就可以用类似于 SFC 语言的状态转移图方式编程。

6.4.1　状态转移图及编程方法

所谓顺序控制,就是按照生产工艺预先规定的顺序,在各个输入信号的作用下,根据内部状态和时间的顺序,在生产过程中各个执行机构自动地有序地进行操作。顺序控制设计法最基本的思想是将系统的一个工作周期划分为若干个顺序相连的阶段,这些阶段称为"步"(Step),并用状态元件 S 来代表各步(故又把"步"称作"状态"),若将代表各步的方框按它们的先后顺序排列表示,就形成了顺序功能图,又称为状态转移图,如图 6.26 所示。

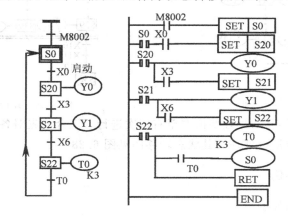

图 6.26　初始状态编程(状态流程图与梯形图)

1)初态

如上节所述,S0~S9 可用于初态,最开始工作时,初始状态必须用其他方法预先驱动,使之处于工作状态。既可用初始条件驱动,也可用 M8002 驱动(无初始条件驱动)。

2)状态转移图的要领

对于每个状态,一般具有驱动负载、指定转移条件以及指定转移方向三个功能。

①驱动负载:指每个状态对应的工作内容,如果没有负载要驱动,就不用作驱动处理;

②指定转移条件:当本状态中的工作完成后,其工作的完成信号或相关条件的逻辑组合可用作转移条件,该转移条件既是本状态的完成信号,又是下一被指定状态的启动信号;

③指定转移方向:本状态的工作完成后,转移条件既可顺序启动下一状态(用 SET 指令),

又可启动其他状态(跳转,用 OUT 指令),转移方向的确定可根据工艺要求进行。

3)在一系列的 STL 指令的最后,必须写入 RET 指令,以回到主母线。

相关梯形图如图6.26所示。

6.4.2 状态转移图的基本结构

(1)单流程

单流程由一系列相继激活的状态组成,每一状态的后面仅接有一个转移条件,每一个转移条件后面只有一个状态,如图6.26所示。

(2)选择性分支与汇合

当某个状态的转移条件超过一个时,就存在选择分支问题。在编制这种选择性分支时,一定要防止某个转移状态的几个转移条件同时为1的情况。其状态转移图如图6.27所示。分支时与单流程的编程一样,先进行驱动处理,然后设置转移条件,编程时要由左至右逐个编程。汇合时先进行汇合前状态的输出处理,然后由左至右进行汇合转移。

(3)并行分支与汇合

如果某个状态的转移条件满足,在将该状态置0的同时,需要将若干个状态置1,即有几个状态同时工作,这就需要采用并行分支的编程方法。分支时与单流程的编程一样,先进行驱

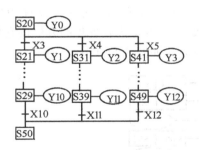

图 6.27 选择性分支与汇

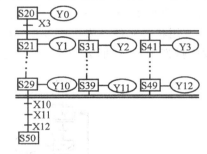

图 6.28 并行分支与汇合

动处理,然后进行转移,转移的处理要由左至右依次进行。汇合前先对各状态的输出处理分别编程,然后由左至右进行汇合处理。其状态转移图见图6.28。

6.4.3 步进顺控实例

例:十字路口交通灯控制。

图6.29为十字路口交通灯工作波形。这里要注意的是编程的多样性。对于十字路口交通灯控制,既可以用经验设计法进行编程,又可以用顺序控制方法 STL 指令编程。在用顺序

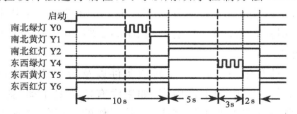

图 6.29 十字路口交通灯工作波形

控制方法编程中,又可选用单流程或并行分支的状态转移结构。

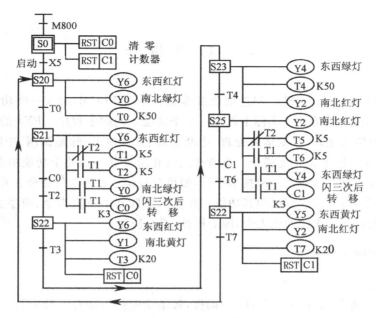

图 6.30　十字路口交通灯控制单流程图

图 6.30 为单流程状态转移流程图。其中"步"的划分按图 6.29 中的虚线所示。

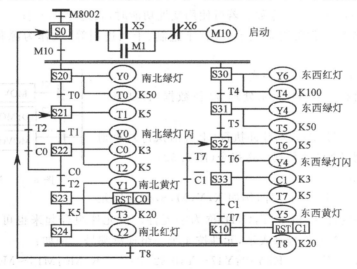

图 6.31　十字路口交通灯双流程梯形图

图 6.31 为并行分支的相关状态转移流程图。其中"步"的划分与单流程有所不同。在单流程中,将绿灯的亮 5s 和闪 3s 划在一步之中,直到绿灯灭后方可转移;在双流程中,将绿灯的亮 5s 划为一步,闪 3s 中绿灯暗为一步,亮又为一步,这后两步每隔 0.5s 相互转移,直到闪完三次再转移到下一个状态。

6.5 功 能 指 令

从 20 世纪 80 年代开始,PLC 制造商就逐步地在小型 PLC 中加入一些功能指令(Function Instruction),这些功能指令实际上就是一个个功能不同的子程序。FX2 的功能指令分为程序流控制、数据传送比较、数据运算处理、中断处理、脉冲输出、脉宽调制、矩阵输入、7 段显示器扫描显示等 10 类 99 条功能指令。本节在此仅介绍最基本的几个功能指令,读者在掌握这几个功能指令的基础上,通过查阅技术手册,便可自行运用各种功能指令。凡本书中涉及到未介绍的功能指令,将加以注释说明其功能。在熟练掌握基本逻辑指令、顺序步进指令后,再掌握功能指令,编起程序来就变化无穷,随心所欲,得心应手。

6.5.1 功能指令通则

(1)功能指令的表现形式

功能指令按功能号(FNC00~FNC99)编排,每条功能指令都有一助记符。有许多功能指令在指定功能号的同时,还必须指定操作数。

[S]:源(Source)操作数。若可使用变址功能时,表达为[S·];

[D]:目标(Destination)操作数。若可使用变址功能时,表达为[D·];

m,n:其他操作数。常常用来表示数制(十进制、十六进制等)或作为源和目标的补充注释。

(2)数据长度及指令的执行形式

功能指令中附有符号(D)表示处理 32 位数据,否则表示处理 16 位数据。

助记符后附有符号(P)表示脉冲执行(上升沿执行),否则表示连续执行。例:FNC12 数据传送指令(图 6.32)。

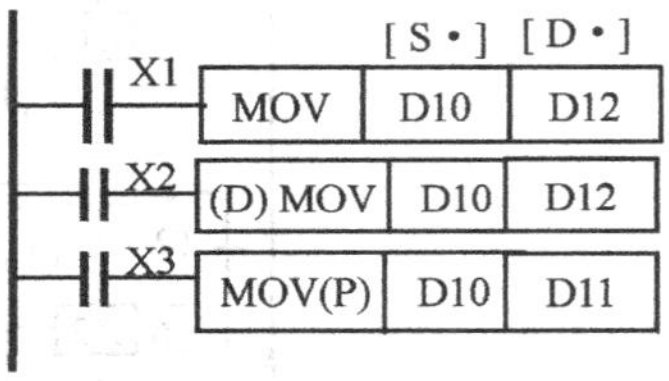

(3)位元件及其位元件的组合

只处理 ON/OFF 状态的元件,例如 X,Y,M,S,称为位元件。其他处理数字的元件,例如 T,C,D,称为字元件。位元件组合起来也可处理数字数据。位元件组合由 Kn 加首元件号来表示,元件按 4 个一组连续编号。例如:

图 6.32 MOV 指令

K2X0:X7~X0 8 位; K8Y10:Y47~Y10 32 位; K4M0:M15~M0 16 位。

6.5.2 几个基本的功能指令

(1)条件跳转 CJ(Conditional Jump)

CJ FNC00	操作元件:指针 P0~P63(允许变址修改)
(P)(16)	P63 即 END,无需再标号
条件跳转	程序步数:CJ 和 CJ(P)…3 步 标号 Pxx…1 步

CJ 和 CJ(P)指令用于跳过顺序控制程序中的某一部分,以减少扫描时间,参看图 6.12。在图 6.33 中,当自动/手动开关 X0 为 ON 时,程序跳到 P0 处,执行手动程序;如果 X0 为

OFF,不执行 P0 跳转,因而自动程序得以执行,由于 P1 跳转的条件得以满足,故执行 P1 跳转至 FEND(主程序结束)。跳转时,不执行被跳过的那部分指令。

(2)子程序调用与子程序返回 CALL(Sub Routine Call)

CALL FNC01 　(P)(16) 转子程序	操作元件:指针 P0～P62(允许变址修改) 程序步数:CALL 和 CALL(P)…3 步 　　　　　　标号 Pxx…1 步
	嵌　　套:5 级
SRET FNC02 子程序返回	操作元件:无 程序步数:…1 步

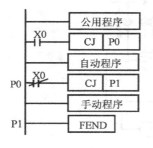

图 6.33　CJ 指令的使用

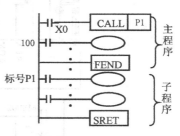

图 6.34　子程序调用

当图 6.34 中的 X0 为 ON 时,CALL 指令使程序跳到标号 P1 处,子程序被执行,执行完 SRET 指令后返回到 100 处。标号应写在 FEND 之后,同一标号只能出现一次,且 CJ 用过的标号不能再用。

(3)循环左/右移位 ROR(Rotation Right/ Rotation Left)

ROR FNC30 (P)(16/32)("!") 右循环	操作元件:[D・]:KnY,KnM,KnS,T,C,D,Z 程序步数:ROR,ROR(P),ROL,ROL(P)…5 步
	(D)ROR,(D)ROR(P),(D)ROL,(D)ROL(P)…9 步
ROL FNC31 (P)(16/32)("!") 左循环	位移量:n<16(16 位指令),　 n<32(32 位指令) 标　志:M8002(进位)

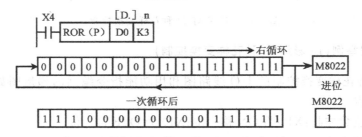

图 6.35　右循环

执行这两条指令时,各位的数据向右(或向左)循环移动 n 位,最后一次移出来的那一位同时存入进位标志 M8002 中(见图 6.35)。若在目标元件中指定位元件组的组数,只有 K4(16 位指令)和 K8(32 位指令)有效,如 K4Y10、K8M20。左循环图同图 6.35,只是方向相反而已。

（4）区间复位 ZRST(Zone Reset)

ZRST FNC40	操作元件:[D1·]和[D2·]:T,C,D,Z,Y,M,S
(P)(16)	[D1·]号<[D2·]号指定同一元件
区间复位	程序步数:ZRST,ZRST(P)…5 步

虽然 ZRST 指令是 16 位处理指令,但[D1·]、[D2·]也可指定 32 位计数器。

除了 ZRST 外,可以用 RST 复位单个单元,也可用多点写入指令 MOV 将 K0 写入 KnY,KnM 等进行复位。ZRST 的用法可见图 6.36。

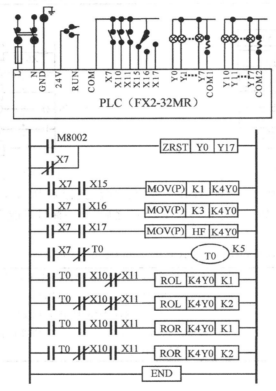

图 6.36　16 彩灯 24 种花样变换控制

6.5.3　编程举例(16 彩灯 24 种花样变换控制)

16 彩灯 24 种花样变换控制的 I/O 线路图和用功能指令编制的梯形图如图 3.36 所示。主要注意以下要点:

彩灯的移位位数控制:X10 为 ON 移一位;X10 为 OFF 移二位。

彩灯的移位速度控制:由 T0 每隔 0.5s 发一脉冲进行移位控制。

彩灯的移位方向控制:X11 为 ON 时 ROR 有效,右移;X11 为 OFF 时 ROL 有效,左移。

彩灯的 3 种初态控制:由三选一开关使 X15,X16,X17 中的一个输入接通,使被移动的灯分别为 1 个、2 个和 4 个。

6.6　PLC 控制系统设计与应用

6.6.1　PLC 控制系统设计的内容与步骤

PLC 控制系统设计的一般步骤如图 6.37 所示。

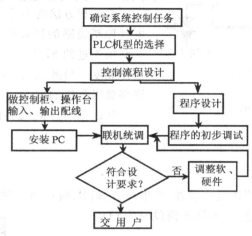

图 6.37　PLC 控制系统的设计步骤

由于 PLC 所有的控制功能都是以程序的形式来体现的,因此 PLC 应用设计的大量工作将用在程序设计上,在这里需要注意几个关键性的问题。

①新型控制器带来新的设计理念。在以往的继电-接触器控制系统设计中,往往受到实际继电器触点数量的限制,为了节约所使用的触点个数,所设计的线路如一张大渔网,牵一发动全身,查找故障极难。由于 PLC 的辅助继电器、定时器、计数器数量很多,并且这些器件的触点信息存在某一存储器中,如果程序用到了它,只要去"访问"一下就行了,可无限次地使用,所以梯形图不怕多,无论逻辑关系是少是多,甚至多到几千条,对计算机来说都是一样。只要程序容量和扫描时间允许,梯形图和程序的复杂程度不影响系统的可靠性。也就是说,继电-接触器控制系统设计中遵循的一条基本规则是"最简单的线路是最可靠的",设计人员必须尽一切可能减少电气元件和触点数量而努力,这在 PLC 中没有实际意义了。我们必须更新一个概念,即编梯形图首先要求的是程序的可读性,以方便维修。我们提倡的是便于在梯形图中发现问题。

②充分利用好 PLC 的功能。PLC 的编程并非继电-接触器控制电路的翻版。有很多人认为,PLC 就是完成继电-接触器电路的逻辑关系,因此把继电-接触器电路译成梯形图就可以了,实际上并非如此。这是因为,PLC 是用计算机方式来解决逻辑运算关系的。它有例如大量的定时器、计数电路、秒脉冲等功能,这些功能在继电-接触器电路中是很难实现的,关键问题是在编程中,怎样想办法巧妙地应用 PLC 这些新的功能。观察一个设计是否好,有一个最简单的方法就是看这个设计中采用了多少个功能块,这些功能块是怎样用的。

③采用了 PLC 之后,减少了外部电器的使用。例如,有了秒脉冲,那么一个信号灯只代表

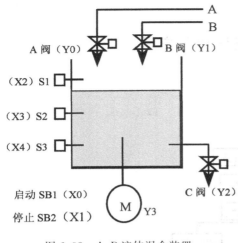

图 6.38 A、B 液体混合装置

一个信息已过时了，一个信号灯可以代替很多信息，只要用秒脉冲与计数器结合。一个行程开关往往可以有很多信息，只要再加上计数器。采用 PLC 还可减少电线电缆的使用等；

④节约输入输出口。在不降低系统可靠性的前提下，减少 PLC 的输入、输出点数有降低 PLC 容量、节约资源的实际意义；

⑤编程方法的多样性。程序的设计方法除了电气控制线路的经验设计法和逻辑设计法外，还有利用先进的 SFC 语言编程的方法，可大大提高工作效率。另外，这种方法也为调试、试运行带来许多难以言传的方便。

从以下的各应用实例中，可体会到以上设计思想。

6.6.2 设计举例

图 6.38 为 A、B 两种液体混合装置，其中阀 A、阀 B、阀 C 为电磁阀，线圈通电时打开，S1、S2，S3 为上、中、下液位传感器，被溶液淹没时为 ON。

（1）初始状态

各阀门全关闭，电机停止，混液罐空，各传感器 OFF；

（2）操作工艺流程

按下启动按钮 SB1 后，打开 A 阀，液体 A 流入混液灌；当中限位传感器 S2 被淹没变 ON 时，阀 A 关闭，

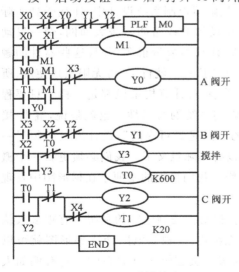

图 6.40 经验设计法

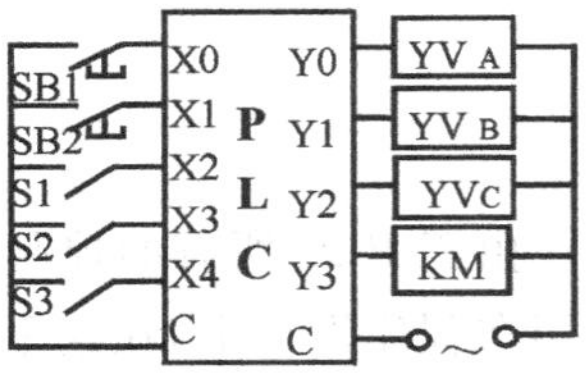

图 6.39 输入/输出连线图

阀 B 打开；当上限位传感器 S1 被淹没变 ON 时，阀 B 关闭，电机 M 开始运行，搅动液体，60s 后停止搅动，阀 C 打开放出混合液体；当液面降至下限位传感器 S3 变 OFF 时，开始定时，2s 后容器已放空，关闭阀 C。如已按下 SB2，则就此停机；如未按下停止按钮 SB2，则又打开 A，开始下一次循环。

图 6.39 为 PLC 输入/输出线路图。下面我们用经验设计法、仿顺序控制设计法和 STL 指令分别对该系统进行设计，以展示编程方式的多样性。

1）经验设计法

梯形图如图 6.40 所示。这种方法设计的梯形图简洁，但各"步"之间相互牵扯，相互影响。如有一点考虑不周，则要出问题。例如，如果在对阀 B 的控制中忽视了将 Y2 的常闭触点串入其中，则在开阀 C 后液位下降至 S2 以下（S2 变 OFF）时，阀 B 将会重新打开，破坏了溶液的比例，当然不符合工艺要求了。

2)仿顺序控制法

梯形图如图 6.41 所示。这种方法的特点是利用 SET/RST 指令,顺序地启动各"步",满足该"步"的启动条件时启动之,本次任务执行完后的任务结束信号关闭该"步"时,同时启动下一"步"。任何时候,只有一"步"在工作,因而各"步"之间就不会相互影响了。

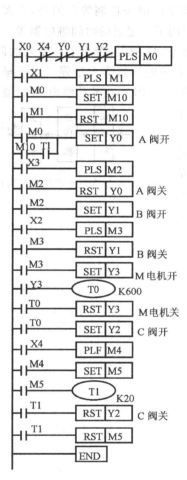

图 6.41　仿顺控指令

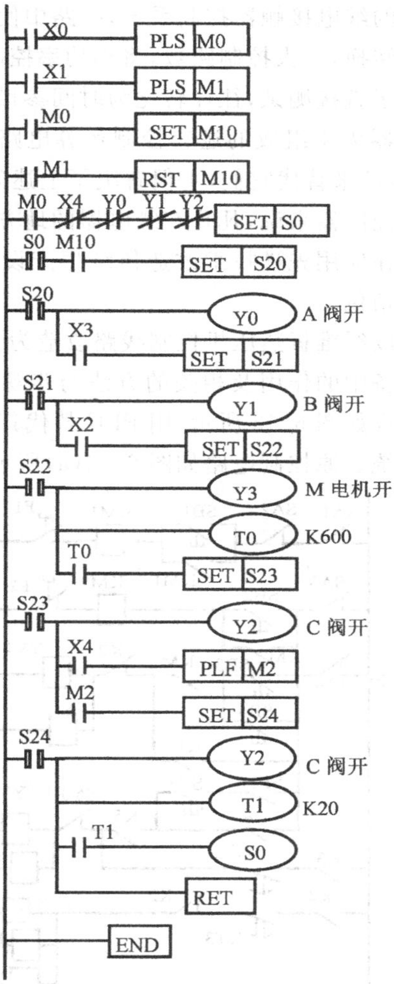

图 6.42　顺序控制(STL)

3)顺序控制(STL)法

利用 STL 指令进行顺序控制,梯形图如图6.42所示。该方法编程方便,可读性最好。只要能分出各程序"步",使用此法能快速地编出复杂的程序,而且使用极为方便,可进行跳转、多流程和多种工作方式的设计,还可与方便指令 FNC60 配合,设计出具有自动回零、手动方式、单步方式、单周期方式和连续运行方式的梯形图,非常具有实用价值。

通过此例题,在体会编程方法多样性的同时,注意体会 3 种编程方法中,第一种方法虽看起来简单,但脉络不清,前后相互影响,容易出问题;第二种编程方法虽克服了经验设计法的缺点,但功能单一,只能适用于简单的程序;惟有顺序控制设计法是最优越的。在 PLC 的程序设计中,清晰性、可读性是最关键的,而程序的长短并不重要。

6.6.3 可编程控制器在改造传统产业方面的应用

电气控制系统的构成如图 3.1 所示,用 PLC 替代继电控制盘实质上只能替代中间控制运算环节,因为控制系统的输入信号和执行机构对任何自动控制系统都是必不可少的。对于较为复杂的继电接触器控制系统,线路中使用了许多中间继电器,用于控制电路中信号的记忆、传递与转换,扩大控制路数,将小功率控制信号转换为大容量的触头控制等。另外,许多过程参量难于直接测试,往往转化为时间参量进行控制,因而使用了一定量的时间继电器等。这些以继电器为主组成的逻辑控制运算电路可靠性低,接线复杂,体积大,带来了一系列的问题。而用 PLC 来替代它们,不但解决了上述问题,而且使控制系统的功能大大增强。对于早期的可编程控制器来说,凡是有继电器的地方就需要可编程控制器。PLC 在替代继电-接触器控制系统和在应用先进技术改造传统生产设备的过程中扮演了重要的角色。

图 6.43 纤维板生产线工艺流程图

现以纤维板热压机控制线路改造为例说明 PLC 在改造传统设备中的作用及相关的方法与步骤。纤维板生产线的工艺流程如图 6.43 所示,用 PLC 替代其中的热压机继电器控制系统。原控制电路如图 6.44(a)所示。设计方法如下:

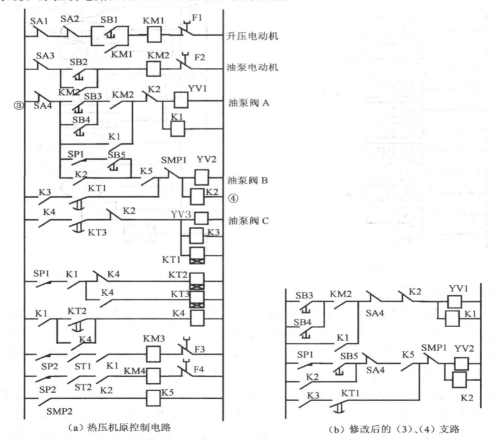

图 6.44 热压机控制电路

1)了解原系统工艺要求

热压机是纤维板生产的关键设备,按推进半成品的不同材料厚度,在一定温度下进行不同次的加压成型。精确地控制温度和压力就能保证热压机的压板质量。成型后的热压机自动下降,使各层成品分离。卸板机将成品从热压机中推出,由拉板配料器将全部层数的成品拉入卸料罐笼,再由成品取出器取出第一块成品,罐笼自动逐层下降,成品一张一张送出。

装板机与卸板机为开关量条件或顺序控制,由行程开关(或接近开关)作输入信号,由电磁阀控制液压驱动结构。

了解系统工艺要求后仔细阅读原控制线路图,列出各支路号。

2)确定 PLC 的输入点数

一般来讲,原继电器控制电路中的按钮、行程开关、转换开关、线路开关、压力继电器、热继电器触点等都是可编程序控制器的输入信号,如图 6.44(a)中的热继电器触点 F1～F4,虽然接在电动机控制接触器的输出回路中,而不是接在电动机的起动回路中,但在计算输入点数时,要把 F1～F4 作为 PLC 的 4 个输入信号来考虑。从图中可查出,该系统共有 6 个常开按钮 SB1～SB5,4 个常闭按钮 SA1～SA4,2 个行程开关 S1,S2,2 个线路开关 SMP1,SMP2,4 个热继电器触点 F1～F4,2 个压力表触点 ST1,ST2,即共有 19 个输入点,应选择 FX2-48MR。但是,如果根据电路图原理,将输入点进行处理,则可使输入点数大大减少。图 6.44(a)中的支路中,①SA1,SA2,F1 三个动断触点串联,可共同占用一个输入点;②支路中的 SA3,F2 可占用一个输入点,③支路中的 SB3,SB4 并联,可占用一个输入点。这样,可减少 4 个点。则只选择 FX2-32MR 即可满足输入点数的要求。

3)输出点数的确定

图 6.44(a)中,交流接触器 KM1～KM4,电磁阀 YV1～YV3 是 PLC 的输出控制对象,占用 PLC 的 7 个输出点。这里,k1～k4 为中间继电器 KT1～KT3 为时间继电器,不占用 PLC 的输出点。由此可见,若设备上的中间继电器越多,用 PLC 改造后,经济上越合算。在这里,选用一台 FX2-32MR 就可以了。

4)输入/输出点确定后,列出 I/O 分配表如表 6.2 所示。

5)画出梯形图

PLC 外部接线如图 6.45 所示。对照图 6.44(a),就可以把原继电器电路图转换成 PLC 梯形图了。转换方法是:对照器件和 PLC 的通道号,逐条支路进行转换,对于没有明显串并联关系的支路,应首先变化和化简。可编程控制器的软触点与物理触点不同,不受容量的限制,可以使用无数次。因此在将继电接触器控制线路转化为梯形图时,可做一些改动,使所编的梯形图更合理。如图 6.44(a)中的③、④支路,应首先化简为图 6.44(b)的形式。转换后的梯形图如图 6.46 所示。

仔细分析梯形图可以发现,与 Y4,Y5,Y6 分别并联的辅助继电器 M0,M1,M2 可以去掉,M0,M1,M2 的触点相应可用 Y4,Y5,Y6 的触点去替代。这是因为,在原继电接触器电路中,由于电磁阀线圈没有辅助触点,因而并联了中间继电器来作为记忆元件。而在 PLC 中,输出继电器有其相应的触点,故不必再用辅助继电器 M0,M1,M2。

表 6.2　PLC 控制的热压机 I/O 分配表

分　类	元　件	端子号	作　用
输 入	SA1、SA2、F1	X0	升压电机停止及热保护
	SA3、F2	X1	油泵电机停止及热保护
	SB3、SB4	X2	油泵阀 A 通电（两地控制）按钮
	SA4	X3	油泵阀 A 断电按钮
	SB1	X4	升压电机起动按钮
	SB2	X5	油泵电机起动按钮
	SB5	X6	油泵阀 B 通电控制按钮
	SP1	X7	热压机上限位
	SP2	X10	热压机下限位
	ST1	X11	压力表触点
	ST2	X12	压力表触点
	SPM1	X13	线路开关
	SPM2	X14	线路开关
	F3	X15	热继电器动断触点
	F4	X16	热继电器动断触点
输 出	KM1	Y0	升压泵电机接触器
	KM2	Y1	油泵电机接触器
	KM3	Y2	交流接触器
	KM4	Y3	交流接触器
	YV1	Y10	油泵阀 A
	YV2	Y11	油泵阀 B
	YV3	Y12	油泵阀 C

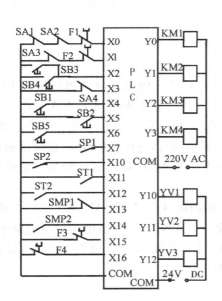

图 6.45　热压机控制的外部接线图

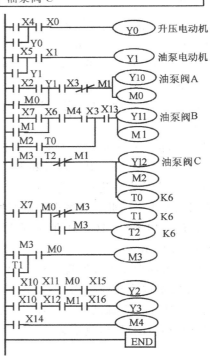

图 6.46　热压机 PLC 控制梯形图

6.7　可编程控制器的其他功能与应用

　　由于 PLC 是由取代继电器开始生产、发展的,于是许多人习惯于把 PLC 看做是继电器、定时器、计数器的集合,把 PLC 的作用局限地等同于继电器控制系统、顺控器等。其实,PLC 就是工业控制计算机,PLC 系统具有一切计算机控制系统的功能,尤其是大型的 PLC 系统就是当代最先进的计算机控制系统。PLC 制造商开发了品种繁多的特殊用途的 I/O 模块,包括模拟量输入输出模块、运动控制模块、数据处理与控制模块、通信模块等,有的是带有微处理器的智能 I/O 模块,使可编程控制器进入了包括过程控制、位置控制等场合的所有控制领域。随着可编程控制器网络功能的发展,仅用可编程控制器就可构成包括逻辑控制、过程控制、数据采集和控制的综合自动控制系统。目前 PLC 已成为工业控制的标准设备,它的应用面几乎覆盖了整个工业企业。下面主要介绍可编程控制器在过程控制和网络通信与控制领域中的应用。

6.7.1　可编程控制器在过程控制领域的应用

　　从 80 年代初期,就开始有一些化工、石油等企业将可编程控制器用于过程控制。用于过程控制的可编程控制器往往对存储器容量和速度要求比较高,为此开发了高速模拟量输入模块、专用独立 PID 控制器、热电偶、RTD 直接输入模块、多路转换器等,使数字技术和模拟量技术在可编程控制器中得到统一,采用软硬件结合的方法,使得编程和接线都比过去常规仪表控制要方便得多。

　　(1)模拟量输入输出单元

　　本节主要介绍 FX2 的模拟量 I/O 模块。PLC 通过该模块可用于过程控制的模拟量调节控制系统。

　　1)模拟量输入输出单元的性能指标

　　FX2 有专用的直接接在扩展总线上的模拟量输入/输出单元 FX-4AD 和 FX-2AD。

　　①FX-4AD

　　提供 FX2 用的 4 通道 12 位模拟量输入模块,各通道可以指定为电压输入(−10～+10V)

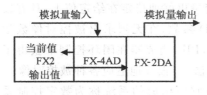

图 6.47　模拟 I/O 模块连接

或电流输入(−20～+20mA),输入阻抗为 200Ω,分辨率为 5mV(10V 的 1/2 000),综合精度为±1%(从−10～+10V)。数字输出范围为−2 048～+2 047,转换速度每通道 15ms,在软件上占 8 个 I/O 点(即占基本单元映像表的 8 点)。

　　②FX-2AD

　　提供 FX2 用的 2 通道 12 位模拟量输出模块,各通道可以分别指定为−10～+10V 的电压输出(负载阻抗 1kΩ～1MΩ)或 4mA～+20mA 的电流输出(负载阻抗<500Ω),电压输出时的数字量输入范围分辨率为−2 048～+2 047,电流输出时的数字输入范围为 0～1 000,综合精度为满量程 10V 的±1%,转换速度为 18ms/2 通道,在软件上占 8 个 I/O 点(即占基本单元映像表的 8 点)。

2)模拟量输入输出的有关编程操作

①编号

接在 FX2 基本单元右边的扩展总线上的特殊功能模块,从最靠近基本单元的那一个开始顺次编为 0～7 号。

②相关指令与缓冲寄存器

FX-4AD 和 FX-2AD 都有一缓冲寄存器区,由 32 位 16bit 的寄存器组成,编号为 BFM#0～#31。

FROM:读数指令,是基本单元从 FX-4AD/2AD 读数据的指令;

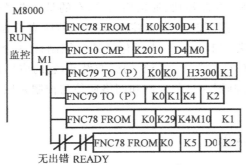

模块 No.0 中, BFM#30 中的识别码送到 D4

若识别码为 2010(即为 FX-4AD),则 M1 为 ON。

H3300—BFM#0(通道的初始化),CH1、CH2 置为电压输入,CH3、CH4 关闭

在 BFM#1 和#2 中设定 CH1、CH2 计算平均的取样次数为 4。

BFM#29 中的状态信息分别写到 M25～ M10

若没有出错,则 BFM#5 和#6 的内容将传送到 PLC 中的 D0 和 D1。

图 6.48　模拟量读入

TO:写数指令,是基本单元将数据写到 FX-4AD/2AD 的指令。

实际上,FROM/TO 操作都是对 FX-4AD/2AD 的缓冲寄存器 BFM 进行操作,还可通过 TO 指令改写 BFM 的相关值来调节输入/输出模块的零点/增益,另外,两种模块上都有零点/增益调节开关,可直接进行调节。

3)编程举例

在下面例子中,FX-4AD 连接在最近基本单元的地方,故其特殊功能模块号为 NO.0,如图 6.47 所示。仅开通 CH1 和 CH2 两个通道作为电压量输入通道。计算平均的取样次数定为 4 次,PLC 中的 D0 和 D1 分别接受这两个通道输入量的平均数字量。梯形图如图 6.48 所示。

(2)带 PID 调节的闭环自动控制系统

闭环控制系统较之开环控制系统能消除干扰,使被控变量更好地稳定在给定值上,具有较高的控制精度。PID 调节器具有典型的结构,通过调整 PID 参数,在无须求出被控对象数学模型的基础上,实现了对被控变量的有效调节与控制,因此,PID 调节器在闭环控制中获得了广泛的应用。尤其是采用如积分分离式 PID 等变形 PID 算法,可很好地适应各种被控对像。

由于计算机、PLC 均是以数字量运算为基础的,因此由它们构成的系统称为数字控制系统。进入计算机的模拟量需经过 A/D 进行转换,计算机输出的控制量需经过 D/A 转换以便驱动执行器。其模拟闭环控制系统方框图和计算机闭环系统控制方框图如图 6.49 所示。其中 $pv(n)$、$sv(n)$、$ev(n)$、$uv(n)$ 为第 n 次采样的数字量。

(3)使用 PLC 实现 PID 控制的方法

1)使用自编的程序实现 PID 控制

有的 PLC 没有 PID 功能指令(如 FX2)或用户想采用非标准的其他变形的 PID 控制算法

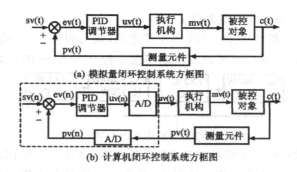

(a) 模拟量闭环控制系统方框图

(b) 计算机闭环控制系统方框图

图 6.49　PID 控制系统方框图

时,可根据实际对像自行编制 PID 控制程序,与 PLC 的模拟输入/输出模块一起使用,虽然灵活,但工作量较大。

2)使用 PLC 的 PID 功能指令

有的 PLC(如 FX 系列的 FX2N)提供了 PID 功能指令(相当于 PID 子程序),直接将 PLC 的 PID 功能指令同 PLC 的模拟输入/输出模块一起使用,非常方便。

3)使用 PID 过程控制模块

如前所述,PID 过程控制模块是 PLC 的特殊功能模块。这种实现方式方便、功能强,一个模块可控制几路到几十路闭环回路,但价格高,适用于大、中型控制系统。

(4)应用举例

例:液位自动控制系统,如图 6.50 所示,其控制框图如图 6.49 所示。

TL 为液位变速器,将液位信号转换为 4mA～20 mA 标准信号 $pv(t)$ 送给 PLC,PLC 通过模拟输入模块将该信号转换为数字信号 $pv(n)$ 送入,PLC 将该值与预先存入 PLC 的给定值 $sv(n)$ 进行比较,得到偏差值 $ev(n)$。根据 $ev(n)$ 进行 PID 运算之后,得到控制量 $uv(n)$,其后经 D/A 转换得到相应

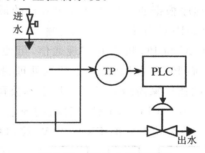

图 6.50　液位自动控制系

的模拟量 $uv(t)$,$uv(t)$ 用来控制调节阀(执行器)进行进水量($mv(t)$)的调节,使液位克服因出水量变化引起的波动,将被控变量 $cv(t)$——液位稳定在给定值上。

6.7.2　可编程控制器的通信模块及其在网络控制领域的应用

网络方面的发展是可编程控制器发展的一个重要特征。随着微处理器和软件技术的发展、操作员接口的使用、可编程控制器网络的开发,使个人计算机、图形工作站、小型机等都可以作为可编程控制器的监控主机和工作站。这些装置的结合使系统具有屏幕显示、数据采集、记录保持、回路面板显示等功能。因而可编程控制器已成为低成本实现分散控制的一种技术。另外,现代工业生产过程对控制系统的要求已不再局限于某些生产过程的自动化,还要求工业生产过程能长期在最佳状态下运行。这就要求将工业过程自动化和信息管理自动化结合起来。例如:三菱公司研制和开发的各种通信与联网模块,可以构成工厂多级通信网络,以实现 PLC 与 PLC、PLC 与计算机之间的各种层次的通信。

(1)FX2 系列双机并联的接口模块及其应用

采用双机并联的接口模块 FX2040P(用光缆连接,最大距离 50m)或 FX2-40AW(带屏蔽的双绞线连接,最大距离 10m),就可以方便地实现 2 台 FX2 系列 PLC 之间的数据和状态的

图 6.51 2 台 FX 系列 PLC 并联接线

自动转换,其硬件连接如图 6.51 所示。完成硬件连接后,将其中一台 PLC 中的特殊逻辑线圈 M8071 置"1",表示该台 PLC 为从机。这里主、从机的区别仅在于供通信用的数据寄存器和逻辑线圈的地址分配不同,而不表示 2 台 PLC 在通信中的主、从关系。两机分别将自身的 100 个逻辑线圈 M800~M899 作为对方的信息读取存储器,进行信息交换。

这种连接在实际中有较广泛的应用。如在 2 台由 PLC 构成的电梯控制系统中,为了提高运行效率,将双梯并联运行。这样一来,就涉及到两台 PLC 的相互通信问题,图 6.52 是 PLC 双机并联的例子。两台电梯的控制系统通过 PLC 的通信相互得知对方的运行情况和呼梯情况,PLC 的

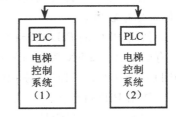

图 6.52 并联电梯控制系统

运行程序根据通信结果计算出双梯的最佳运行方式,并通过双机通信协调两台电梯的运行。

(2)PLC 与上位计算机的通信

PLC 与 PC 机之间实现通信,可使二者互补功能上的不足,PLC 用于控制方面既方便又可靠,而 PC 机在图形显示、数据处理、打印报表以及中文显示等方面有很强的功能。因此,各 PLC 制造厂家纷纷开发了适用于本公司的各种型号 PLC 与 PC 机通信的接口模块。

1)小型 PLC 与上位计算机的通信

三菱公司开发的 FX-232AW 接口模块用于 FX2 系列 PLC 与计算机通信。FX2 的串行通信口为 RS-422,而 PC 机的串行通信口为 RS-232,因此 FX-232AW 接口模块用于实现 RS-422 与 RS-232 的标准转换、光电隔离、驱动等功能。其硬件连接图如图 6.53 所示。

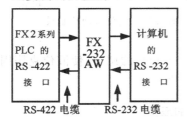

图 6.53 PLC 与计算机的通信连接

2)中型 PLC 与上位计算机的通信

FX2 属小型 PLC,适用于一些比较简单的系统。而用中型 PLC 与上位机可构成多回路控制的综合自动化系统。

下面介绍日本 OMRON 公司的 C200HE 中型 PLC 与上位机组成的变压吸附(Pressure Swing Adsorption 简称 PSA)气体分离装置的自动控制系统。

所谓变压吸附就是利用吸附剂对气体中各组分的吸附容量随压力变化而呈差异的特性,对气体中的不同气体组分进行选择性吸附,其装置包括水分离器、8 个吸附塔、净化气缓冲罐以及 4 台真空泵。8 个吸附塔由 46 台程控阀,二台调节阀通过管线相连接。工艺模拟流程图见图 6.54 所示。

图 6.55 为 C200HE PLC 与上位机的连接图。C200HE 属于模块式的 PLC 结构,模块

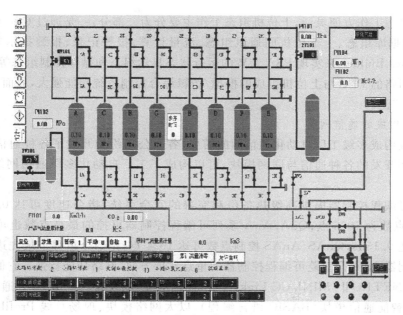

图 6.54　变压吸附工艺流程图

CPU42-E 带有通信接口。其通信方式多种多样,下位机(PLC)可以通过其 CPU 上的 RS-232C 口或 PC Link 通信卡件和上位机进行实时通信。上位机可对现场进行集中监视、管理、设置装置的运行参数及定时数据存盘、报表打印及报警等功能。它对下位机具有透明访问能力。如果上位机的监视控制功能或通讯失效时,下位机仍能维持工作,维持装置的继续运行,即使下位机局部(某些控制回路)功能失效时,也仅仅使单个控制对像受到影响,不会导致整个系统的崩溃。做到故障的相对分散,使系统具有一定的容错能力。

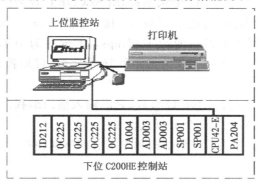

图 6.55　系统构成

下位机(PLC)通过 A/D 模块配合适当外部电动仪表对现场温度、压力、液位等信号进行检测,并随时接收来自上位机的指令,进行运算、改变工艺调节参数,实现现场执行器的驱动,完成顺序控制和自动控制、程序暂定、自检、复位、连锁及断电自动跟踪功能。

可选用在 Win 98/Win NT 环境下运行的组态式工业监控软件包 CITECT(有关组态软件可见 9.5.2(3)一节),该软件包具有立体动态图形、报表功能、趋势图、报警功能、DDE 动态数据交换功能、SPC 质量管理功能、Cicode 监控语言编程功能、多级冗余功能及 TCP/IP Net-BIOS 等网络功能。

该系统组态工作方便灵活,上位机组态工作主要分为二部分:一是通过 Citect Project Editor 来完成数据库组态、上下位机间通讯组态、流量计算、报警记录、报警提示等;二是通过 Citect Graphics Builder 来实现 PSA 装置的运行状态显示组态和操作控制组态等。

这种多回路的 PLC 与上位机组成的模拟/逻辑综合控制系统功能强大,界面友好,性价比高,应用较为广泛。

(3)PLC 构成的通信网络

为了适应构成多级工厂自动化通信网的需要,各大公司纷纷开发了各种通信模块。如三菱公司研制和开发的各种通信与联网模块,可以构成了工厂自动化多级通信网络,如图 6.56 所示。

Q4AR 可编程控制器提供高级热备份和完善的冗余系统,指令速度可达 $0.075\mu s$,本地 CPU 可控制点数为 4096 点;QnA/AnA 系列可编程控制器可控的最高点数也可达 4096 点,指令速度可达 $0.15\mu s$;QnAS/AnAS 控制点数可达 1024 点,是当今世界上最先进的微型模块式可编程控制器之一,是三菱可编程控制器的重点发展方向,网络功能特强。它们带有网络模块(MELSECNET10/Ⅱ/MINI/CC-Link,光纤/同轴电缆/双绞线)、MODBUS 通信模块、计算机通信模块、智能通信模块(BASIC 语言编程)、以太网络模块、现场总线 Profibus 通信模块等。

MELSECNET/10 是一种高速网络系统,10Mbps 传送速度,可任意选择光缆或同轴电缆,双环网和总线网。最多可挂 255 个网区,每个网区可有一个主站和 63 个从站,网络总距离可达 30km,并能提供浮动主站及网络监控功能。

MELSECNET/Ⅱ 和 MELSECNET/B 拥有相同的网络概念,同样选择 B/W 为网络通信软元件。MELSECNET/Ⅱ 采用光缆或同轴电缆组成双环路网络,传送速度可达 1.25Mbps,总距离可达 10km,可接 1 个主站,64 个从站;MELSECNET/B 采用双绞线电缆组成总线网络,传送速度可达 1Mbps,总距离可达 1.25km,可接 1 个主站,31 个从站。

CC-Link 传输速度在距离 1.2km 时为 156Kbps,100m 时为 10Mbps,采用双绞线组成总线网,PLC 与 PLC 之间可一次传送 128 位元件和 16 个字组,可加置备用主站,且有网络监控功能,可进行遥距编程。

I/O Link 类似标准 I/O 组件,不必设参数,只需输入输出编程。远程 I/O 组件可混合任意选用,每一主模块可控制多达 128 个 I/O 点。

从图 6.56 可以看出,多层次的网络结构和丰富的网络通信模块,构成了工厂自动化多级通信网络。

6.7.3 可编程控制器的发展

自从美国研制出世界上第一台 PLC 以后,日本、德国、法国等工业发达国家相继研制出各自的 PLC。经历了 20 多年的发展之后,可编程控制器已成为一种最重要、最普及、应用场合最多的工业控制器,成为工业控制领域中占主导地位的基础自动化设备。可编程控制器正从以下几个方面不断深入地发展。

1)PLC 有向两头发展的趋向

PLC 根据其 I/O 点数分为大、中、小型机。PLC 有向两头发展的趋向,即大型机向高性能、高速度、大容量发展,小型机向微型化、多功能、实用性发展。如三菱的 AnA 系列可编程

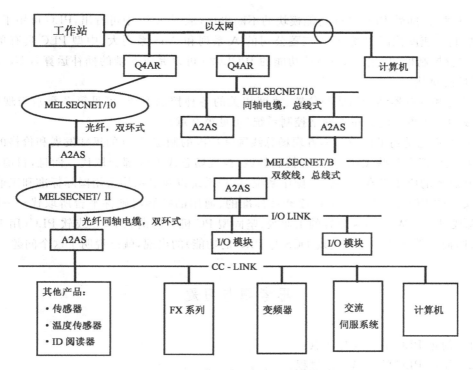

图 6.56　三菱可编程控制器网络系统

控制器使用了世界上第一个在一块芯片上实现可编程控制器全部功能的 32 位微处理器,其扫描时间为 $0.15\mu s$ 每条基本指令。另一方面三菱公司 1999 年推出的超小型 ALPHA 系列 PLC,I/O 点数分别为 6,10,20 点,最小尺寸为 $71.2mm \times 90\ mm \times 55\ mm$,可用装置面板上的小型液晶显示屏和 6 个键来编程,采用功能块图编程语言,备有专用的 Windows95/NT 编程软件。

2)智能型 I/O 模块进一步发展

智能型 I/O 模块是以微处理器和存储器为基础的功能部件,有很强的信息处理能力和控制功能,有的模块甚至可以自成系统,独立工作。它们用一对通信线与主机相连,可以完成 PLC 难以兼顾的功能,提高了 PLC 的适应性和可靠性,是 PLC 更加广泛应用的基础。智能 I/O 模块有 PID 控制、机械运动位置控制、模糊控制器、通信模块等。

3)可编程控制器与其他工业控制产品相互融合、相互结合。

PLC 与个人计算机、分布式控制系统(DCS)以及计算机数控(CNC)在功能和应用上相互渗透,互相融合,使控制系统的性能价格比不断提高。

目前 PLC 可完成过去需要昂贵的工控机方可完成的控制,并将个人计算机作为上位机以构成控制系统。从图 6.55 中可看出,PLC 与上位机组成的模拟/逻辑综合控制系统功能强大,界面友好,性价比高。

由于 PLC 能提供各种类型的多回路模拟量输入、输出 PID 闭环控制功能,以及高速数据处理能力和高速数据通信联网功能,因而可组成性价比很高的分布式控制系统,也可连入 DCS 系统,二者结合,优势互补。

PLC 可以嵌入到数控装置中,也可独立与数控装置相结合构成功能强大的机床控制系统

（可见第 8 章）。随着 PLC 特殊功能模块的不断出现，从图 6.56 中可看出，PLC 可用于各种需要位置控制和速度控制的场合，如三菱公司的 A 系列和 AnS 系列大、中型 PLC 具有单轴/双轴/3 轴位置控制模块，集成了 CNC 功能的 IPCL620 可以完成 8 轴的插补运算，CNC 已受到来自 PLC 的挑战。

　　PLC 还和变频器结合组成与位置、速度相关的各种控制系统（可见第 7 章），与现场总线结合组成性价比更高的分布式网络控制系统（可见第 9 章）。

　　PLC 本身也受到了挑战。随着现场总线国际标准的制定、I/O 的迅猛发展和价格的下降，PLC 的功能可能在某些领域（如过程控制领域）被现场总线 I/O 部分取代。而且，目前的趋势是采用开放式的应用平台，即网络、操作系统、监控系统以及显示均采用国际标准和工业标准。传统意义上的 PLC、过程控制站将逐渐被标准的、通用的控制器硬件平台所取代——这是基于 PC 总线、Intel/Windows 兼容的工业级、坚固型 PC 机。所谓软 DCS 或软 PLC（用工业 PC 作为硬件，而用软件的方法来实现 DCS 与 PLC 的功能）的出现，就已说明了这个问题。

思考题与习题

6.1　简述 PLC 的组成与特点。

6.2　简述 PLC 的扫描工作过程。

6.3　为保证可编程控制器的可靠性，采取了哪些抗干扰措施？

6.4　PLC 中的"线圈"及相应的"触点"的含义是什么？如果辅助继电器线圈"断电"，其常开/常闭"触点"的状态将会怎样变化？为什么 PLC 中各元件的触点可以使用无穷多次？

6.5　PLC 的开关量输出模块各有什么特点？它们分别使用于什么场合？

6.6　有人说题图 6.6 中的两个程序是等效的，因为它们反映了同一种关系：

　　　　$Y = X1 + X2$。你认为如何？

题图 6.6　比较梯形图

6.7　用接触器控制异步电动机的起、保、停控制电路如题图 6.7(a)所示。改用 PLC 控制时，若启动按钮 SB1、停止按钮 SB2 分别用常开、常闭 4 种安排如题图 6.7(b)所示，试分别画出梯形图。

6.8　如果增加输入输出扩展单元，它的内部辅助继电器的数量会增加吗？

6.9　PLC 的特殊功能模块有哪几大类？它们有何用途？

6.10　填空：

1)FEND 功能指令用在_____,输出刷新发生在_____或_____时刻。

2)可编程控制器的扫描周期由_____、_____等因素确定。

3)可编程控制器有_____个中断源，其优先级按_____和_____排列。

4)OUT 指令不能用于_____继电器。

6.11　画出图 6.21 延时通延时断梯形图的波形。

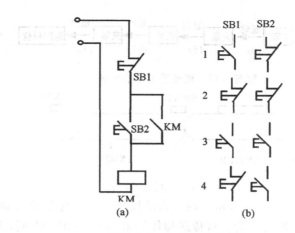

题图 6.7　主令信号的接法

6.12　画出图 6.22 彩灯闪烁梯形图的波形。

6.13　画出图 6.23 按通按断梯形图的波形。

6.14　试用 PLC 设计一个模拟时钟(不必设计显示部分),要求能模拟表示年、月、日、时、分、秒。画出梯形图并简要说明其工作过程,体会长定时电路的设计。

6.15　设计一个报时器,其功能如下:

1)具有定点报时功能。从早上 8 点开始,每隔 1 个钟头接通电子敲钟装置 20s;

2)具有随机报时功能。根据外部设定在某时某分报时,报时接通一个音乐电路 5s,若不进行复位,可连续报时 3 次,每次间隔 3s。

3)通过报时方式选择开关选择上述两种报时功能。

6.16　题图 6.16 为一包装生产线控制电路及梯形图。KM1 为传送带驱动电机的接触器线圈,KM2 为包装机械驱动线圈,XK 为传送带上产品检测传感器,有产品通过时 XK 合一下。试分析其工作过程并画出相关波形图。

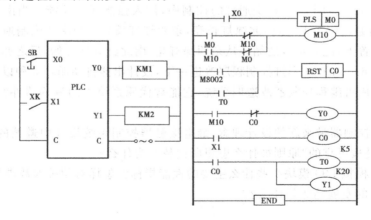

题图 6.16　包装机控制

6.17　某机械手的工作循环如题图 6.17 所示。机械手由液压系统驱动,电磁阀 1DT、2DT、3DT、4DT 通电分别控制机械手夹紧、放松、正转、反转等动作。电磁阀 1DT 通电后即使断电(只要 2DT 不通电)亦能维持夹紧。其余皆同理。

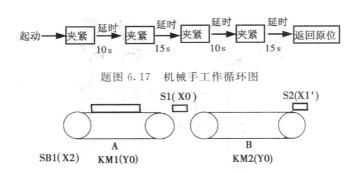

题图 6.17　机械手工作循环图

题图 6.18　二传送带图

6.18　有二传送带如题图 6.18 所示。按下起动按钮 SB1 后传送带 A 运行。当被传送物前沿接近 S1 时,S1 通,A、B 同时运行。被传送物体后沿离开 S1 时,S1 断,A 停;当被传送物体后沿离开 S2 时,S2 断,B 停,系统返回初态(A 、B 均停)。如 SB1 按 1min 后 S1 未通,则 A 自动停。设计该控制系统,并画出端子分配图、梯形图和主电路图。

6.19　如题图 6.19 所示,小车在 A、B 间作往复运动,由 M1 拖动。小车在 A 点加入物料

物料

题图 6.19　小车运料

(由电磁阀 YV 控制),时间 20s。小车装完料后从 A 点运动到 B 点,由电机 M2 带动小车倾倒物料,时间 3s,然后 M2 断电,车斗复原。小车在 M1 的拖动下运动退回 A 点,再次循环。小车每循环 6 次后,要求停 10min 后再开始工作。要求画出端子分配图、梯形图和主电路图。

6.20　在图 6.31 的十字路口交通灯的控制中,加入强制通行功能。当南北强制/正常开关 SB3 置于强制通行位置上时,南北绿灯长亮,东西红灯长亮。当南北强制通行结束后,将该开关置于正常位置上,此时正常的循环从东西绿灯亮、南北红灯亮开始,反之亦然。

6.21　将图 6.36 的 16 彩灯控制程序改进一下,设计出能自动循环 3 种以上花样的程序。

6.22　如果用可编程控制器改造旧系统,它能替代原系统中的哪些器件?哪些它无法替代?

6.23　新型控制器带来新的设计理念,继电接触器控制系统设计中遵循的一条基本规则"最简单的线路是最可靠的"原则被什么思想所代替?为什么?

6.24　PLC 模拟 I/O 模块有些什么主要的性能指标?怎样对相关参数进行设定?

6.25　PLC 的发展趋势是什么?

第 **7** 章
电气调速系统与变频器

对电动机的起动、制动、换向以及调速控制是本门课程讨论的主要内容之一。第 2 章已介绍了有关异步电动机的起动、制动、换向控制，以及双速电机的调速控制。本章在简述调速原理的基础上，主要讲述目前应用极为广泛的变频调速技术与变频调速装置——变频器。

7.1 电气调速概述

7.1.1 调速系统及其性能指标

(1)开环和闭环调速系统

调速即速度调节，是指在电力拖动系统中人为地改变电动机的转速，以满足工作机械的不同转速要求。调速是通过改变电动机的参数或电源电压等方法来改变电动机的机械特性，从而改变它与负载机械特性的交点，使得电动机的稳定转速改变。

从调速控制原理上可将调速系统分为开环调速系统和闭环调速系统。开环调速系统如图

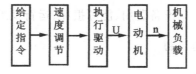

图 7.1 开环速度调节系统

7.1 所示，调速是通过改变给定信号，经过控制环节而实现的。开环控制由于不能克服外界扰动带来的转速变化，故不能进行精确的速度控制。闭环调速系统如图 7.2 所示。由于增加了

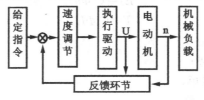

图 7.2 闭环速度调节系统

速度等反馈环节，使系统能很快消除各种干扰，电动机转速不随外界扰动的变化而变化，始终能精确地保持在给定的数值上。

电动机的调速按电源种类可分为直流调速和交流调速两大类，下面分别进行介绍。

（2）调速系统的性能指标

调速系统的性能指标，可衡量调速系统的优劣。常用的性能指标有如下几项：

1）调速范围（D）

工作机械要求的调速范围，以字母 D 表示。它等于在额定负载下，电动机能提供的最高转速 n_{max} 和最低转速 n_{min} 之比，即

$$D = \frac{n_{max}}{n_{min}} \tag{7.1}$$

2）调速的平滑性（Φ）

调速的平滑性亦称公比。它是用某一个转速 n_i 与能够调到的最邻近的转速 n_{i-1} 之比来评价的，以字母 Φ 表示。即

$$\Phi = \frac{n_i}{n_{i-1}} \tag{7.2}$$

无级调速的平滑性 $\Phi \approx 1$，可以实现连续调速。

3）静差度（S）

静差度即速度的稳定度。是衡量转速随负载变动程度的静态指标。它表示电动机在某一转速下运行时，机械负载由理想空载变到额定负载所产生的转速降落 Δn_e，与理想空载转速 n_0 之比，即

$$S = \frac{n_0 - n_e}{n_0} = \frac{\Delta n_e}{n_0} \tag{7.3}$$

式中　n_e——额定负载下的实际转速。

对一个系统静差度的要求，就是对最低转速静差度的要求，静差度 S 与调速范围 D 两项指标是相互制约的。对 S 与 D 必须同时提出才有意义。

4）调速的经济性

调速的经济指标，一般是根据设备费用、能源损耗、运行及维护费用多少来综合评价的。

7.1.2　直流电动机的调速控制

（1）直流电动机的基本调速方式

从电工学可知，他激直流电动机有以下方程：

$$U_d = E_d + I_d R_d$$
$$E_d = C_e \Phi n$$
$$T = C_t \Phi I_d$$

式中　U_d—— 电动机的电枢电压；

E_d—— 电动机的反电势；

T—— 电动机的电磁转矩；

C_e—— 电动机的电势常数；

C_t—— 电动机的转矩常数；

Φ—— 电动机的主磁极的磁通；

I_d—— 电枢电流；

R_d—— 电枢绕组电阻。

直流电动机的机械特性方程式也就是它的调速公式，即

$$n=\frac{U_{\mathrm{d}}}{C_{\mathrm{e}}\varPhi}-\frac{R_{\mathrm{d}}}{C_{\mathrm{e}}C_{\mathrm{t}}\varPhi^{2}}T=n_{0}-K_{\mathrm{t}}T=n_{0}-\Delta n \tag{7.4}$$

由上式可知,直流电动机的转速由 U_{d},R_{d},$\varPhi$ 所决定,因此,直流电动机的基本调速方式有两种:调 U_{d} 和调 $\varPhi$。

①调压调速:改变电枢电压 U_{d} 进行调速的方式,其特性为恒转矩调速。

②调磁调速:改变励磁磁通 $\varPhi$ 进行调速的调速方式,其特性为恒功率调速。

与调压调速相比,调磁调速除调速范围不宽外,二者均具有调速平滑性好、稳定性好、能耗低和经济性好等特点,由于调压调速范围宽,调节细,因而获得了更为广泛的应用。

（2）直流调速系统的种类

直流调速系统通常有以下几类:

①直流发电机-直流电动机(G-M)系统:它利用改变控制信号的方法来改变发电机的输出电压,此电压加到电动机上,可使电动机的转速随控制信号而变化。

②交磁放大机-直流电动机(SKK-M)系统:交磁放大机是一种高放大倍数、高性能特殊结构的直流发电机,由它控制直流电动机的电枢电压,能使电动机的转速随交磁放大机的输入信号而变化。

③晶闸管-直流电动机(SCR-M)系统:它根据控制信号来改变晶闸管的导通角,输出不同的整流电压,供给直流电动机,使电动机的转速随控制导通角的信号而变化。

④脉宽调制-直流电动机(PWM)系统:该系统用一定频率的三角波或锯齿波,把模拟控制电压切割成与三角波同频率的矩形波。控制电压的幅值与矩形波的占空比成比例。利用此矩形波去触发大功率三极管的基极,由于三极管的集电极、发射极与电机绕组串联,因而电机电流受到控制并与控制信号成线性关系。该调速系统抗干扰能力强,效率高。

直流调速系统具有调速范围宽、调速精度高等优点,因此应用广泛。但直流电动机依靠整流子和碳刷来进行整流,而对这些机械式整流装置必须经常维护,因而要求的环境条件苛刻,容量有限,成本高,体积大。

7.1.3　交流电动机的调速控制

（1）交流电动机的调速原理

与直流电动机相比,交流电动机结构简单,成本低,维护方便。因此,长期以来人们一直努力研究交流电动机的调速问题。

由电机学可知,异步电动机的同步转速,即旋转磁场的转速为

$$n_{1}=60\,\frac{f_{1}}{P}$$

式中　n_{1}——同步转速(r/min);

　　　f_{1}——定子频率(即电源频率 Hz);

　　　P——磁极对数。

异步电机的转速为:

$$n=(1-s)n_{1}=\frac{60f_{1}}{p}(1-s) \tag{7.5}$$

式中　s——转差率。

从上式可知,要调节异步电动机的转速应从改变 p,s,f_1 三个分量入手,因此,异步电动机的调速方式相应可分为 3 种,即变极调速、变转差率调速和变频调速。

（2）交流电动机的调速方式

1）变极调速

对鼠笼式异步电机可通过改变电机绕组的接线方式,使电机从一种极对数变为另一种极对数,从而实现异步电动机的有级调速。变极调速所需设备简单,价格低廉,工作也比较可靠。一般为 2 种速度,过去应用很普遍的双速电机调速系统就是这种系统（见 2.3 节）。3 种速度以上的变极调速电机绕组结构复杂,应用较少。变极调速电机的关键在于绕组设计,以最少的绕组抽头和改接以达到最好的电机技术性能指标。

2）变转差率调速

对于绕线式异步电动机,可通过调节串联在转子绕组中的电阻值（调阻调速）、在转子电路中引入附加的转差电压（串级调速）、调整电机定子电压（调压调速）以及采用电磁转差离合器（电磁离合器调速）改变气隙磁场等方法均可实现变转差 S,从而对电机进行无级调速。变转差率调速尽管效率不高,但在异步电动机调速技术中仍占有重要的地位,特别是转差功率得到回收利用的串级调速系统,更是现代大容量风机、水泵等调速节能的重要手段。

3）变频调速

通过改变定子供电频率来改变同步转速实现对异步电动机的调速,在调速过程中从高速到低速都可以保持有限的转差率,因而具有高效率、宽范围和高精度的调速性能。可以认为,变频调速是异步电动机的一种比较合理和理想的调速方法。

7.1.4 调速系统的发展

众所周知,直流调速系统具有较为优良的静、动态性能指标,在很长的一个历史时期内,调速传动领域基本上被直流电动机调速系统所垄断。直流电动机虽有调速性能好的优势,但也有一些固有的难于克服的缺点。如机械式换向带来的弊端,使其事故率高,无法在大容量的调速领域中应用。而交流电动机有它固有的优点,其容量、电压、电流和转速的上限不像直流电动机那样受限制,且结构简单,造价低廉,坚固耐用,容易维护。它的最大缺点是调速困难,简单调速方案的性能指标不佳。

近年来随着电力半导体器件、计算机技术的发展,交流电动机的速度控制产生了一场深刻的革命。以各种电力半导体器件构成的交流调压调速系统、变频调速系统正在取代着直流电动机调速系统。

在以上诸种交流调速中,变频调速的性能最好。变频调速电气传动调速范围大,静态稳定性好,运行效率高,调速范围广,是一种理想的调速系统。随着交流电动机理论问题的突破和调速装置（主要是变频器）性能的完善,交流电动机调速性能差的缺点已经得到了克服。目前,交流调速系统的性能已经可以和直流调速系统相匹敌,甚至可以超过直流调速系统。因而可以相信,在不久的将来,交流变频调速电气传动将替代包括直流调速传动在内的其他调速电气传动。

限于篇幅,本节主要从实际出发,对变频调速的主要内容进行介绍,其他调速方法可参看其他专门的书籍。

7.2　变频调速的原理与调速方式

7.2.1　变频调速的基本原理

从某种意义上说,如果能够有一个可以任意改变频率的电源的话,即可以通过改变该电源的频率来实现对异步电动机的调速控制,如图 7.3 所示。但是,由于在实际的调速控制过程中,还必须考虑到有效利用电动机磁场,抑制起动电流和得到理想的转矩特性等方面的问题,一个普通的频率可调交流电源并不能满足对异步电动机进行调速控制的需要。

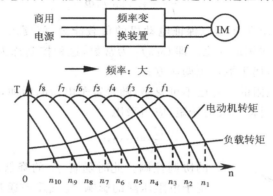

图 7.3　异步电动机的频率—速度特性

由图 7.3 可知,改变定子电源频率可以改变同步转速和异步电动机的转速。异步电动机定子绕组每相感应电势为

$$E_1 = 4.44 f_1 \omega_1 k_1 \Phi$$
$$U_1 = I_1 Z_1 + E_1$$

式中　k_1——定子绕组等值匝数,$k_1 < 1$;

ω_1——定子绕组的实际匝数;

f_1——定子电源的频率;

Φ——气隙中的磁通量;

U_1——电机外加电压;

I_1——电机定子电流;

Z_1——电机定子阻抗。

如果略去定子阻抗电压降,则感应电动势近似等于定子外加电压

$$U_1 \approx E_1 = 4.44 f_1 \omega_1 k_1 \Phi \tag{7.6}$$

从上式可以看出,若定子端电压 U_1 不变,则随着 f_1 的升高,气隙磁通 Φ 将减小。电机转矩为

$$T = C_1 \Phi I_2 \cos\varphi_2 \tag{7.7}$$

式中　I_2——转子电流;

$\cos\varphi_2$——转子电路功率因数;

C_t——转矩常数。

从电机转矩公式可看出 Φ 的减小势必会导致电机允许输出转矩 T 下降，使电机的利用率降低，同时，电机的最大转矩也将降低，严重时会使电机堵转。

若维持定子端电压 U_1 不变，而减小 f_1，则 Φ 增加，将造成磁路过饱和，励磁电流增加，铁心过热，这是不允许的。为此在调频的同时需改变定子电压 U_1，以维持气隙磁通 Φ 不变。根据 U_1 和 f_1 的不同比例关系，将有不同的变频调速方式。

7.2.2 基频以下恒磁通变频调速

由于 E_1 难于直接检测和直接控制，当 E_1 和 f_1 较高时，可略去定子阻抗压降近似得出

$$\frac{U_1}{f_1}=4.44\omega_1 k_1 \Phi \tag{7.8}$$

为保持电机输出转矩 T 不变以保证电动机的负载能力，就要求气隙磁通 Φ 不变，因此要求定子端电压与频率成比例地变化。即 U_1/f_1 为常数，这种控制称为近似的恒磁通变频调速（因为忽略了定子电压），属于恒转矩调速方式。

但在低频时，定子电阻的压降已不可忽略，随着定子电压的增加，最大转矩减小，起动转矩也减小。为了能在低速时输出大的转矩，应当采用

$$\frac{U_1}{f_1}=\text{const}$$

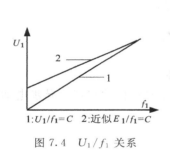

1:$U_1/f_1=C$ 2:近似 $E_1/f_1=C$

图 7.4 U_1/f_1 关系

的协调控制。此时随着 f_1 的降低，应适当提高 U_1，以补偿定子电阻压降的影响，使气隙磁通基本保持不变。如图 7.4 所示，其中 1 为 $U_1/f_1=C$ 时的电压、频率关系，2 为有补偿时（近似的 $U_1/f_1=C$）的电压、频率关系。实际装置中 U_1 与 f_1 的函数关系并不简单的如曲线 2 所示。通用变频器中 U_1 与 f_1 之间的函数关系有很多种（如三菱公司的变频器 616G5 可提供 15 种预先设定好的 U_1/f_1 曲线，同时可允许用户进行任意设定），使用时可以根据负载性质和运行状况加以选择或设定。

7.2.3 基频以上的弱磁变频调速

当电动机转速超过额定转速调速时，即 $f_1>f_{1e}$，若维持 $U_1/f_1=C$，加在定子上的电压势必会超过电机的额定电压，这当然是不允许的。由于在 $f_1>f_{1e}$ 时，往往采用使定子电压不再升高，保持 $U_1=U_{1e}$，这样气隙磁通就会小于额定磁通，导致转矩的减小，相当于直流电动机弱磁调速的情况。

从电机学知道，在改变定子供电频率的同时，按关系式

$$U_1=\sqrt{\frac{f_1}{f_{1e}}}U_{1e} \tag{7.9}$$

调整定子电压，可使电动机功率等于电动机的额定功率，而转矩随 f_1/f_{1e} 或 f_1 的增加而减小，可有如下关系

$$T=\frac{T_e}{f_1/f_{1e}} \tag{7.10}$$

这是一种近似恒功率调速方式。如果将恒转矩调速和恒功率调速结合起来，可得到宽的

调速范围。在电机低于额定转速时,采用恒转矩变频调速;高于额定转速时,采用恒功率调速如图 7.5 所示。

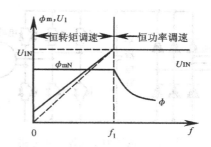

图 7.5　变频调速时的控制特性

　　由上面的讨论可知,异步电动机的变频调速必须按照一定的规律同时改变其定子电压和频率,即必须通过变频装置获得电压频率的可调电源,实现所谓的 VVVF(Variable Voltage Variable Frequency)调速控制,这类实现变频调速功能的变频调速装置被称为变频器。

7.3　变频器的基本构成及其分类

　　最早的 VVVF 装置是旋转变流机组,现在已经无一例外地让位于应用电子电力技术的静止式变频装置。从用途上看,可将变频器分为通用变频器和专用变频器,专用变频器是为专门的用途而设计的变频器,本书主要讨论通用变频器。

7.3.1　变频器的基本构成

　　从结构上看,变频器可分为直接变频和间接变频两类。间接变频器先将工频交流电源通过整流器变成直流,然后再经过逆变器将直流变换为可控频率的交流,因此又称它为有中间直流环节的变频装置或交-直-交变频器。直接变频器将工频交流一次变换为可控频率交流,没有中间直流环节,即所谓的交-交变频器。目前应用较多的是间接变频器即交-直-交变频器。因此,可以认为,变频器的基本构成如图 7.6 所示。

图 7.6　变频器的基本构成

7.3.2　变频器的分类及特点

　　变频器的分类方法很多,下面就其主要的几种分类进行介绍,以便对变频器有一个整体上的了解。

　　(1)按直流电源的性质分

　　当逆变器输出侧的负载为交流电动机时,在负载和直流电源之间将有无功功率交换,用于缓冲中间直流环节的储能元件可以是电容或是电感,据此,变频器可分为电压型和电流型两类。这两种类型的本质差别在于如图 7.6 中的直流中间电路不同。

　　1)电压型变频器

　　电压型变频器动力电路的基本结构如图 7.7 所示。这种变频器的特点是在直流侧并联了一个大滤波电容,用来存储能量以缓冲直流回路与电机之间的无功功率传输。从直流输出端

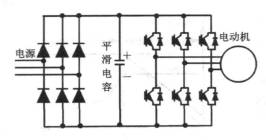

图 7.7　电压型变压器的主电路

看,电源因并联大电容,其等效阻抗变得很小,大电容又使电源电压稳定,因此具有恒压电源的特性。

对负载电动机而言,变频器是一个交流电压源,在不超过容量的情况下,可驱动多台电机并联运行,具有不选择负载的通用性,因而使用广泛。通用变频器大多是电压型变频器。但电压型变频器在深度控制时,电源侧的功率因数低,同时因存在较大的滤波电容,动态响应较慢。而且当电动机处于再生发电状态时,回馈到直流侧的无功能量难于回到交流电网,只有采用可逆变流器,方可将再生能量回馈电网。

2)电流型变频器

电流型变频器的特点是在直流回路中串联了一个大电感,用来限制电流的变化以吸收无功功率,如图 7.8 所示。由于串入了大电感,故电源的内阻很大,直流电流 I_d 驱于平稳,类似于恒流源。这种电流型变频器,其逆变器中晶闸管每周期工作 120°。

该变频器的特点是无须在主回路中附加任何设备,就可将回馈到直流侧的再生能量回馈到交流电网。这是因为整流和逆变两部分的结构相似,无论变频器工作在任何状态下,滤波器上的电流方向不

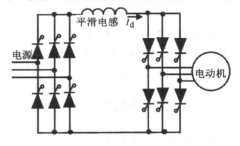

图 7.8　电流型变频器的主电路

变,只要改变逆变器的控制角,使电动机上电压极性相反,就能把能量回馈到电网。这种变频器可用于频繁急加减速的大容量电机的单机拖动。但它的逆变范围稍窄,不能在空载下工作,它需要最低的负载电流以满足换流的要求。

(2)按逆变器开关方式分

按逆变器开关方式对变频器进行分类时,则变频器可分为 PAW 方式和 PWM 方式。PAM 控制是 Pulse Amplitude Modulation(脉冲振幅调制)控制的简称,由于这种控制方式必须同时对整流电路和逆变电路进行控制,控制电路比较复杂,而且低速运行时转速波动较大,因而现在主要采用 PWM 方式。

PWM 控制是 Pulse Width Modulation(脉冲宽度调制)控制的简称,是在逆变电路部分同时对输出电压(电流)的幅值和频率进行控制的控制方式。在这种控制方式中,以较高频率对逆变电路的半导体开关元器件进行开闭,并通过改变输出脉冲的宽度来达到控制电压(电流)的目的。

为了使异步电动机在进行调速运转时能够更加平滑,目前在变频器中多采用正弦波 PWM 控制方式,即通过改变 PWM 输出的脉冲宽度,使输出电压的平均值接近正弦波。这种方式也被称为 SPWM 控制,如图 7.9 所示,主电路可见图 7.7。

(3)按控制方式分类

按控制方式变频器可分为 V/F 控制变频器、转差频率控制变频器和矢量控制变频器,其控制方式和特性请见 7.4 节。

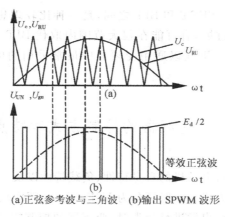

(a)正弦参考波与三角波 (b)输出 SPWM 波形

图 7.9 单极性脉宽调制方法与波形

（4）按主开关器件分类

逆变器中主开关器件的性能，往往对变频器装置的性能有较大的影响。这些器件主要有 IGBT，BJT，GTO 和 SCR。

表 7.1 电压型变频器主回路方式的比较

		IGBT 变频器	BJT 变频器	GTO 变频器	SCR 变频器
最大适用容量	三相桥式 400V 输出	160 KVA	900 KVA	1 500 KVA	400 KVA
	三相桥式 高压 600V 以上	直接输出高压时 高压元件尚不能 制造	直接输出高压 时高压元件尚不 能制造	3 000 KVA	2 000 KVA
	多重化逆变器		1 000 KVA	4 200 KVA	8 500 KVA
最大开关频率		10～20kHz	1～3kHz	600Hz～1kHz	400Hz
高速旋转能力		◎	◎	○	△
再生制动能力		◎需要可逆变流器	○需要可逆变流器	○需要可逆变流器	○需要可逆变流器
快速响应 （矢量控制的适用）		◎响应最快	◎响应最快	○比 BJT 变频器响应性低	×矢量控制不行
效率		◎同 BJT 变频器	◎比 SCR 变频器提高 2%～3%	◎比 SCR 变频器提高 2%～3%	○

注:◎＞○＞△＞×

从现代电力电子器件的发展看，20 世纪 80 年代已经进入了第二代即全控时代。SCR 由于没有自关断能力，需要强迫换流电路，并且开关频率低，用于逆变器时输出的波形谐波含量大。到目前为止，仅在特大容量的变频器中尚占有一席之地。中小容量通用变频器基本上都采用了自关断器件的 PWM 方式。GTO 器件具有高电压大电流的特点，但由于其电流增益太低，所需驱动功率大，驱动电路相对复杂，其应用受到一定的限制，多用于功率较大场合。BJT 已经达林顿化，开关频率相对比较高，在通用 PWM 变频器中的应用最多。MOSFET 具有开关频率高、驱动功率小的特点，但目前器件的功率等级低，导通压降大，在商用通用变频器中应用较少。IGBT 是一种双极型复合器件，它是 MOSFET 和 BJT 的复合，兼有两者的优点。具有 MOSFET 的输入特性与 BJT 的输出特性：驱动功率小，驱动电路简单；导通电压降低，通态损耗小。其开关频率介于 MOSFET 和 BJT 之间,是一种比较理想的开关器件。随着该元器件容量的提高和应用开发的进展,有可能在很大范围内取代 BJT 变频器,逐步使 IGBT 变频器上升为通用变频器的主流。下面以通用变频器中最常采用的电压型主电路为例,列出表7.1 以比较各主电路的性能。

7.4　变频器的控制方式和特点

变频器控制方式是指针对电动机的自身特性、负载特性以及运转速度的要求,控制变频器的输出电压(电流)和频率的方式。一般可分为 V/F(电压/频率)、转差频率、矢量运算 3 种控制方式。当从控制理论的观点出发进行分类时,变频器的控制方式可以分为开环控制和闭环控制两种方式。其中,V/F 控制属于开环控制,而转差频率控制和矢量控制则属于闭环控制。二者的区别主要在于 V/F 控制方式中没有进行速度反馈,而在转差频率控制方式和矢量控制中利用了速度传感器的速度闭环控制。

7.4.1　V/F 控制变频器

按 V/F 关系对变频器的频率和电压进行控制,称为 V/F 控制,又称为 VVVF 控制方式。其简化原理图如图 7.10 所示。主电路中逆变器采用 BJT,用 PWM 进行控制。控制脉冲发生

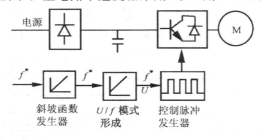

图 7.10　U/f 控制方式

器同时受控于频率指令 f^* 和电压指令 U,而 f^* 与 U 之间的关系是由 U/f 曲线发生器决定的。这样,经 PWM 控制之后,变频器的输出频率 f,输出电压之间的关系就是 U/f 曲线发生器所确定的关系。由图可见,转速的改变是靠改变频率的设定值 f^* 来实现的。基频以下可以实现恒转矩调速,基频以上可以实现恒功率调速。

V/F 控制是一种转速开环控制,控制电路简单,负载可以是通用标准异步电机,通用性强,经济性好。但电机的实际转速要根据负载的大小即转差率的大小来决定。故负载变化时,在 f^* 不变的条件下,转子速度将随负载转矩变化而变化,因而常用于速度精度要求不高的场合。

7.4.2　转差频率控制变频器

如前所述,在 V/F 控制方式下,转速会随负载的变化而变化,其变化量与转差率成正比。为了提高调速精度,就需要控制转差率。通过速度传感器检测出速度,可以求出转差角频率,再把它与速度设定值叠加以得到新的逆变器的频率设定值,实现转差补偿。这种实现转差补偿的闭环控制方式称为转差频率控制方式,其原理框图如图 7.11 所示。对应于转速频率设定

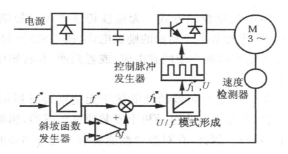

图 7.11　转差频率控制方式

值为 f^* ,经转差补偿后定子频率的实际设定值则为 $f_1^* = f^* + \Delta f$。

由于转差补偿的作用,大大提高了调速精度。但是,使用转速传感器求取转差角频率,要针对电机的机械特性调整控制参数,因而这种控制方式通用性较差。

7.4.3　矢量控制变频器

对于动特性要求较高的场合,须采用矢量变频器。这是因为上述的 V/F 控制方式和转差频率控制方式均基于异步电动机的静态模型基础上,因此动特性能指标都不高。矢量变换控制是 70 年代西德 Blaschke 等人首先提出来的。其基本思想是把交流异步电动机模拟成直流电动机,能够像直流电动机一样进行控制。

采用矢量控制的目的,主要是为了提高变频调速的动态性能。根据交流电动机的动态数学模型、利用坐标变换的手段,将交流电动机的定子电流分解为磁场分量电流和转矩分量电流,并分别加以控制,即模仿自然解耦的直流电动机的控制方式,对电动机的磁场和转矩分别进行控制,以获得类似于直流调速系统的动态性能。

在矢量控制方式中,磁场电流 i_{m1} 和转矩电流 i_{t1} 可以根据可测定的电动机定子电压、电流

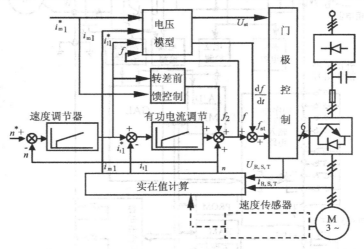

图 7.12　矢量控制原理框图

的实际值经计算求得。磁场电流和转矩电流再与相应的设定值相比较并根据需要进行必要的校正。高性能速度调节器的输出信号可以作为转矩电流(或称有功电流)的设定值,如图 7.12 所示。动态频率前馈控制 $\mathrm{d}f/\mathrm{d}t$ 可以保证快速动态响应。图中有"*"的为给定值。

目前在变频器中得到实际应用的矢量控制方式主要有如下两种:基于转差频率控制的矢

量控制方式和无速度传感器的矢量控制方式。无速度传感器矢量控制方式不需要速度传感器,其基本控制思想是分别对作为基本控制量的励磁电流(或者磁通)和转矩电流进行检测,并通过控制电动机定子绕组上电压的频率使励磁电流(或者磁通)和转矩电流的指令值和检测值一致,从而实现矢量控制。

　　基于转差频率控制的矢量控制变频器的性能优于无速度传感器的矢量控制变频器。但是,由于采用这种控制方式时需要在异步电动机上安装速度传感器,影响了异步电动机本身具有的结构简单、坚固耐用等特长。因此,在对控制性能要求不是特别高的情况下往往采用无速度传感器的矢量控制方式的变频器。

　　矢量控制是一种新的控制思想和控制技术,是交流异步电动机的一种理想调速方法。矢量控制属闭环控制方式,是异步电动机调速最新的实用化技术。它可以实现与直流电动机电枢电流控制相匹敌的传动特性,最终能控制电磁转矩,而不像 VVVF 调速系统只是保持电机气隙磁通恒定。

7.5　变频器的内部结构和主要功能

　　如前所述,变频器的种类很多,但基本结构如图 7.6 所示。他们的区别仅仅是主电路工作方式不同和控制电路、检测电路等实现的不同而已。通用变频器的内部结构如图 7.13 所示,下面对其主要部分及其功能进行说明。

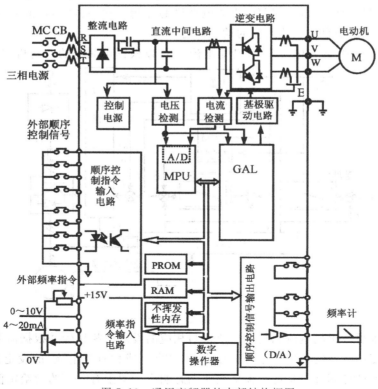

图 7.13　通用变频器的内部结构框图

7.5.1　变频器的主电路构成

变频器的主电路主要由整流电路、直流中间电路和逆变电路 3 部分组成,图 7.14 为三菱公司的 VS-616G5 变频器主电路。

(1)整流电路

整流电路的主要作用是对电网的交流电源进行整流后给逆变电路和控制电路提供所需的直流电源。在电流型变频器中整流电路相当于一个直流电流源,而在电压型变频器中整流电路相当于一个直流电压源。根据所有整流元件的不同,整流电路可有二极管整流电路和晶闸管整流电路。二极管整流电路主要用于 PWM 变频器,其输出直流电压决定于电源电压的幅值。晶闸管整流电路输出的直流电压是可控的。

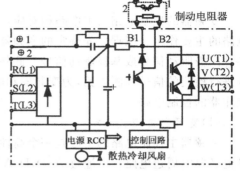

图 7.14　200V 级的变频器的主回路

(2)中间直流电路

整流电路输出的直流电压经中间电路的电容进行平滑处理后送至逆变电路。电压型变频器中用于直流中间电路的直流电容为大容量铝电解电容,在电源接通时电容中将流过较大的充电电流(浪涌电流),有烧坏二极管及影响处于同一电源系统的其他装置正常工作的可能,因而变频器提供了直流电抗器选件,以抑制浪涌电流。电抗器选件从 ⊕1 和 ⊕2 两端接入。

(3)逆变电路

逆变电路是变频器最主要的部分之一。它在控制电路的作用下将直流中间电路输出的直流电压转换为具有所需频率的交流电压。逆变器的输出即为变频器的输出,它被用来实现对异步电动机的调速控制。

(4)变频器的制动电路

为了满足电动机制动时的需要,在变频器主电路中还包括制动电路等辅助电路。在采用变频器对异步电动机进行调速控制时,为了使电动机减速,可以采取降低变频器输出频率的方法降低电动机的同步转速,从而达到使电动机减速的目的。在电动机的减速过程中,由于同步转速低于电动机的实际转速,异步电动机便成为异步发电机,负载机械和电动机所具有的机械能量被馈还给电动机,并在电动机中产生制动力矩。

变频器的电气制动一般分为能耗制动、电源回馈制动、直流制动 3 种。直流制动通常用于数赫兹以下的低频区域即电机即将停止之前,且制动力不能太大,时间也不能太长。电源回馈制动则将能量通过回馈电路反馈到供电电网上。当然,从节能的角度来看,电源回馈制动是最好的一种方式,但线路复杂,成本高。

对于中、小容量的电压式变频器来说,通常利用电阻 R 和晶体管组成放电回路,将异步电动机馈还回来的能量在制动电阻上消耗掉,如图 7.14 所示。当检测到直流电压 E_d 超过规定的电压上限时,晶体管开通并以 $I_R = E_d/R$ 的放电电流值进行放电;而当检测到的直流电压值 E_d 达到某一电压的下限时,则晶体管关断,电容重新进入充电过程,从而达到限制直流电压上升过高的目的。制动电阻器作为选件,使用时须根据系统所要求的制动能力来选择制动电阻的大小。

制动电阻器单元同时输出热保护触点,当制动电流过大时,制动电阻单元的热保护触点将断开,变频器的外接控制电路可利用该热保护接点来断开变频器的电源(见图7.17)。

7.5.2 变频器控制电路的基本构成

变频器的控制电路与主电路相对应,为主电路提供所需驱动信号(如图7.13所示)。控制电路的主要作用是根据事先确定的变频器的控制方式产生进行 V/F 或电流控制时所需要的各种门极驱动信号或基极驱动信号。此外,变频器可控制电路还包括对电流、电压、电动机速度进行检测的信号检测电路,为变频器和电动机提供保护的保护电路,对外接口电路和对数字操作器的控制电路。

(1)变频器主控制电路

变频器主控制电路的中心是一个高性能的微处理器,并配以 ASIC,PROM,RAM 芯片和其他必要的周边电路。它通过 A/D,D/A 等接口电路接收检测电路和外部接口电路送来的各种检测信号和参数设定值,利用事先编制好的软件进行必要的处理,并为变频器提供各种必要的控制信号或显示信息。一个通用变频器中主控制电路主要完成输入信号处理、加减速率调节功能、运算处理、PWM 波形演算处理等,给主驱动电路提供控制信号。

(2)检测电路

检测电路的主要作用是将变频器和电动机的工作状态反馈至微处理器,并由微处理器按照事先确定的算法进行处理后为各部分电路给出所需的控制信号和保护信号,以达到控制变频器输出和为变频器及电动机提供必要的保护的目的。

(3)保护电路

保护电路的主要作用是由微处理器对检测电路得到的各种信号进行算法处理,以判断变频器本身或系统是否出现了异常,以便进行各种必要的处理,包括停止变频器的输出,以对变频器各系统提供保护。

(4)外部接口电路

随着变频器技术的发展和变频器在各种领域中的广泛应用,变频器在控制系统中往往被当作一个部件而不是一个设备,并对其提出了更高的要求,其外部接口电路的功能也越来越丰富。变频器的外部接口电路通常包括以下硬件电路:顺序控制指令输入电路、频率指令(模拟信号)输入电路、监测信号输出电路以及通信接口电路。变频器具有 RS-232、RS-485 或与现场总线的通信接口,以便变频器与计算机、PLC 或现场总线的连接。通常,各个变频器厂家备有各种接口卡供用户选用。

(5)数字操作器

数字操作器的主要作用是给用户提供一个良好的人机界面,使变频器控制系统的操作和故障检测工作变得更加简单。随着半导体和显示技术的提高,数字操作器本身变得小巧玲珑。而随着变频器内部微处理器性能的提高,数字操作器所具有的功能也越来越丰富。用户可以利用数字操作器对系统进行各种运行、停止操作,监测变频器的运行状态,显示故障内容及发生顺序,以及根据系统运行的需要进行各种参数的设定等。

(6)变频器的保护电路

变频器的保护功能可以分为3类:对变频器本身的保护、对驱动电动机的保护和对系统的保护。其中变频器本身的保护由变频器自身完成,而对驱动器和系统的保护,则需要用户根据负载和外部环境设置必要的工作条件。这在变频器的外围电路一节中将专门介绍,此处主要介绍以下变频器对其自身的保护。

变频器对其自身的保护功能主要包括以下内容:

①瞬时过电流保护;

②对地短路保护;

③过电压保护;

④欠电压保护;

⑤变频器过载保护(电子热保护);

⑥散热片过热保护;

⑦控制电路异常保护。

7.5.3　变频器的主要功能

为了保证其通用性,变频器的功能比较多。其功能除了保证其自身的基本控制功能外,大多数功能是根据变频器传动系统的需要而设计的。下面按其用途将变频器的主要功能进行分类在表 7.2 中列出。

表 7.2　变频器的主要功能表

组成调速系统的必要功能	全速度范围转矩提升	与频率指令有关的功能	多段速运行功能
	防失速功能		频率上下线限制
	过转矩设定运行		特定频率运行禁止功能(频率突跳功能)
	无速度检测条件下的简易速度功能(转差补偿功能)		频率指令消失后的自动连续运行功能
			频率指令的反转
	采用励磁释放型抱闸电动机的变频运行		加、减速禁止功能
			加、减速时间切换运行
	降低机械振动冲击的功能		S 型加、减速功能
变频器与外电路的接口功能	运行状态的检测信号	与运行方式有关的功能	直流制动停机(DC 制动)
	三线控制		全范围采用直流制动快速停机
	多功能输入端子		运行前的直流制动
	多功能模拟输入信号		转速搜索功能(滑行在起动功能)
	根据外部信号停机的功能		瞬时停电再起动
	数字信号输入输出		工频电源与变频器间的切换运行
	计算机接口		节能运行
与保护有关的功能	电子热保护		多 U/f 模式选择功能
	故障后自动再起动	与运行监视状态有关的功能	负载速度显示
	制动电阻的保护		
其他功能	载波频率设定		脉冲监视功能
	高载波频率运行		
	平稳运行		面板上数字操作器的监视功能

7.6 变频器的应用

现以日本安川变频器 VS-616G5 为例说明变频器的外部接口电路及其外围电路。VS-616G5 变频器属电压型变频器,具有全程磁通矢量电流控制的特点,它在一台变频器中包含 4 种控制方式:标准 V/F 控制、带 PG 反馈(速度反馈)的 V/F 控制、无传感器的磁通矢量控制、带 PG 反馈的磁通矢量控制。VS-616G5 只需要简单的参数选择就可以用于广泛的应用领域,从高精度的伺服机械到多电机系统的驱动均能适应。其外部接线图如图 7.15 所示。

7.6.1 变频器的外围电路

变频器的运行离不开某些外围设备。这些外围设备通常都是选购件。选用外围设备常常是为了下述目的:提高变频器的某种性能、变频器和电动机的保护以及减少变频器对其他设备的影响等。如变频器本身有过流、过压、过载等保护功能;但在变频器内部出现故障时,变频器有时将不能自行切断输出,外接的电源断路器和电磁接触器在这种情况下便可将变频器从电源切断。

在主回路所涉及到的外围设备如图 7.16 所示。

①电源变压器 1,其作用是将供电电网的高压电转换为变频器所需要的电压(220V 或 380V)。对于以电压型变频器为负载的变压器来说,在决定其容量时应考虑的因素为接通变频器时的冲击电流和由此造成的变压器副边的压降。一般来说,变压器的容量可选为变频器容量的 1.5 倍左右。

②电源断路器 2(MCCB),其容量选为变频器额定电流的 1.5～2 倍,用于电源回路的通断,并且在出现过电流或短路事故时自动切断电源。如需要进行接地保护,也可选用变频器专用漏电保护式断路器。使用变频器无例外地都应采用电源断路器。

③电磁接触器 3(MC1),用于电源的开闭。在变频器保护功能起作用时,切断电源。可用变频器的异常输出常闭端子控制 MC1,当变频器出现异常情况时,端子 19-20 之间断开,使 MC1 断电。此外,使用制动电阻单元时,可利用该单元装在制动电阻上的过载继电器触点1-2 使继电器 THRX 通电,THRX 的常闭触点使 MC1 断电以切断电路。这是因为在制动晶体管出现故障时,在制动电阻中将连续流过大电流,所以如不尽快切断电源,具有短时间额定值特性的制动电阻将会被烧毁。变频器的 18-20 端子在变频器异常输出时接通,使报警继电器 TRX 通电,使用 TRX 的常开触点可对外报警。另外,对于电网停电后的复电,可以防止自动再投入以保护设备和人身安全。其线路图如图 7.17 所示,在该图中仅使用了变频器异常输出端子 18-20,未用 19-20。当变频器出现故障时,通过 TRX 继电器的触点去进行故障处理。

④噪声滤波器 4,变频器产生的电磁波干扰主要有直接辐射、直接传导和通过电源线的传导 3 种方式。电源侧的噪声滤波器可以除去从电源线入侵变频器的噪声,也可以减低从变频器向电源线流出的噪声;输出侧噪声滤波器可降低无线干扰和感应干扰。因此有必要时可在输出侧也安装噪声滤波器。

⑤AC 电抗器 5 和 6,其中 5 为输入电抗器,其主要目的是实现变频器和电源的匹配,改善功率因数,减少高次谐波的不良影响;6 为输出电抗器,其目的主要是为了降低电动机的运行

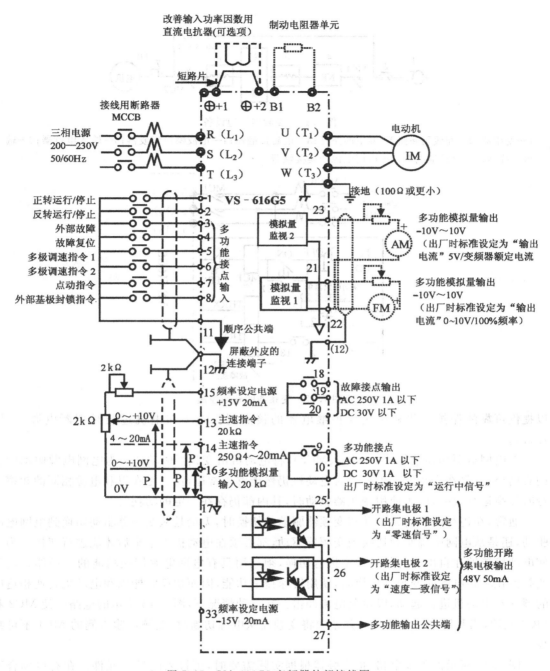

图 7.15　VA-616G5 变频器外部接线圈

噪声。另外,在连接大功率(600KVA 以上)的电源变压器的场合,会有很大的峰值电流流入输入回路而损坏整流部分元件的可能,因而在变频器的输入侧接入 AC 电抗器或者在变频器的 DC 电抗器端子⊕1 和⊕2 接入 DC 电抗器(见图 7.14),同时可改善电源侧的功率因素。

　　⑥过载继电器 7(FR),如前所述,为了防止电机过热而发生事故,变频器有电子热保护功能。在一台变频器驱动两台以上电动机或多极电机使用时,应为每台电动机设置过载继电器

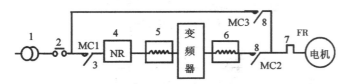

图 7.16　变频器周边设备

1—变压器；2—配线用断路器；漏电断路器；3—电磁接触器；4—电波噪声滤波器；5—输入电抗器；6—输出电抗器；7—过载继电器；8—电网电源切换接触器

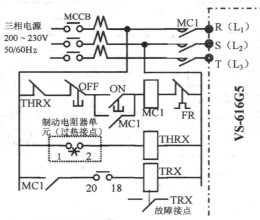

图 7.17　变频器的外部控制

以提供可靠的保护。并利用热保护继电器的接点，使 MC1 在电机过载时切断电源（见图7.17）。

⑦电网电源切换接触器 8（MC2、MC3），将电动机由变频器驱动切换为电网电源驱动的目的有两个：一是在变频器发生故障时电动机仍然能够正常运行；二是在以和电源相同的频率运行时提高运行效率，因为使用变频器驱动时，其内部仍存在一定的功耗。

通常，在进行电网电源驱动和变频器驱动的切换时，无论是从变频器驱动切换到电网电源驱动，还是从电网电源驱动切换到变频器驱动，都必须在电动机停下来后才能进行切换。为了使电动机能够在自由运行的过程中进行切换，须选用具有电网电源切换功能的变频器。这种变频器在工频电源向变频器切换时，使用转速搜索功能，因而切换时能以和电动机转速相适应的频率对电动机进行起动，以避免电流冲击。在这种情况下，图 7.16 所示的电路中使 MC2 和 MC3 互锁，当利用电网电源起动并希望将变频器从电源切断时，变频器输入侧的 MC1 不可缺少。

图 7.16 所示的外围电路，指变频器根据实际需要时，可接入的外围元件。在有些场合不需要这些元件时，就不用接入。

7.6.2　变频器外部控制端子的连接

在变频器中，为了有效地利用有限的端子，采取了可以自由地改变一些端子（多功能输入端）和接点功能的做法，以使变频器具有更多的功能。另外，当用变频器构成自动控制系统时，它需要接收来自自控系统的频率指令信号和其他运行控制信号等，并给系统提供变频器运行状态的监测信号。在许多情况下变频器需要和 PLC 等上位机配合使用。在这里以 PLC 为例,分别介绍变频器的几类外部控制端子和变频器在自控系统中与其他部分进行配合时应注意的问题。

(1)顺序控制端子功能及应用

顺序控制端子功能如表 7.3 所示,同时见图 7.15。

变频器的输入信号包括对运行/停止、正转/反转、点动等运行状态进行操作的运行信号(数字输入信号)。变频器通常利用继电器接点或晶体管集电极开路形式与上位机连接,并得到这些运行信号,如图 7.18 所示。

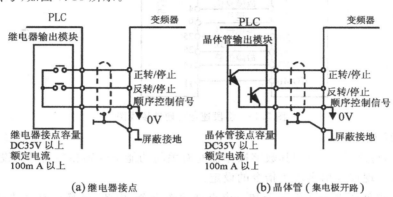

图 7.18　运行信号的连接方式

表 7.3　顺控端子功能表

端子记号	信号名称	端子功能说明	
1	正转运行停止指令	"闭"正转"开"停止	
2	反转运行停止指令	"闭"反转"开"停止	
3	外部故障输入	"闭"故障"开"正常	3～8 为多功能输入端(根据 H1-01～H1-06 的设定,可选择指令信号),表中功能为出厂时设定
4	异常复位	"闭"时复位	
5	主速/辅助切换(多段速指令 1)	"闭"辅助频率指令	
6	多段速指令 2	"闭"多段速设定 2 有效	
7	点动指令	"闭"时点动运行	
8	外部基极封锁	"闭"时变频器停止输出	
11	顺控器控制输入公共端		

通过多功能输入端的设定,即设定多级速度频率,可实现多级调速运转,并可通过外部信号选择使用某一级速度,高性能变频器可设定 3～8 级速度频率。实际上,可用 PLC 的开关量输入输出模块控制变频器多功能输入端,以控制电机的正反转、转速等,实现有级调速。对于大多数系统,这种控制方式不但能满足其工艺要求,而且接线简单,抗干扰能力强,使用方便,同用模拟信号进行速度给定的方法相比,这种方式的设定精度高,成本低也不存在由漂移和噪声带来的各种问题。下面介绍这种控制方法。

用数字操作器可对参数 H1-01～H1-06 进行设定,根据不同的设定,VS-616G5 变频器可有 3 线制程序运行、3 段速运行以及最多可达 9 段速运行。下面是 9 段速运行的例子。图 7.19 是三菱公司的 FX2-24MR 型 PLC 与安川变频器 VS-616G5 的硬件接线图,其中将端子

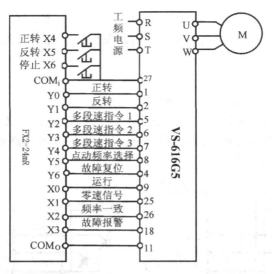

图 7.19　多段速运行硬件接线图

20,11 与端子 27 相连。

　　在变频器运行之前,必须用其数字操作器对有关的功能指令码和参数进行设定,如上升时间、下降时间等。现仅列出多段速指令的设定。

　　VS-616G5 可使用 8 个频率指令和一个点动频率指令,由此,最高可有 9 段速。为了切换这些频率指令,须在多功能输出中设定多段速指令,其设定如表 7.4 所示。

表 7.4　多段速参数设定

端子	参数 NO	设定值	内　　容
5	H1-03	3	多段速指令 1
6	H1-04	4	多段速指令 2
7	H1-05	5	多段速指令 3
8	H1-06	6	点动(JOG)频率选择(较多段速指令优先)

　　图 7.15 中的多功能端子是出厂时设定的,而根据表 7.4 的设定,多功能端子和被选择的频率如表 7.5 所示。其中,点动运转是一种与所设置的加减速时间无关的、单步的、以点动频率运转的驱动功能。点动频率可为固定的,亦可任意设定。

表 7.5　多功能端子与频率指令

端子 5	端子 6	端子 7	端子 8	被选择的频率
多段速指令 1	多段速指令 2	多段速指令 3	点动频率选择	
OFF	OFF	OFF	OFF	频率指令 1　d1-01 主速频率数
ON	OFF	OFF	OFF	频率指令 2　d1-02 辅助频率数
OFF	ON	OFF	OFF	频率指令 3　d1-03
ON	ON	OFF	OFF	频率指令 4　d1-04
OFF	OFF	ON	OFF	频率指令 5　d1-05
ON	OFF	ON	OFF	频率指令 6　d1-06
OFF	ON	ON	OFF	频率指令 7　d1-07
ON	ON	ON	OFF	频率指令 8　d1-08
—	—	—	ON	点动频率 d1-09

如果某电机的频率曲线图如图 7.20 所示,用变频器的 3 个输入端子 5,6,7 可控制 8 挡频

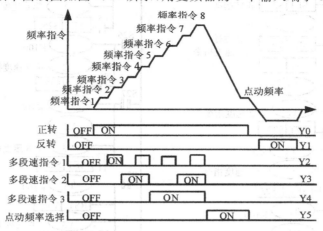

图 7.20　波形图

率,每挡相应的频率指令值可通过数字操作器进行参数 d1-01～d1-09 设置而定(设定范围 0～400Hz)。根据硬件接线图和表 7.2 和 7.3,可画出 PLC 有关输出信号的波形图。在 $t=0$ 时按下正转运行按钮,电机起动并以频率指令 1 对应的速度运行,随后每隔 10s 依次加速至频率指令 8 对应的速度,然后减速至点动频率对应的速度并以该速度运行,历时 80s 后停车 10s。再按反转运行按钮,电机反向起动并以频率指令 1 对应的速度运行,1min 后停车。相关梯形图的设计如图 7.21 所示。

(2)变频器的频率指令信号(无级调速方式)

变频器的频率指令信号可以从变频器的模拟输入端子送入,进行变频器的无级调速。通过变频器模拟输入端子送入的信号可以是 0～10V、−10V～＋10V、4～20 mA。图 7.17 给出了利用变频器自身的频率设定电源来进行频率指令给定的方式,但实际上在自动控制系统中,频率指令信号往往来自于调节器或 PLC。调节器一般输出标准的 4～20mA 信号,可直接与变频器的端子 14,17 连接。对于 PLC,须选用模拟量输出模块,将输出的 0～10V 或 4～20mA 信号送给变频器相应的模拟电压电流输入端。如送出的是电压信号,其连接如图 7.22 所示。这种控制方式的特点是硬件接线简单,可进行无级调速,但是 PLC 的模拟量输出模块的价格较高,有的用户难以接收。特别要注意的是,当变频器与 PLC 的模拟输出模块的电压范围不同时,例如变频器的输入电压为 0～10V,而 PLC 的输出电压信号范围为 0～5V 时,虽可以通过调节变频器的内部参数(如图 7.23 所示)使系统工作,但进行频率设定时的分辨率会变差。总之,在选择 PLC 时,一是必须根据变频器的输入阻抗来选择 PLC 的模拟输出模块,二是须选择 PLC 的模拟输出模块与变频器的输入信号范围一致为好。

另外,通用变频器通常还备有作为选件的数字信号输入接口卡,变频器 VS-616G5 备有 D1-08 和 D1-16H2 两种数字指令卡。在变频器上安装数字信号输入接口卡后,就可以直接利用 BCD 或二进制信号设定频率指令,其特点是可以避免模拟信号电路所具有的压降和温差变化带来的误差,保证必要的频率设定精度。

还可以通过串行通信口将频率指令信号送入,PLC 的串行通信口为 RS-422,变频器一般备有相应的通信接口卡。如变频器 VS-616G5 备有 SI-K2 变换卡,可进行 RS-232 与 RS-485

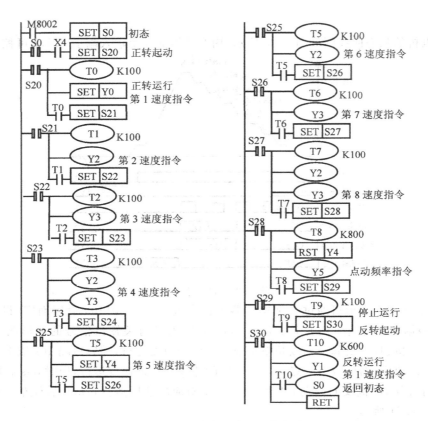

图 7.21 PLC-变频器多段速控制梯形图

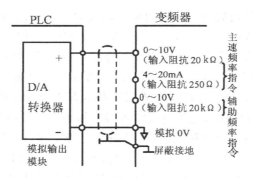

图 7.22 频率指令信号与 PLC 的连接

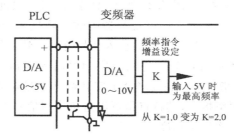

图 7.23 输入信号电平转换

或 RS-422 变换,可对应通信速度 9.6Kbps。这种控制方式的硬件接线也很简单(只须 3 根线),但通信接口模块的价格不低,且熟悉通信模块的使用方法和设计通信程序也需要一定的时间。

变频器通信接口的主要作用是和 PLC 或计算机或现场总线进行通信,并按照上位机的指令完成所需的动作。

在变频器工作过程中,需要将变频器的内部运行状态和相关信息送与外部,以便系统检测变频器的工作状态。变频器的监测输出信号通常包括故障检测信号、速度检测信号、电流计端子和频率计端子等,这些信号用于和各种其他设备配合以构成控制系统。这类变频器监控信号又有开关量监测信号和模拟量监测信号两种。表 7.6 列出了变频器 VS-616G5 的监控信号。

表 7.6 变频器的监测信号

种类	端子记号	信号名	端子功能说明	
顺控器输出信号	9	运行中信号接点	运行"闭"	多功能输出
	10			
	25	零速检出	零速值(b2-01)以下时"闭"	
	26	速度一致检出	设定频率的±2Hz 以下内"闭"	
	27	开路集电极输出公共端	—	
	18	故障输出信号接点	故障时 18-20 之间"闭"	
	19		故障时 19-20 之间"开"	
	20			
模拟量输出信号	21	频率表输出	0～10V/100％频率	多功能模拟监视 1
	22	公共端		
	23	电流监视	5V/变频器额定电流	多功能模拟监视 2

注:表中的多功能输出端均可通过数字操作器重新进行功能设定。

(3)变频器监测信号的输出

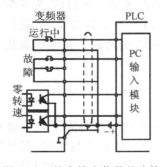

图 7.24 接点输出信号的连接

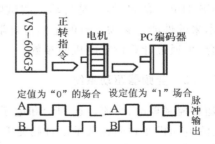

图 7.25 PG 速度卡的设定

监测端子的外部参考接线如图 7.15 所示,另外,在图 7.17 中,也给出了故障输出信号的应用。变频器的开关量监测信号与 PLC 的连接如图 7.24 所示,由于这些开关量信号是通过继电器接点或晶体管集电极开路的形式输出,其额定值均在 24V/50mA 之上,符合 FX 系列 PLC 对输入信号的要求,因此可以将它们与 PLC 的输入端直接相连;变频器的模拟量监测信号与 PLC 的连接对应的是 PLC 的模拟量输入模块,必须注意 PLC 一侧输入阻抗的大小,保证该输入电路中的电流不超过电路的额定电流。此外,由于这些检测信号和变频器内部并不绝缘,在电线较长或噪声较大的场合,最好在途中设置绝缘放大器。

(4)PG 速度卡的连接

如 7.3 节所述,变频器在采用基于转差频率控制的矢量控制方式时需要检测电动机的转速,现多用光电编码器来进行速度检测。光电编码器主要由光电编码盘和发光二极管、光敏三极管组成。光电编码器与电机同轴相连,如图 7.25 所示,随着电机的转动,均匀分布在编码盘上的孔使光敏三极管通、断,产生一系列脉冲信号输出。码盘上有两排空间位置相差 90°的光孔,使在相应位置上的两个光敏三极管产生相差 90°的 A,B 两相脉冲,根据 A,B 两相脉冲超前与滞后的关系,可判定电机的正反转。因此,光电编码器既可检测速度又可检测位置。速度控制卡 PG-B2 与变频器的接线如图 7.26 所示。PG 速度卡接收来自光电编码器 PG 的 A,B 两相脉冲,并将其转换成与实际转速相应的数字信号送给变频器,同时,将 A,B 两相脉冲分频后作为 A,B 两相脉冲的监视输出。

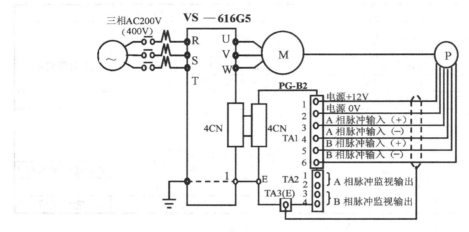

图 7.26 PG-BS(有 PG 矢量控制方式专用)的接线

运行前,须由数字操作器设置参数 F1-05,以决定在正转时 A,B 两相脉冲谁超前,设置结果如图 7.25 所示。另外,矢量控制需获得相关的电机参数,故务必在运行前,先实施自学习功能。VS-616G5 的自学习,是自动地测试电机参数的过程,因此不实施自学习,就得不到矢量控制本来的性能。必须注意的是实行自学习时,不能给电机连接负载。在电机负载不能脱开的场合,可通过计算设定电机的参数。

7.6.3 变频器驱动系统

随着控制理论、交流调速理论和电子技术的发展,变频器技术也得到了充分地重视和发展,交流电动机变频调速技术已日趋完善,变频调速技术用于交流异步机调速,其性能胜过以往任何一种交流调速方式。此外,由于异步电动机还具有对环境适应性强,结构简单,维护方便等许多直流伺服电动机所不具备的优点,因而成为交流电动机调速的最新潮流。再者,变频器的外部接口功能越来越丰富,可以很方便地作为自动控制系统中的一个部件使用,构成所需要的自动控制系统。目前,变频器调速在钢铁、冶金、石化、化工、纺织、医药、造纸、卷烟、高层建筑及机械行业得到了普遍的应用。

(1)变频器驱动系统的构成

变频器驱动系统的构成如图 7.27 所示,主要由机械负载、电机及变频器组成,其中虚线部分根据系统的不同可有可无。从结构上看，它与传统的调速系统不同的只是在电动机与供电电源之间接入了变频器。在采用变频器驱动的电机调速系统中，电动机的输出转矩特性与电网供电时的电机输出（转速转矩曲线等）决定于变频器的输出特性。其中，变频器的 V/F 值

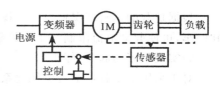

图 7.27　变频器驱动系统的构成

决定电机连续额定输出，而变频器的最大输出电流将决定电动机瞬间最大输出。正确地把握变频驱动的机械负载对象的转速——转矩特性，是选择电机及变频器容量、决定其控制方式的基础。

（2）变频器的选择

1）变频器类型的选择

根据控制功能将通用变频器分为 3 种类型。普通功能型 V/F 控制变频器，具有转矩控制功能的高功能型 V/F 控制变频器，以及矢量控制高性能变频器。根据负载的要求来选择变频器的类型。

对于风机、泵类平方降转矩负载，通常选择普通功能型；

对于恒转矩负载，通常选用具有转矩控制功能的高功能型 V/F 控制变频器；

对于轧钢等一类对动特性要求较高的生产机械，多采用矢量控制高性能变频器。

由于强调通用性，现在通用变频器的功能项目包括多方面的内容，而且多数功能都是为组成一个高性能的传动系统而逐步开发的。本章中列举的日本安川变频器 VS-616G5 包含 4 种控制方式：标准 V/F 控制、带 PG 反馈（速度反馈）的 V/F 控制、无传感器的磁通矢量控制、带 PG 反馈的磁通矢量控制。VS-616G5 只需要简单的参数选择就可以用于广泛的应用领域，从高精度的伺服机械到多电机系统的驱动均能适应。

2）变频器的容量选择

在变频器驱动系统中，正确地选择变频器容量很有必要。一般情况下，驱动一台电动机时，对于连续运转的变频器必须同时满足表 7.7 中所列的 3 项要求：

表 7.7　变频器容量选择（驱动单台电动机）

要求	算式
满足负载输出	$\dfrac{kP_M}{\eta \cos\varphi} \leqslant$ 变频器容量（KVA）
满足电动机容量	$k \times \sqrt{3} V_E I_E \times 10^{-3} \leqslant$ 变频器容量（KVA）
满足电动机电流	$k I_E \leqslant$ 变频器额定电流（A）

注：P_M——负载要求的电动机输出，kM；　　　　V_E——电动机额定电压，V；

　　η——电动机效率（通常约 0.85）；　　　　I_E——电动机额定电流，A；

　　$\cos\varphi$——电动机功率因素（通常为 0.75）；　　k——电流波形补偿系数。

（3）应用变频器的优势

现代生产机械的动力主要由电动机来提供，电气控制系统的任务是实现对生产机械的运动控制和对各种保护及辅助系统的控制，其控制任务的核心体现在对电动机的控制上。变频器不仅仅是一种性能优良的电动机调速控制装置，而且以最为合理的方式对电机进行全面控制。

1）实现电动机的软起动和软停车

根据负载的运行情况通过数字操作器适当地设定加、减速时间,以实现电动机的软起动和软停车,可使起动电流限制在 1.5 倍额定电流之下,可减小电源容量。

2)实现频繁的起动、停车

对于采用了变频器的交流调速系统来说,由于电动机的起停都是在低速区进行而且加减速过程都比较平缓,电动机的功耗和发热较小,可以进行较高频度的起停运转。

3)电动机的正反转控制

利用变频器进行调速控制时,只需改变变频器内部逆变电路换流器件的开关顺序即可以实现电动机的正反转切换,而不需要专门设置正反转切换装置,如接触器等;

4)电动机制动

变频器可以很方便地进行电气制动。能耗制动时仅靠变频器自身,制动转矩可达 20%,加外接制动电阻时可达 100% 以上。还可采用直流制动,即不需另加设备或元件,运用变频器输出的直流电压在电机绕组中产生的直流电流将多余的能量以热能的形式消耗掉。当然,从节能的角度来看,电源回馈制动是最好的一种制动方式,但电路较为复杂。

5)多台电机并联运行

变频器是一种为电动机提供电源的装置,在容量允许的情况下,可以并联多台电机,实现调速运行,从而达到节约设备投资的目的。直流调速系统则很难做到这一点。

6)完善的保护电路

变频器设计了全面的保护功能,主要有瞬时过电流、短路、过电压、欠电压、过载(电子热保护)、散热片过热、控制电路异常等保护。

从组成变频器驱动系统的需要、与外部电路接口的需要以及变频器自身的需要出发,变频器制造商为变频器设计了丰富的功能,如转矩提升、防失速、再起动等,而且变频器电源功率因数大,所需电源容量小,可以组成高性能的控制系统。随着科学技术的发展,这些功能日趋丰富与完善。

变频器驱动系统在节能、提高生产率、提高产品质量、改造传统调速系统、适应或改善环境等方面,有着不可比拟的优越性。

7.6.4 应用实例

在实际应用中,变频器驱动系统常常作为自控系统的一部分,变频器也常常作为一个部件连接到自控系统中。下面从自动控制系统的角度出发,举例说明变频器的应用情况。

(1)变频器的节能调速系统

变频器最典型的应用,是各种以节能为目的利用变频器进行的调速控制。尤其是对于在工业中大量使用的风扇、风机和泵类负载来说,其负载转矩通常与转速的平方成正比,轴功率与转速的立方成正比。因此,把以前传统上电动机定速运转、利用挡板和阀门进行的风量、流量和扬程的控制的方法,改为用变频器根据所需的风、水量调节转速,节能效果非常明显。如图 7.28 所示,当转速下降时,电机的负载转矩与功率迅速下降。图 7.29 给出了风机转速、风量控制与功率之间的关系。从图中可以看出,采用变频调速控制与传统的挡板控制相比,变频调速控制节能效果很好,越是在速度低的区域,节能效果越是明显。在高风量区,采用工频电源使电动机定速运转,仅在低风量区采用变频器控制,可以获得更好的节能效果。下面以锅炉引风控制系统为例说明变频器的节能调速系统。

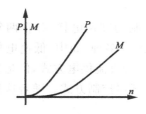

图 7.28　风机转速—转矩特性

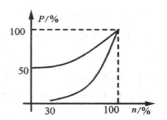

图 7.29　风机运行特性

锅炉炉膛需要保持一定的负压,以免炉膛内的火焰往外喷,因此需对锅炉引风机的引风量进行控制以使炉膛内的负压维持一定的平衡。传统的锅炉引风控制系统是让引风机的电机做定速运动,而调节挡板来调节风量,如图 7.30 中的虚线部分所示。不管所需风量的大小如何,电机总是以额定速度恒速运转。现在采用变频调速来控制风量。当炉膛负压低于设定值时,调节器输出减小,变频器控制电机降低速度使引风量减小;当炉膛负压高于设定值时,调节器输出增大,变频器控制电机升高速度使引风量增加。所需风量不同,则电机的转速不同,因而电机的输出功率不同。一般情况下,一年所节约的能量,就可收回投资。由于以节能为目的的调速运转对电动机的调速范围和精度要求不高,所以通常采用在价格方面比较经济的通用型变频器。

锅炉引风控制系统方框图如图 7.31 所示,在构成的控制系统中,被控变量是炉膛压力,电机转速成了操纵变量,通过电机转速来控制引风量,最终使炉膛负压稳定在设定值上。变频器

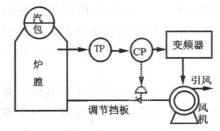

图 7.30　锅炉引风变频控制

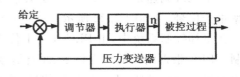

图 7.31　锅炉引风变频控控框图

在自控系统中扮演了执行器的角色,调速不是根本目的,而压力控制才是系统的目标。由于变频器外部接口功能丰富,非常易于作为一个部件与系统连接。

将变频器用于锅炉的引风控制,当变频器发生故障或过负荷时,应该在保证锅炉不中断的前提下,把变频器运行方式切换到工频电源运行方式。其切换电路如图 7.32 所示,图中电感 L 的作用是抑制从变频器运行向工频电源运行切换时电动机加速,从而减少锅炉压力的变化和机械震动,切换完成后 L 被短接。变频器驱动与工频驱动的切换可见 7.6 节。

另外,应注意使用标准电机时,因运行在 30Hz 以下时会导致冷却能力下降。因此,如果长时间低速运行,则尽量使用强制冷却电机。

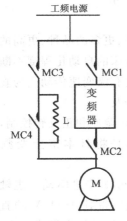

图 7.32　工频与变频切换

（2）变频器-PLC 电梯控制系统

1982 年,日本三菱电气公司研制出世界上第一台变频器控制的高速电梯,并在两年后把变频器应用于低速电梯。对于曳引式电梯,常用的速度控制方式有多种,如中、低速电梯采用的笼型电动机的晶闸管定子调压调速控制,高速电梯采用的晶闸管直流供电方式,但是为了达到节能、改善系统控制品质及运行效率的目的,正在不断改用变频器控制方式。随着这种应用的不断深入,出现了用于电梯控制的专用变频器。

为了提高电梯的舒适感,需选用矢量控带 PWM 调制的高性能变频器。电梯的电气控制框图如图 7.33 所示。其中的拖动部分由变频器完成,其他控制部分过去由继电器逻辑控制线路完成,现在一般由 PLC 或计算机控制线路完成。由 PLC 作为上位机,与变频器一起构成相

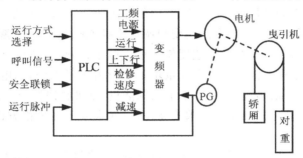

图 7.33 变频器在电梯控制系统中的应用

关的自动控制系统,这在控制领域得到了广泛的应用。对于有级调速系统,PLC 通过输出控制变频器的顺序控制多功能输出端子(如 7.5.2(1)所述)来给出转速的频率指令信号控制信号。对于无级调速系统,PLC 通过模拟输出模块,对变频器的频率指令端子给出 4～20mA 的频率指令信号。(如图 7.22 所示)

在电梯控制系统中,由 PLC 作为上位机,完成电梯的逻辑控制,由变频器承担电梯的速度控制。PLC 根据输入的轿内指令、厅召信号、现行位置以及其他相关信号,经运算后向变频器送去上行、下行、换速、平层等控制信号,并通过模拟输出模块对变频器给出频率指令信号。但现在多采用专用变频器,变频器内存储了许多速度运行曲线,可根据不同的场合选用。这样一来,PLC 无须给出频率指令信号,只须给出控制信号即可,如图 7.33 所示。

（3）变频器在数控机床中的应用

生产技术和生产力的发展,要求机器具有更高的精度、更高的效率、更多的品种、更高的自动化程度及可靠性。现代机床综合了计算机技术、微电子技术等,使机床的自动化程度不断地提高。从 70 年代初,以高级车床为中心开始了将数控车床主轴由齿轮有级变速传动变为直流无级调速传动。进入 80 年代后,主轴采用变频调速的方式正在迅速普及。

使用通用型变频器可以对标准电机直接变速传动,实现主轴的无级调速和正反转控制,同时变频器还可外接制动电阻,实现电机快速制动。图 7.34 所示是将日本富士变频器 FVR075G7S-4EX 用于数控车床主轴调速的线路连接情况。

数控车床有两个进给坐标,X 向和 Z 向分别由 90BF001 和 110BF003 步进驱动。主轴采用通用型变频器实现无级调速,数控装置将转速指令译码和数模转换后得到 0～10V 的直流模拟电压输入到变频器的频率指令信号输入端,变频器输出电源频率与该模拟电压成正比,因而电机的转速跟随该电压变化。变频器的正、反转和故障复位端由数控装置中的 PLC 控制,

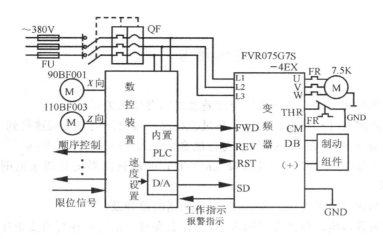

图 7.34　变频器应用于数控机床

因此根据加工指令可方便地实现主轴的正转、反转和无级调速,从而提高了加工效率。另外,过去的数控车床,一般利用时间控制器确认电动机到达指令速度后进刀,在变频器控制系统中,由于该变频器具有速度一致信号,故可以按指令信号进刀,提高生产效率。

图 7.35 为一工件加工例子。工件既有台阶又有锥度,要求工件在整个加工过程中保持恒

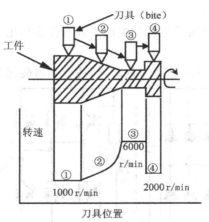

图 7.35　工件形状例与运行模式

线速切削,以保证加工表面粗糙度的一致性和实现高效率、高精度切削。图 7.35 的下方即为变频器调速过程。

如前所述,变频调速是一种性能优越的调速方式,因而利用变频调速装置——变频器对交流电机进行速度控制的交流拖动系统有许多优点,如节能,容易实现对现有电动机的调速控制,可以实现大范围内的高效连续调速控制,容易实现电机的正反转切换,可以进行高频度的起停运转,可以进行电气制动,可以对电机进行高速驱动,可以适应各种环境,可以用一台变频器对多台电机进行调速扩展,电源功率因数大,所需电源容量小,可以组成高性能的控制系统等。因而可以说,变频器不但是一种调速装置,而且是一种电机的集成控制器。

思考题与习题

7.1 什么叫调速范围? 调速范围与静差度之间有什么关系?

7.2 直流调速有什么特点? 为什么在过去很长一段时间内直流调速得到了广泛的应用?

7.3 某直流调速系统,其最高空载转速和最低空载转速分别为:$n_{0max}=1\,450r/min$,$n_{0max}=145\,r/min$,额定负载下的稳定速降 $\Delta n_e=10r/min$,试问系统的调速范围多大? 系统允许的静差度是多少?

7.4 简述调速系统的发展过程,说明变频调速的原理及优点。

7.5 在交流异步电动机的变频调速中,为什么在变频的同时还要改变电压? 在基频以上或基频以下分别采取什么样的控制方式进行调速?

7.6 变频器由哪些基本环节组成? 电压型变频器和电流型变频器各有什么特点?

7.7 变频器有哪几种控制方式? 分别适用于什么场合?

7.8 矢量变换控制的基本出发点是什么?

7.9 根据图 7.15、图 7.16 和图 7.17,设计一个控制电路,当变频器出故障时自动将电动机从变频电源切换到工频电源上。

7.10 变频器的外围电路由哪些部分组成? 各有什么作用? 在一般情况下,图 7.16 中的过载热保护继电器不用可否?

7.11 根据题图 7.11(1)和题图 7.11(2),简述变频器能耗制动原理与制动过程。

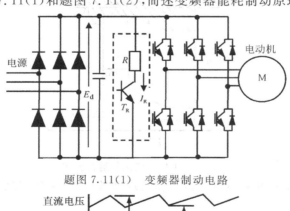

题图 7.11(1) 变频器制动电路

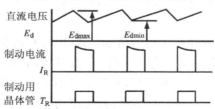

题图 7.11(2) 异步电机变频器制动电路波形

7.12 变频器既可用于有级调速,又可用于无级调速,如与 PLC 一起构成调速系统,这两种调速是怎样实现的? 试画出无级调速的系统构成图。

第**8**章
数控机床

机床电气控制是电气控制技术中一个重要的组成部分。在机床控制中,不但要控制各种自动加工动作的先后顺序,还要对运动部件的位移量和主轴的转速进行控制。在基于继电—接触器控制线路中,能完成简单的顺序控制,但对运动部件的位移量仅靠预先调好尺寸的挡块等方式来实现,对主轴的调速也主要由机械调速(齿轮变速箱)来完成,电气调速也以双速交流电机或直流调速为主。

随着计算机技术的进一步发展以及社会生产的多样化、小批量、高精度的要求,使机床控制发生了根本性的变化,从 50 年代初开始,逐步发展起来一种综合了计算机、自动控制、精密检测和精密制造技术等方面科技成果的新型自动化机床——数控机床。

8.1 概　述

8.1.1 数控机床的定义与特点

机床数字控制技术是指以数字化的信息实现机床控制的一门技术。采用数字形式信息控制的机床就是数控机床。国际信息处理联盟(IFIP)第五技术委员会对数控机床的定义是:数控机床是一个装有程序控制系统的机床。该系统能够逻辑地处理具有使用号码或其他符号编码指令规定的程序。这里所说的程序控制系统,通常称作数控系统。

数控机床和数控技术正是微电子技术同传统机械技术相结合的产物,是一种技术密集型产品和技术。它是根据机械加工工艺的要求,使电子计算机对整个加工过程进行信息处理与控制,实现生产过程自动化,较好地解决了复杂、精密、多品种、中小批量机械零件加工问题,是一种通用、灵活、高效能的自动化机床。同时,数控技术又是柔性制造系统(FMS)、计算机集成制造系统(CIMS)的技术基础之一,是机电一体化高新技术的重要组成部分。

与其他类型的自动化机床相比较,数控机床主要有如下几方面的优点:

①自动化程度与生产效率高。除工件毛坯装夹外,全部加工过程都由机床自动完成。工序、刀具可自行更换、检测。一次装夹后,除定位装夹表面不能加工外,其余表面都可加工;生产准备周期短,加工对象变化一般不需专门的工艺装备设计制造时间;切削加工中可采用最佳切削参数和走刀路线。因此数控机床一般可提高生产效率 3～5 倍,数控加工中心机床则可提高生产效率 5～10 倍。

②具有较大的柔性。当加工对象改变时,只需须重新编制程序,能非常迅速地从一种零件的加工过渡到另一种零件的加工,特别适应于目前多品种、小批量、变化快的生产特征。

③加工精度高,加工质量稳定。数控加工的尺寸精度一般为 0.005～0.01mm 之间,不受零件结构复杂程度和操作者的技术水平及情绪变化对加工质量的影响。数控加工将责任从操作者转移给控制指令——控制介质,从而不仅使零件加工质量稳定可靠,提高了同一批零件尺寸的一致性,同时废品率大为降低。

④易于建立计算机通信网络。数控机床是使用数字信息作为控制信息,易于与 CAD 系统连接,形成 CAD/CAM 一体化系统,是 FMS,CIMS 等现代制造技术的基础。

数控技术不仅用于机床的控制,还用于控制其他设备,产生了诸如数控切割机、数控绘图机、数控测量机、数控冲剪机等数控设备。数控技术发展至今,已形成一个品种齐全的机床群体。按用途可分为数控车床、数控钻床、数控磨床、数控加工中心等;按数控功能水平又可划分为全功能数控机床、普及型数控机床、经济型数控机床等。

8.1.2　数控机床的组成

数控机床一般由控制介质、数控装置、伺服装置、机床本体及检测装置等组成。如图 8.1 所示。

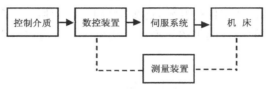

图 8.1　数控机床的组成

(1)控制介质

不论何种数控机床加工,都是将各种不同功能的指令代码输入数控装置,经过转换与处理来控制数控机床的各种操作。控制介质可以是穿孔带,也可以是穿孔卡、磁带或其他可以存储代码的载体。

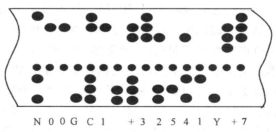

N 0 0 G C 1　　＋3 2 5 4 1 Y ＋7

图 8.2　穿孔纸带

穿孔带是纸制的,故称其为穿孔纸带,现代机床多用 8 单位标准纸带。某机床穿孔纸带如图 8.2 所示。纸带的纵向可穿 8 列直径为 $\phi 1.38 \pm 0.05$mm 的信息孔,利用这 8 个孔的有无进行组合,可得到 0～9 等 10 个数字码和 A～Z 等 26 个文字码以及其他符号码。从基准边起依次编出通道号序号 1～8,通道 3～4 有一条由 $\phi 1.17 \pm 0.05$mm 的同步孔组成的同步通道,用来传递纸带和产生读带同步控制信号。常用的标准化编码有"ISO"和"EIA"编码,是由国际标准化组织于 1968 年指定的。这两种代码的区别不仅是每个字符的二进制八位码不同,而且功能代码的符号、含义和数量都有很大不同,其详细内容可查阅专门的资料。ISO 编码是 7 位补偶编码,每行孔的总数不超过 7 个且均要求为偶数,第 8 道孔为补偶位,即当编码出现奇数孔时,在该孔道上补孔,以满足偶数孔的要求。因为补偶道的作用是做检验,它不构成信息代码的组成部分,故通常称这种 8 单位孔带为"七单位编码字符",采用 8 单位光电纸带阅读机将纸带上的代码转换为数控装置可以识别和处理的电信号。

由于 ISO 代码的数控系统的逻辑设计及编程都优于 EIA 代码,因而国际上趋于采用 ISO 代码,故我国根据 ISO 代码制定了 JB3050－82《数控机床用七单位编码字符集》部颁标准。它与 ISO 等效,并规定新设计制造的产品一律采用 JB3050－82 标准。

在 FMS,CIMS 等现代制造技术中,以计算机通信网络为依托,使数控机床与 CAD 系统连接,形成 CAD/CAM 一体化系统,加工对象的设计信息可直接传输和转换为控制信息,无需用纸带来进行存储。

(2)数控装置

数控装置接收输入介质的信息,并将其代码加以识别、存储、运算、输出相应的指令脉冲以驱动伺服系统,数控装置是数控机床实现自动加工控制的核心。通常,称由硬件数控装置组成的数控系统称为硬件数控系统,简称 NC 系统(Numerical Control)。而由计算机组成的数控系统称为软件数控系统,简称 CNC 系统(Computerized Numerical Control)。计算机数控是在硬件数控的基础上发展起来的。原来由 NC 系统完成的功能,现由计算机软件代替实现,故只需更改相应的控制程序就可改变其控制功能,无需改变硬件系统结构。因此,CNC 系统具有很好的通用性和灵活性。

(3)伺服装置

伺服装置以机械位置或角度作为控制对象,是数控装置与机床本体之间的电传动联系环节。它由伺服电机、驱动装置以及位置检测装置等组成。在数控机床中,伺服装置接受来自 CNC 装置的给进脉冲,经变换和放大,再驱动各加工坐标轴按指令脉冲运动。这些轴有的带动工作台,有的带动刀架,通过几个坐标轴的综合联动,使刀具相对于工件产生各种复杂的机械运动,加工出所要求的复杂形状工件。因此伺服装置的性能是决定数控机床的加工精度、表面质量和生产率的主要因素之一。

(4)机床本体

机床本体指的是数控机床的机械构造实体。它与普通机床的差别主要在机械传动结构及功能部件,并由此形成数控机床构造上的特色。归纳起来有以下几个方面:

①采用高性能主传动及主轴部件,具有传递功率大、刚度高、抗震性好及热变形小等优点;

②进给传动为数字式伺服传动,传动链短,结构简单,传动精度高;

③有较完善的刀具自动交换和管理系统;

④采用如滚珠丝杠副、直线滚动道轨副等高效传动件;

⑤机架具有很高的动、静刚度。

(5)检测装置

位置检测装置是数控机床伺服系统的重要组成部分。它的作用是检测位移和速度,发送反馈信号,构成闭环或半闭环控制。数控机床的加工精度主要由检测装置的精度决定。通常电机的尾部装有测速发电机或光电编码盘,既作为电机转速控制的检测元件,同时也可作为位置控制的检测元件。根据不同的控制方式,常用的检测元件还有旋转变压器、感应同步器和光栅等,光栅的应用越来越普遍。

8.2 计算机数控(CNC)系统

计算机数控系统(Computerized Numerical Control)简称 CNC 系统,按照美国电子工业协会(EIA)数控标准化委员会的定义,CNC 系统是用计算机通过执行其存储器内的程序来完成数控要求的部分或全部功能,并配有接口电路、伺服驱动的一种专用计算机系统。在 CNC系统中计算机主要用来进行数值和逻辑运算,对机床进行实时控制,只要改变计算机中的控制软件就能实现一种新的控制方式。

8.2.1 CNC 系统的基本构成

CNC 系统是由程序、输入输出设备、计算机数控装置(CNC 装置)、可编程控制器(PLC)、主轴驱动和伺服驱动等组成,其核心是 CNC 装置,CNC 系统的结构框图如图 8.3 所示。

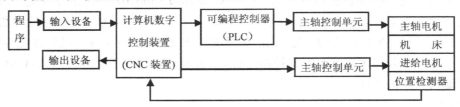

图 8.3 CNC 系统框图

8.2.2 CNC 装置的硬件组成

CNC 装置的硬件组成如图 8.4 所示。

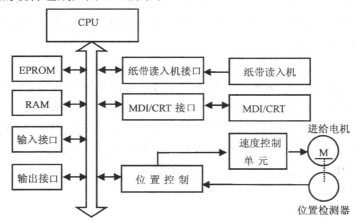

图 8.4 CNC 装置的硬件组成

①微处理器及其总线:微处理器由运算器及控制器两大部分组成。运算器对数据进行算术运算和逻辑运算,控制器则将存储器中的程序指令进行译码并向 CNC 装置各部分数据发出执行操作的控制信号,且接收执行部件的反馈信息,从而决定下一步的命令操作。总线是由物理导线组成的,一般可分为数据总线、地址总线、控制总线。

②存储器:存储器用于存放系统软件(控制软件)和零件加工程序,并将运算的中间结果及

处理后的结果存储起来。它一般包括存放系统程序 EPROM 和存放中间数据的 RAM 两部分。

③MDI/CRT 接口：键盘输入和显示器接口。

④纸带阅读机接口：它用来接收纸带阅读机传来的加工程序或参数等数据信息。

⑤位置控制器：它将插补运算后的坐标位置给定值与位置检测器测得的实际位置值进行比较，得到速度控制指令，去控制速度控制单元并驱动进给电机。

⑥输入/输出接口（I/O）：CNC 装置与机床之间的来往信号通过 I/O 接口电路来传送。输入接口是接收机床操作面板上的各种开关、按钮以及机床上的各种限位开关等信号，它们完成隔离、滤波、电平转换等功能。输出接口是 CNC 装置发出的控制机床动作的信号送到强电柜以及将各种表示机床工作状态的指示灯信号送到机床操作面板上。

8.2.3　CNC 装置的软件组成

CNC 装置的软件可分为管理软件与控制软件两部分。管理软件用来管理零件程序的输入、输出；显示零件程序、刀具位置、系统参数、机床状态及报警；诊断 CNC 装置是否正常并检查出现故障的原因。而控制软件由译码、刀具补偿、速度控制、插补运算、位置控制等组成。

硬件是软件的物理基础，而软件则是整个系统的灵魂。软件结构与硬件结构紧密相关，在现代 CNC 装置中，软件和硬件的界面关系是不固定的，通常取决于 CNC 装置的软件与硬件的分工。在 CNC 装置中，由硬件完成的工作原则也可由软件来完成，但各具不同的特点，硬件处理速度快，软件处理灵活。硬件和软件的比例随着计算机技术的发展而变化。早期的 NC 装置中数控系统的功能全部由硬件来实现，随着计算机技术的发展，计算机数控系统由软件完成部分数控功能。对微型计算机而言，因受字长、运算速度的影响，有的微机系统（例如 FANUC5M 系统）不可能靠软件完成全部插补任务，必须依靠软件硬件相结合。而采用高性能的 Intel3000 位片式微型机的 FANUC 7T 系统却取消了硬件插补器，由软件完成包括插补在内的数控功能。现大体分为 3 种情况：

①软件完成输入及插补前的准备，硬件负责插补及位控；

②软件完成输入及插补前准备及插补，硬件仅完成位控；

③输入、插补前准备、插补及位控全部由软件完成。

CNC 系统是一个实时计算机控制系统。数控系统的基本数控功能是由各种功能子程序实现的。不同的系统软件结构对这些子程序的安排方式不同，管理方式亦不同。这就构成了不同的软件结构。

图 8.5　CNC 软件结构类型

CNC 有两种类型的软件结构如图 8.5 所示。CNC 装置软件结构特点是多任务并行处理。所谓并行处理是指计算机在同一时刻或同一时间间隔内完成两种或两种以上性质相同或不同的工作。

8.2.4 CNC 装置的工作过程

CNC 装置的工作过程是一系列系统程序的执行过程如图 8.6 所示。

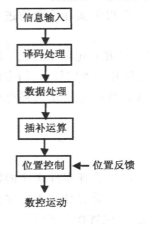

图 8.6　CNC 装置的工作过程

①输入 CNC 装置的有零件程序、控制参数、补偿数据。输入的方式有阅读机纸带输入、键盘手动输入、磁盘输入、通讯接口输入(串行口)以及连接上一级计算机的 DNC(Direct Numerial Control)接口输入。CNC 装置的输入过程中还需完成校检和代码转换等工作。输入的全部信息都放在 CNC 装置的内部存储器中。

②译码处理程序将零件程序以一个程序段为单位进行处理,每个程序段含有零件的轮廓信息(起、终点、直线、圆弧等)、加工速度信息(F 代码)以及其他如换刀、换挡、冷却液等辅助信息(M,S,T 代码等)。计算机依靠译码程序识别这些代码符号,并按照一定的语言规则解释成计算机能够识别的数据形式,并以一定的数据格式存放在指定的内存区间。

③数据处理程序一般包括刀具半径补偿、速度计算以及辅助功能处理。刀具半径补偿是把零件轮廓轨迹转化为刀具中心轨迹,这是因为轮廓轨迹的出现是靠刀具的运动来实现,从而大大减轻了编程员的工作量。速度计算是解决该加工程序段以什么样的速度运动的问题。编程所给的刀具移动速度,是在各坐标的合成方向上的速度,速度处理首先是根据合成速度来计算各坐标方向的分速度。此外,对机床允许的最低速度和最高速度的限制进行判别并处理。辅助功能如换刀、主轴启停、冷却液开停等,大部分都是些开关量。辅助功能处理主要工作是识别标志,在程序执行时发出信号,让机床相应部件执行这些动作。

④插补(Interpolation)运算和位置控制是 CNG 系统的实时控制软件,一般都在控制程序中相应的控制机床运动的中断服务程序中进行。数控机床的核心问题,就是如何控制刀具或工件的运动。数控机床加工时,数控装置需要在规定的加工轮廓的起点和终点之间进行中间点的坐标计算,然后按计算结果向各坐标轴分配适量的脉冲,从而得到相应轴方向上的数控运动。这种坐标点的"密化计算"称作插补,其本质是采用一小段直线或圆弧来拟合加工对象的曲线。现代数控机床的数控装置,都具有对基本数学函数如线性函数、圆函数等进行插补的功能。显然,插补的速度关系到进给速度。CNC 系统中,进给速度控制正是通过对插补速度控制而实现的。数控装置拥有的插补能力直接关系到机床实际加工能力。插补能力越强,工件在机床上数控成型的方法越简单。图 8.7 是采用直线插补功能的机床加工曲线零件的例子。

插补程序在每个插补周期运行一次,在每个插补周期中,根据指令进给速度计算出一个微小的直线数据段。通常经过若干个插补周期后,插补加工完一个程序段,即从数据段的起点走到终点。计算机数控系统是一边插补,一边加工。而在本次处理周期内插补程序的作用是计算下一个处理周期的位置增量。位置控制可以由软件也可以由硬件来实现。它的主

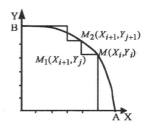

图 8.7　直线逼近曲线加工

要任务是在每个采样周期内,将插补计算的理论位置与实际反馈位置相比较,用其差值去控制
进给电机,进而控制机床工作台(或刀具)的位
移。这样,机床就自动地按照零件加工程序的
要求进行切削加工。

当一个程序段开始插补加工时,管理程序
即着手准备下一个程序段的读入、译码、数据
处理。即由它调动各个功能子程序,并保证在
一个程序段加工过程中完成下一个程序段的
数据准备,一旦本程序段加工完毕立即开始下
一程序段的插补加工。整个零件加工就是在
这种周而复始的过程中完成的。

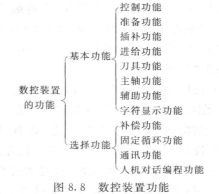

图 8.8　数控装置功能

数控装置的功能分为基本功能与选择功能,详细内容如图 8.8 所示。

8.2.5　数控机床用可编程控制器

数控机床的控制信息分两类。一类是对坐标轴运动进行的"数字控制",主要是对数控机
床进给运动的坐标轴位置进行控制。如工作台前后左右的移动;车轴箱的上下移动和围绕某
一直线轴的旋转运动等;对车床的 X 轴和 Z 轴、对铣床的 X 轴、Y 轴和 Z 轴的移动距离,各轴
运行的插补、补偿等的控制。这种控制即是用插补计算的理论位置与实际反馈位置相比较,以
其差值去实现对进给电机的控制。

另一类是"顺序控制"。对数控机床来说,顺序控制是在数控机床运行过程中,以 CNC 内
部和机床各行程开关、传感器、按钮、继电器等的开关量信号状态为条件,并按照预先规定的逻
辑顺序对诸如主轴的启停、换向,刀具的更换,工件的夹紧、松开、液压、冷却,润滑系统的运行
等进行的控制。其主要控制是开关量信号。

过去这种控制采用传统的继电器逻辑,体积庞大,可靠性差。由于可编程控制器的响应比
继电器逻辑快,可靠性比继电器逻辑高得多,并且易于使用、编程和修改,成本也不高。而与计
算机相比,虽然其数值计算能力差,但逻辑运算功能强,可处理大量的开关量,而且能直接输出
到每个具体的执行部件。因此,在数控机床中,机床控制器采用可编程控制器已是当前的趋
势,除了一些经济型数控机床仍采用继电器逻辑控制电路(RLC)外,现代全机能型数控机床均
采用"内装型"(Built-in Type)PLC 或者"独型"(Stand-alone Type)PLC。从图 8.3 可知,PLC
是数控装置与机床主体之间联接的关键中间环节,它与机床主体以及数控装置之间的信号往
来十分密切,它们是由完成开关量的辅助机械动作来控制。

(1)"内装型"PLC

它从属于 CNC 装置,PLC 与数控装置 NC 间的信号传送在 CNC 内部即可实现,PLC 与
机床间的信号则通过 CNC 的 I/O 接口电路实现传送。"内装型"PLC 的功能是 CNC 装置带
有的功能。其 I/O 点数、程序存储容量、每步执行时间以及功能指令及条数等,都从属于 CNC
装置,并与 CNC 系统其他功能一起统一设计,故结构紧凑、功能针对性强,技术指标较合理、
实用,适于单机数控设备。从系统结构上说,"内装型"PLC 可与 CNC 共用 CPU,也可单独使
用一个 CPU;硬件电路可与 CNC 及其他电路制在同一印刷板上,也可单独制成一块附加印刷
板。

如 FANUC 公司的 0 系统采用 PMC-L/M 内装型 PLC；6 系统采用 PLC-A/B 内装型 PLC；15/16/18 系统采用 PMC-N 内装型 PLC；西门子公司的 SINUMERIK 820 采用 S5-135W 内装型 PLC；A-B 公司 8200、8400 采用与 NC 共用 8086CPU 的内装型 PLC。

"内装型"与 CNC 机床的关系与图 8.9 相似，只是 NC 与 PLC 之间无须 DI/DO 电路。

(2)"独立型"PLC

它可以是通用型 PLC，也可以是专门为数控机床设计的独立 PLC。这种 PLC 独立于 CNC 系统，具有完备的硬件和软件功能，能够独立完成规定的控制任务。这种 PLC 一般采用积木式结构，输入/输出点数可灵活配置，功能易于扩展和变更，如采用通信模块，可与外部输入输出设备、编程设备、上位机、下位机等进行数据交换；采用 D/A 模块，可以对外部伺服装置直接进行控制；采用计数模块，可对加工工件数量、刀具使用次数、回转体回转分度数等进行检测和控制；采用定位模块，可直接对刀库、转台、直线运动轴等机械运动部件或装置进行控制等，独立型 PLC 主要用于 FMS 或 FMC、CIMS 中，具有较强的数据处理、通信和诊断功能，成为 CNC 与上级计算机联网的重要设备。独立型 PLC 与 CNC 机床的关系见图 8.9 所示。

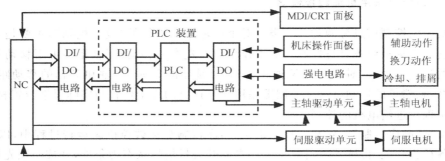

图 8.9　独立型 PLC 与 CNC 机床的关系

8.3　数控机床的伺服系统

8.3.1　伺服系统的性能

伺服系统是指以机械位置或角度作为控制对象的自动控制系统，而在数控机床中，伺服系统主要指各坐标轴进给驱动的位置控制系统，它由执行元件（如步进电机、交直流电动机等）和相应的控制电路组成，包括主驱动和进给驱动。伺服系统接受来自 CNC 装置的进给脉冲，经变换和放大，再驱动各加工坐标轴按指令脉冲运动。这些轴有的带动工作台，有的带动刀架，通过几个坐标轴的综合联动，使刀具相对于工件产生各种复杂的机械运动，加工出所要求的复杂形状工件。

进给伺服系统是数控装置和机床机械传动部件间的联系环节，因而是数控机床的重要组成部分。在现有技术条件下，CNC 装置的性能已相当优异，并正在迅速向更高水平发展，而数控机床的最高运动速度、跟踪及定位精度、加工表面质量、生产率及工作可靠性等技术指标，往往又主要决定于伺服系统的动态和静态性能。数控机床的故障也主要出现在伺服系统上。可见，提高伺服系统的技术性能和可靠性，对于数控机床具有重大意义。

由于各种数控机床所完成的加工任务不同,它们对进给伺服系统的要求也不尽相同,但通常可概括为以下几方面。

(1)调速范围宽

要求伺服电动机有很宽的调速范围和优异的调速特性,不仅要满足低速切削的要求,如5mm/min,还要能满足高速进给的要求,如1000mm/min,甚至更大的范围。

(2)快速响应并无超调

位置伺服系统要有良好的快速响应特性,即要求跟踪指令信号的响应要快。这就对伺服系统的动态性能提出两方面的要求。一般要求电机速度由 0 到最大,或从最大减少到 0,时间应控制在 200ms 以下,甚至少于几十毫秒,且速度变化时不应有超调;另一方面是当负载突变时,过渡过程前沿要陡,恢复时间要短,且无震荡,这样才能得到光滑的加工表面。

(3)高精度

为了满足数控加工精度的要求,关键是保证数控机床的定位精度和进给跟踪精度。位置伺服系统的定位精度一般要求能达到 0.01～0.001mm,高的可达到 0.1μm。相应地,对伺服系统的分辨率也提出了要求。当伺服系统接受 CNC 送来的一个脉冲时,工作台相应移动的单位距离叫分辨率。目前的闭环伺服系统都能达到 1μm 的分辨率。高精度数控机床也可达到 0.1μm 的分辨率,甚至更小。

(4)低速大转矩

机床的加工特点,大多是低速时进行切削,即在低速时进给驱动要有大的转矩输出。

(5)较高的工作稳定性

伺服系统的工作稳定性要好,并具有较强的抗干扰的能力,保证进给速度均匀、平稳,能加工出高表面质量的零件。

8.3.2　位置控制系统的分类

如前所述,伺服系统是指以机械位置或角度作为控制对象的自动控制系统。位置控制系统通常分为开环和闭环控制两种。开环控制不需要位置检测与反馈;闭环控制需要有位置检测与反馈环节,它是基于反馈控制原理工作的。闭环控制系统中,根据测量装置安放的位置又可分为全闭环和半闭环两种。在开环的基础上还发展了一种开环补偿性数控系统。

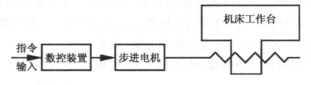

图 8.10　开环控制系统框图

(1)开环控制系统

如图 8.10 所示,在开环伺服控制系统中,机床没有检测反馈装置,由于信号的单向流程,它对机床移动部件的实际位置不作检验,所以机床加工精度不高,当然也不存在系统的稳定性问题。由于其调试方便,维修简单,适用于一般要求的中小型数控机床。

工作过程是:输入的数据经过数控装置运算分配发出指令脉冲,通过伺服装置(伺服元件常为步进电机)使被控工作台移动。

（2）闭环控制系统

闭环伺服控制系统又可分为全闭环和半闭环系统，区分的根据是检测元件的安装位置。如图8.11所示。

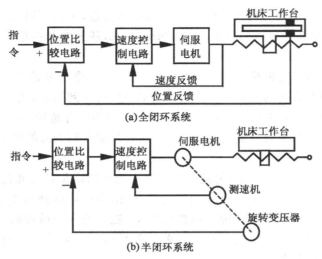

(a)全闭环系统

(b)半闭环系统

图8.11　全闭环与半闭环系统控制框图

全闭环系统的检测元件直接安装在被测运动部件上，如图8.11(a)所示。反馈给CNC的测量值直接反映运动部件的实际位置，通过闭环反馈控制原理消除整个环内传动链的全部积累误差，使之和数控装置所要求的位置相符合，以期达到很高的加工精度。此类机床的优点是精度高，速度快，但调试和维修比较复杂，并且在设计中还需对系统的稳定性给予足够的重视。

半闭环伺服控制系统的检测元件安置在机械传动的中间某一环节上，如图8.11(b)所示。这种控制方式对工作台的实际位置不进行测量检查，而是通过与伺服电机有联系的测量元件，如测速发电机和光电编码盘等间接测量出伺服电机的转角，推算出工作台的实际位移量。这种测量由于有中间环节，其转换误差和机械传动误差不能被位置环所消除，因而半闭环位置系统误差比全闭环系统误差大，但调试更方便。

（3）开环补偿型控制系统

在大型数控机床中，既需要很高的进给速度和反馈速度，又需要很高精度。如果采用全闭环，系统位置环内包括的机械传动部件较多，伺服系统性能受机械变形影响较大，系统的稳定性难以调整。而采用以上3种方式的混合控制方案，则可避开这些矛盾。在具体的方案中，可采用两种形式：开环补偿型和闭环补偿型，如图8.12所示。

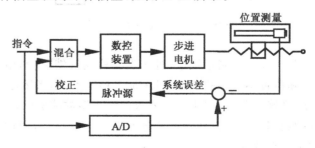

图8.12　开环补偿型控制框图

8.3.3　数控机床伺服系统的位置控制系统

在数控机床的闭环伺服控制系统中,按位置反馈和比较的方式不同,分为脉冲比较、相位比较和幅值比较等伺服控制方案。

(1)相位比较伺服系统

以旋转变压器、感应同步器为检测元件的伺服系统,其检测的信号的相位反映了实际位置,可通过相位比较的方法构成相位比较伺服系统。如图 8.13 所示,指令脉冲 F 经脉冲调相

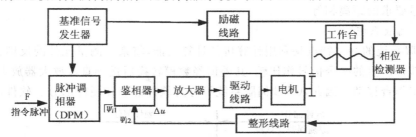

图 8.13　相位系统方框图

器后转换为与基准信号成相应相位差的 $\pm \Psi_1$ 的信号,Ψ_1 的大小与工作台要求的位移成正比,其符号表示工作台位移的方向。基准信号经励磁电路变换成两个相位相差 90°的正、余弦信号对相位检测器励磁,检测器的感应绕组输出检测信号经整形反馈到鉴相器,其相位与基准信号的相位差为 Ψ_2,它表征工作台的实际位移,在鉴相器中进行比较后,输出一微小直流电压 Δu,经放大驱动伺服电机向减小 $\Psi_1 - \Psi_2$ 的方向旋转,直至 $\Psi_1 = \Psi_2$ 时,电机停止转动,工作台亦停止运动。

(2)脉冲比较伺服系统

在以磁尺、光栅、光电编码器为检测元件的伺服系统中,位置指令和位置反馈均为数字脉

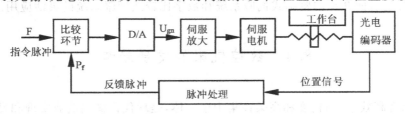

图 8.14　脉冲比较伺服系统

冲,则构成了脉冲比较伺服系统。如图 8.14 所示,指令脉冲 F 来自插补器,反馈脉冲 P_f 来自检测元件光电编码器。12 位可逆计数器的值反映了位置偏差,其值经 12 位 A/D 转换后作为伺服系统速度控制单元的速度给定电压,由此实现根据位置偏差控制伺服电机的转速和方向。

(3)幅值比较伺服系统

幅值比较伺服系统多以旋转变压器、感应同步器为检测元件,如图 8.15 所示。该系统所用的检测元件应工作在幅值方式上,通过检测元件幅值来反映实际的位移。当指令脉冲 F 建立并经 D/A 变换后,向速度控制电路发出电机运行信号,电机转动带动工作台移动。同时,位置检测元件将工作台的位移检测出来,经鉴幅器和电压频率变换器处理,转换成相应的数字脉冲信号,其输出的一路作为位置反馈脉冲 P_f,另一路送入检测元件的激磁电路。当指令脉冲与反馈脉冲两者相等时,比较器输出为零,电机停转,工作台停止移动,此时工作台实际移动距

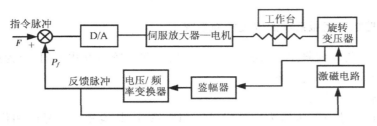

图 8.15　幅值比较伺服系统

离与指令信号要求的距离相等。

（4）CNC 伺服系统

CNC 伺服系统的突出特点是利用计算机的计算功能,将来自测量元件的反馈信号在计算机中与插补软件产生的指令信号作比较,其差值经数模转换后送到直流放大器放大,然后经执行元件变为工作台移动。因此,CNC 伺服系统可分为软件部分和硬件部分。软件部分主要完

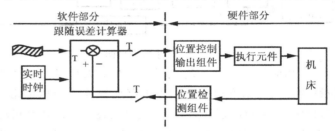

图 8.16　CNC 伺服系统

成指令信号和反馈信号的比较计算。硬件部分只由位置检测组件和位置控制输出组件组成,如图 8.16 所示。

在 CNC 系统中,反馈信号必须是数码形式或脉冲形式,以简化与计算机的接口线路。CNC 伺服系统是前面介绍的鉴幅式伺服系统和数字比较式伺服系统的灵活应用。

8.4　数控机床的发展趋势

数控机床将高效率、高精度和高柔性集中于一体,是现代机械制造业实现和发展柔性自动化生产的基础装备。目前,数控机床正朝着高速化、高精度、高可靠性和网络化的方向发展。

8.4.1　数控系统的发展

推动数控技术发展的关键因素之一是数控系统。当今占绝对优势的微处理器数控系统的发展极为迅速,而且势头不减,其特征是:

①应用大规模集成电路和多个微处理器,结构向模块化、小型化方面发展。

②内装大容量存储器和可编程控制器,使数控机床满足长期无人运行对信息容量方面的要求。

③配备多种遥控接口和智能接口。为与通信网络联接,形成 CAD/CAM 一体化系统及在 FMS,CIMS 中服役提供条件。

④提高系统的可靠性。提高自诊断功能及诊断程序对潜在的故障前期报警功能和自动排

除故障的功能。

⑤数控系统在向功能完善高级的无人化加工发展的同时,也在向功能简化、针对性强的经济型发展,以满足用户在价格低廉方面的需求。

8.4.2　编程系统的发展

①简化编程。目前有的数控编程系统可有宏程序的设计功能、会话式自动编程、蓝图编程等功能,从语言编程发展到图形编程。

②为适应 CIMS 及 CAD/CAM 一体化技术的发展需要,数控编程系统出现了向集成化(数控编程在 CAD/CAM 系统中的集成)和智能化(将人的知识加入集成化的 CAD/CAM 系统中,并将人的判断及决策交给机器完成)发展的趋势。可以认为,集成化与智能化是当前数控编程的发展方向。

8.4.3　机床结构的发展

①探索支承件的材料、布局结构形式及结合方式,提高机床支承部件及结合部的刚度,进一步提高数控机床的动态特性。

②向高速度发展。加强研究主轴轴承材料、结构、润滑、冷却方式等方面的课题,提高进给速度,快速进给速度已达 50m/min,但仍有进一步增加的势头,快速进给速度已向 100m/min 逼近。

③向高精度发展。提高数控机床及加工中心加工精度的方法是提高诊断技术、提高圆弧插补补偿精度和定位精度。

④不断扩大数控机床及加工中心的工艺范围。

8.5　以数控机床为基础的生产自动化系统的发展

8.5.1　计算机直接控制 DNC(Direct Numerical Control)

计算机直接控制 DNC 是指由一台计算机控制多台数控机床。早期的 DNC 系统的功能曾朝着向替代各台机床数控箱的插补功能的方向发展,主计算机有足够的内存,可以统一存储与管理大量的零件程序。利用分时操作系统,同时完成一群数控机床的控制与管理。但在这种系统中,一旦主计算机出了故障,则多台数控机床全部停止工作,而且由于主计算机周而复始地扫描、作插补计算和数据分配,对通信系统要求高,使 DNC 的系统硬件和软件都很复杂,抵消了简

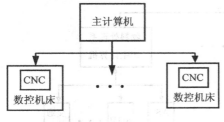

图 8.17　DNC 系统

化机床数控箱带来的好处。目前的 DNC 系统中的每台数控机床都带有各自的数控装置,是两级计算机控制,如图 8.17 所示。基础级为 CNC 系统,执行插补和控制机床的其他动作;监控级为 DNC 系统主机,执行数据分配和监控任务。

8.5.2　柔性制造系统 FMS(Flexible Manufacturing System)

柔性制造系统(FMS)是专指 20 世纪 80 年代出现的"一组数控机床,由物料处理系统连接在一起,并且完全受计算机控制和管理"的系统。这个定义难以完全表现 FMS 的各种特性,但可以正确划定它的范围。

FMS 的主要特征是柔性,这种柔性具体来自如下方面:

①CNC 系统的柔性;

②物料处理系统的柔性;

③计算机的柔性;

④系统组织的柔性。

FMS 中的主要设备包括 CNC 机床、坐标测量机、机器人、自动导向运输装置(AGV)等。FMS 是实施联机控制的系统,它的主要设备分别组成若干制造单元。这种柔性制造单元(Flexible Manufacturing Cell——FMC)是按成组技术组成的 DNC 系统,分别担负一组形状和工艺相似的零件的加工。所有的制造单元则处于中央计算机的统一控制下。FMS 的主要操作已完全实现自动控制。

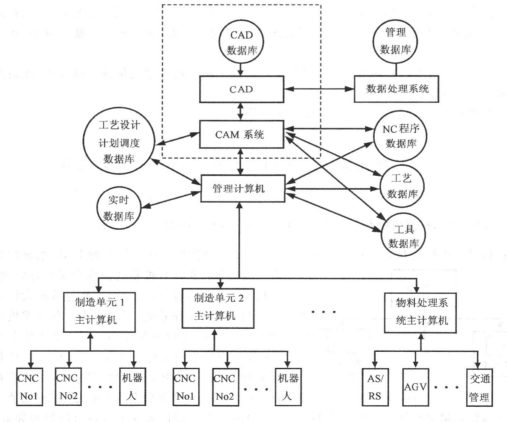

图 8.18　FMS 层次式计算机系统框图

FMS 由自动化物料处理系统和层次式计算机网络组成。物料处理系统包括专门为 FMS 服务的自动仓库、装卸站、AGV 和机器人组成的运输系统以及由平板站和平板交换机等组成的物料暂存区,它控制整个系统中物料的流动,成为 FMS 中最具特色的组成部分。

　　FMS 的层次式计算机网络如图 8.18 所示,分为底层、中层、上层 3 级控制。底层是一些 CNC 计算机和可编程控制器,主要用来控制各种机械设备的自动工作循环;中层主要用来监控子系统的工作,具有对上层和底层通信能力;上层是管理计算机,一般又称为中央计算机。主要任务是管理全系统,包括监控和协调各个子系统的工作,登录现场工况和绘出各种报表,在 CAD/CAM 系统支持下进行决策和执行生产调度,管理数据库,并管理信息的流向。

　　FMS 的设计普遍采用了计算机仿真技术,大大提高了柔性制造系统的可靠性。

8.5.3　计算机集成制造系统 CIMS(Computer Integrated Manufacturing System)

　　在企业从规模经济向品种经济转变的过程中,仅仅依靠计算机技术作基础,只注意提高加工系统的柔性和控制水平,并不能充分发挥 FMS 的效能。FMS 需要进一步发展成为更有力的系统,即采用集产品工程设计、制造和管理为一体化的计算机集成制造(CIM)技术,构成计算机集成制造系统 CIMS。我国现阶段的 CIMS 应用与研究着重于信息集成及数据共享,即通过网络、数据库把企业中形成的自动化系统集成起来,实现整个计划自顶向下的统一制定与运行。

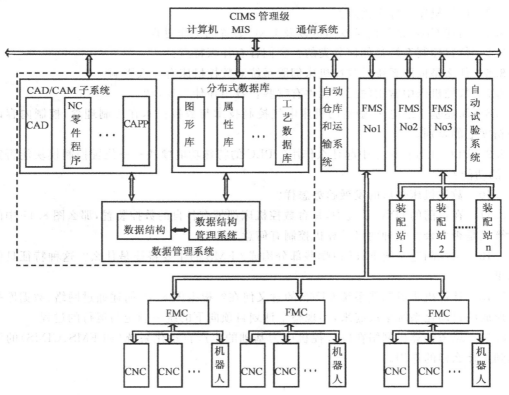

图 8.19　CIMS 计算机系统

　　CAD/CAM(计算机辅助设计/计算机辅助制造)技术广义说来,所指范围包括计算机技术在机械制造中应用的全部内容。最早建立的 FMS 也是以 CAD 和 CAM 技术为基础,但因为它们处于分离状态,只能分别离线操作,严重地影响了 FMS 的效益,而集成的 CAD/CAM

(ICC)系统,能自动生成各种应用程序和命令。计算机辅助工艺设计(CAPP)是 CAD 和 CAM 集成的中心环节,CAD/CAM 集成系统(ICC)是 CIMS 的核心。

图 8.19 是用层次结构表示的 CIMS 的计算机网络图。基层为可编程控制器和 CNC 系统等,分别执行各种工艺操作,对它们的要求是高可靠性和极快的响应能力。中层由功能强的微机或小型机组成,它们的任务是组成各种 DNC 系统,负责监控某一局部系统,如物料系统、制造单元、装配线和实验线等系统,协调地向被它控制的 CNC 发出命令,监控它们的工作。上层是 CIMS 管理级决策层,决策的范围很广,包括工厂的财政、市场、购销、设计、生产、库存、设备等无所不在其管理之下。它的核心部分是管理信息系统(MIS)和数据库,信息则是在 CAD/CAM 的各个子系统支持下进行处理。

思考题与习题

8.1 思考可编程控制器与数控机床产生的必然性。它们的产生与社会需求有什么关系?

8.2 数控机床由哪些部分组成?它们各有什么作用?

8.3 数控机床有什么优点?

8.4 简述 CNC 系统的基本组成以及 CNC 装置的工作过程。

8.5 位置控制系统是如何分类的?它们各有什么特点?

8.6 什么是伺服系统?数控机床伺服系统对数控机床有什么影响?

8.7 数控机床中常用的反馈元件有哪些?各用在什么场合?

8.8 简述基于继电-接触器的机床电气控制技术与数控技术在控制理念、控制内容以及控制精度上的差别。

8.9 PLC 在数控机床中起什么作用?PLC 的特殊功能模块——位置控制模块能否完成 CNC 的功能?

8.10 数控机床今后的发展趋势怎样?

8.11 在目前的 DNC 系统中,每台数控机床都带有各自的数控装置,那么图 8.17 中的上位计算机是否多余?这种两级计算机控制有何意义?

8.12 柔性制造系统 FMS 由哪些部分构成?FMS 的主要特征是什么?这种特征具体来自哪里?

8.13 计算机集成制造系统 CIMS 的意义何在?根据图 8.19 简述通过网络、数据库把企业中形成的自动化系统集成起来,实现整个计划自顶向下的统一制定与运行的过程。

8.14 思考计算机网络在以数控机床为基础的生产自动化系统(如 FMS、CIMS)的发展中起到了什么样的作用。

第**9**章
现 场 总 线

随着科技的发展,社会的进步,我们越来越依赖于计算机技术、通信技术和自动控制技术。我们的社会已从工业社会,转向了信息社会,可以说当代社会是一个建立在计算机网络基础上的社会。当今信息发展经历了主机阶段、小型机阶段、PC 阶段和我们所处的 Internet(因特网)阶段,现在正在开始第五个阶段。有人根据这个阶段的特征称其为"Internet for Device",这个特征就是智能下移到现场设备并最终与 Internet 相连,现场总线就是在这种大背景下应运而生的。

现场总线技术采用计算机数字化通信技术,使自动控制系统与现场设备加入工厂信息网络,成为企业信息网络底层,使企业信息沟通的覆盖范围一直延伸到生产现场。

现场总线给自动化领域带来的变化,正如众多分散的计算机被网络连接在一起,使计算机的功能、作用发生变化一样大,因此把现场总线技术说成是一个控制技术新时代的开端并不过分。

9.1 网络与通信基础

计算机网络是现代通信技术与计算机技术相结合的产物。40 多年来,计算机网络不断发展,已扩散到世界的各个角落,渗透至各行各业和各个领域,提高了人类处理和传递信息的能力,也改善了人们的时空观。计算机网络就是把分布在不同地域的计算机与专门的外部设备用通信线路互连起来的复合系统,从而使众多的计算机可以方便地互相传递信息,共享硬件、软件、数据信息等资源,使计算机的功能更加强大。

9.1.1 计算机网络的分类

计算机网络有多种分类方法,若按网络规模大小来分类,计算机网络可划分为:局域网(LAN)、广域网(WAN)。Internet 可以视为世界上最大的广域网。

(1)局域网(LAN)

局域网(LAN)是指在一个较小地理范围内的把各种计算机及网络设备互连在一起的通信网络。网络覆盖范围通常局限在几千米之内。局域网是计算机网络发展最快的一个分支。局域网经过 20 世纪 60 年代的技术准备阶段,70 年代的开发阶段和 80 年代的商品化阶段,现正在办公室自动化和工厂自动化中扮演重要的角色,并逐步向多平台、多协议、异种机共存和高速化的方向发展。按网络的拓扑结构和使用的传输介质来分类,局域网通常可划分为以太网(Ethernet)、令牌环网(Token)、令牌总线网等。

拓扑结构是指网络中计算机的连接方式,常用的拓扑结构有总线型、总线逻辑型、星型和环型等,如图 9.1 所示。

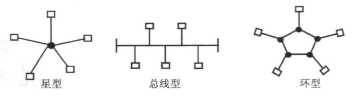

图 9.1　常见网络拓扑结构

以太网(Ethernet)是目前应用最为广泛的局域网,它的主要特点是:传输速率高,可达10Mbps 或 100Mbps,甚至更高。另外以态网可靠性高、组网容易、费用低廉。目前组建以太网最常用的方式是采用星型结构,使用双绞线联网。

网络拓扑结构、信号方式、访问控制方式、传输介质是影响网络性能的主要因素。

(2)广域网(WAN)

广域网(WAN)可以把不同城市、不同地区,甚至不同国家的计算机连接起来构成计算机网络,它的特点可以归纳为:覆盖范围广,可以形成全球性网络,如 Internet;数据传输速率低,一般在 1.2Kbps～15.44Mbps,误码率较高,纠错处理相对复杂;通信线路一般使用电信部门的公用线路或专线。

9.1.2　通信系统的组成

通信系统是传递信息所需的一切技术设备的总和。它一般由信息源和信息接收者,发送与接收设备,传输媒介几部分组成。单向数字通信系统的结构如图 9.2 所示。

(1)信息源和信息接收者

信息源和信息接收者是信息的产生者和使用者。信息源可以是模拟信息源和离散信息源。随着计算机和数字通信技术的发展,离散信息源的种类和数量愈来愈多。在数字通信系统中传输的信息是数据,是数字化了的信息。这些信息可能是原始数据,也可能是经计算机处理后的结果,还可能是某些指令和标志。

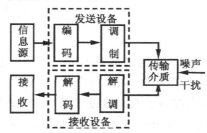

图 9.2　数字通信系统的组成

(2)发送设备

对于数字通信系统来说,发送设备的编码常常分为信道编码和信源编码两部分。信源编码是把连续信息变换为数字信号;而信道编码则是使数字信号与传输介质匹配,以提高传输的可靠性或有效性。调制是最常见的变换方式之一。

(3)传输介质

传输介质指发送设备到接收设备之间信号传递所经媒介。各种电缆、光缆、双绞线等为有线传输介质;电磁波、红外线等为无线传输介质。介质在传输过程中必然会引入某些干扰,媒介的固有特性和干扰特性直接关系到变换方式的选取。

(4)接收设备

接收设备的基本功能是完成发送设备的反变换,即进行解调、译码、解密等。

以上所述是单向通信系统,即单工方式,单工通信线路一般采用二线制。另外,还可以有半双工方式与全双工方式。

半双工方式:即通信的双方都具有发送与接收信号的能力,信道也具有双向传输性能,但通信的任何一方都不能同时既发送又接收信息,在指定的时刻,只能沿某一个方向传送信息。半双工通信采用二线制,实现双向通信必须改换信道方向。

全双工方式:通信双方都要有发送设备和接收设备。信号可在通信双方沿两个方向同时传送。全双工方式一般采用四线制,它相当于把两个相反方向的单工通信方式组合在一起。如果两个方向有各自的传输媒介,则双方都可独立地发送和接收,若公用一个传输媒介,则必须用频率或时间分割的办法来共享。通信系统除了完成信息传递外,还必须进行信息的交换。传输系统和交换系统共同组成一个完整的通信系统,直至构成复杂的通信网络。

9.1.3　数据通信常用概念和术语

(1)并行和串行传送方式

1)并行传送方式

在数据传输时,一个数据编码字符的所有各位都同时发送,并排传输,同时接收。并行传送方式要求物理信道为并行的内总线或者并行外总线。

2)串行传送方式

在数据传输时,一个数据编码字符的各位不是同时发送,而是按一定顺序,一位接着一位在信道中被发送与接收。串行传送方式要求物理信道为串行总线。

在串行通信中,按相邻编码字符间的定时关系可分为异步通信与同步通信。

异步通信以字符为单位进行传输。在传输时允许在一个个编码字符之间有不相等的间隔与停顿。异步通信的速率比较慢,允许双方速度相差比较大,其通信协议是非标准化的。

同步通信不是以字符为单位而是以数据块为单位传送。一个数据块内包含有若干个字符,在字符之间没有空闲。若没有字符发送,则应插入同步字符,以确保各个字符间时间间隔相等。同步通信速度快,但技术比较复杂,使用多种标准的通信协议。可分为面向字符的同步格式和面向比特的同步格式。

(2)信号的传输方式

1)基带传输

按数字信号原样进行的传送,不包含任何调制,是最基本的数据传输方式。目前大部分微机局域网包括控制局域网都是采用基带传输方式的基带网。其传输距离一般不超过25km,数据传输速率一般可达 1～10Mbps 或更高。基带网中线路工作方式只能为半双工方式或单工方式;

2)载带传送

在一条物理信道上,把要传送的一路信号"骑"在另一种载波上进行传送。载带传输中传送的是一路具有载波频率的连续电信号。把数字信号"骑"到载波上称为调制,把数字信号从载波上卸下来称为解调。常用的调制方式有频移键控(FSK)、幅度键控(ASK)及相移键控(PSK)3 种。执行调制与解调任务的设备称为调制解调器(Modem)。

3)宽带传输

在一条物理信道上需要传送多路数字信号,使每种要传送的数字信号"骑"在指定频率的载波信号上,用不同频段进行多路数字信号的传送。数据传输速率一般可达 0～400Mbps。

4）异步传输模式（ATM）

ATM 是一种新的传输与交换数字信息技术，也是实现高速网络的主要技术。它支持多媒体通信，按需分配频带，具有低延迟特性，速率可达 155Mbps～2.4Gbps。也有 25Mbps 和 50Mbps 的 ATM 技术，可使用于局域网和广域网。

（3）多路共传

在一条物理信道上同时传送多路信息的技术称为多路共传（Multiplexing）。常用的为频分多路共传（FDM）与时分多路共传（TDM），如图 9.3 所示。

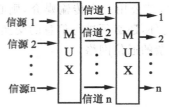

图 9.3　多路共传示意图

①时分多路共传 TDM（Time Division Multiplexing）是将线路用于传输的时间划分成若干个时间片，这些时间片是预先分配好的，而且固定不变。

②频分多路共传 FDM（Frequency Division Multiplexing）是将一条具有一定带宽的线路划分成若干个占有较小带宽的信道，各条信道中心频率不重合，每个信道之间相距一定的频率间隔，每个用户使用一条频道。

（4）数据编码

在计算机内部的二进制数采用电平高低表示 0,1 两种状态，称为内部码，这种信号处理方便，但不利于传送。计算机与外设之间交换数据所使用的编码称为通信码。

数据编码上指通信系统中以任何物理信号的形式来表达的数据即通信码。分别用模拟信号的不同幅度、不同频率、不同相位来表达数据的 0,1 状态的称为模拟数据编码。用高低电平的矩形脉冲信号来表达数据的 0,1 状态的，称为数字数据编码。在计算机网络通信中所传输的大多为二元码，它的每一位只能在 0 或 1 两个状态中取一个，这每一位就是一个码元。常用的数据编码有单极性码、双极性码、归零码、非归零码、差分码和常用的曼彻斯特编码。模拟数据编码有频移键控（FSK）、幅度键控（ASK）及相移键控（PSK）3 种。

不同的编码均有其使用价值。有的编码具有强抗干扰能力，可提高通信的可靠性，有的编码便于同步处理，有的便于差错控制。

把内部码及其码元波形变换为通信码及其码元波形的过程称为编码。解码则是编码的逆过程，即把通信码及其码元波形变换为内部码及其码元波形的过程。

（5）数据交换方式

在计算机网络中，数据交换技术是十分重要的内容。通信的基本交换方式分为线路交换与存储转发交换两类。

1）线路交换（Circuit Switching）方式

在需要通信的两台微机之间建立起一条实际的物理连接，再在这条实际的物理连接上交换数据。线路交换方式把通信过程分为线路建立、数据通信、线路拆除 3 个阶段。该方式的特点是通信实时性强，但系统不具备存储数据的能力和差错控制能力。

2）存储转发交换（Store and Forward Exchanging）方式

在需要通信的两台微机之间并不建立起一条实际的物理连接，而是经由中间接点的中转来实现数据交换。发送的数据与目的地址、源地址、控制信息按一定格式组成一个数据单元，即报文或报文分组；通信站点的通信控制处理器要完成数据单元的接收、差错校验、存储、路选和转发功能。该方式的特点是线路利用率高，可靠性好。

存储转发交换方式可分为报文交换(Message Switching)和报文分组交换(Packet Switching)。报文交换方式的基本数据单位是一个完整的报文,而报文分组交换方式交换的基本数据单位是一个报文分组。在发送站将一个长报文分成多个报文分组,在接收站再将多个报文分组按顺序重新组成一个新报文。报文分组方式传送灵活,传输差错检错容易,传输效率高,是当今公用数据交换网中主要的交换技术。采用报文分组技术的通信子网称为分组交换网。其实现方式为数据报(DG,Data Gram)方式与虚电路方式。

(6)差错控制

为了提高通信系统的传输质量而提出的有效的检测错误,并进行纠正的方法叫做差错检测和校正,简称为差错控制。常用的检错码有两类:奇偶校验码与循环冗于编码(CRC,Cyclic Redundancy Code)。奇偶校验方法简单,但检错能力差。CRC 校验码是目前应用最广、纠错能力最强的一种纠错编码。

9.1.4　开放系统互连参考模型

由于缺乏一个通用的通信系统体系结构,使得异机种计算机互连成为一个难题。1978年,国际标准化组织 ISO 建立了一个"开放系统互连"分技术委员会,起草了"开放系统互连基本参考模型"的建议草案。1983 年成为正式的国际标准(ISO7498)。一个系统是开放的,是指它可以与世界上任何地方的遵循相同标准的其他任何系统通信。为实现开放系统互连所建立的分层模型,简称为 OSI 参考模型,其结构如图 9.4 所示。

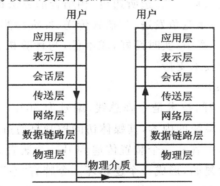

图 9.4　OSI 开放互连模型

①物理层:物理层的下面是物理媒体,如双绞线、同轴电缆等。物理层为用户提供建立、保持和断开物理连接的功能,其典型的协议有 EIA-232-C 等。

②数据链路层:数据链路层用于建立、维持和拆除链路连接,实现无差错传输功能。该层对连接相邻的通路进行差错控制、数据成帧、同步控制等。典型的协议有 OSI 标准协议集中的高级数据链路控制协议 HDLC。

③网络层:网络层规定了网络的建立、维持和拆除的协议。网络层的主要功能是报文包的分段、报文包阻塞的处理和通信子网内路径的选择。

④传输层:传输层的信息传送单位是报文,它的主要功能是开放系统之间数据的收发确认,向上一层提供一个可靠的端到端(end-to-end)的数据传送服务。

⑤会话层:会话层的功能是支持通信管理和实现最终用户应用进程之间的同步,按正确的顺序收发数据,进行各种对话。

⑥表示层：表示层用于应用层信息内容的形式交换，如数据加密/解密、信息压缩/解压和数据兼容，把应用层提供的信息变成能够共同理解的形式。

⑦应用层：应用层作为 OSI 的最高层，为用户的应用服务提供信息交换，为应用接口提供操作标准。

9.1.5　IEEE802 通信标准

IEEE(国际电工与电子工程师学会)1982 年颁布的计算机局域网 IEEE802 标准，把 OSI 参考模型的数据链路层和物理层分解为逻辑链路控制层(LCC)、媒体访问层(MAC)和物理传输层。IEEE802 的媒体访问层对应于 3 种已建立的标准，即带冲突检测的载波侦听多路访问(CSMA/CD)协议、令牌总线(Token Bus)和令牌环(Token Ring)。

(1)CSMA/CD

CSMA/CD 通信协议的基础是 XEROX 公司研制的以太网(Ethernet)，网中的各站共享一条广播式传输线，每个站都是平等的，采用竞争式发送信息到传输线上。由于没有专门的控制站，两个或多个可能因同时发送信息而发生冲突，造成报文作废。为了避免冲突的发生，在发送报文以前，先监听是否空闲，如果空闲，则发送报文到总线上，称之为"先听后讲"，但仍有可能发生冲突。为了避免这种冲突的发生，在发送报文开始的一短时间，仍然监听总线，采用边发送边接受的办法，将接受到的信息和自己发送的信息相比较，若相同则继续发送，称之为"边听边讲"。通常把这种"先听后讲"、"边听边讲"相结合的方法称为 CSMA/CD(带冲突检测的载波侦听技术)，其控制策略是竞争发送、广播式传送、冲突检测、冲突后退和再试发送。

CSMA/CD 允许各站平等竞争，实时性好，成本低，与计算机、服务器等接口十分方便，易与 Internet 集成，受到广泛的技术支持。

(2)令牌总线(Token Bus)

IEEE802 标准中的媒质访问技术是令牌总线，编号为 802.4。它吸收了 MAP(Manufacturing Automation Protocol)系统的内容，其媒体访问控制是通过传递一种称为令牌的特殊标志来实现的。按照逻辑顺序，令牌从一个装置传递到另一个装置，传递到最后一个装置后，再传递给第一个装置，如此周而复始，形成一个逻辑环。令牌有"空"、"忙"两个状态，令牌网开始运行时，指定站产生一个空令牌沿逻辑环传送。任何一个要发送信息的站都要等到令牌传给自己，判断为空令牌时才发送信息。发送站首先要把令牌置成"忙"，并写入要传送的信息、发送站名和接受站名，然后将载有信息的令牌送入环网传输。令牌沿环网循环一周后返回发送站时，信息以被接受站拷贝，发送站将令牌置为"空"，送上环网继续传送，以供其他站使用。如果在传送中令牌丢失，由监控站向网中注入一个新令牌。

令牌传递式总线能在负荷很重的情况下提供实时同步操作，传送效率高，适于频繁、较短的数据传送，因此它最适合于需要进行实时通信的工业控制网络系统。

(3)令牌环(Token Ring)

令牌环媒体访问方案是 IMB 开发的，它在 IEEE802 标准中的编号为 802.5，它有些类似于令牌总线。在令牌环上，最多只能有一个令牌环绕运动，不允许两个站同时发送数据。令牌环从本质上看是一种集中控制式的环，环上必须有一个中心控制站负责网的工作状态的检测和管理。

9.2 现场总线概述

随着控制、计算机、通信、网络技术的发展,信息沟通的领域正迅速覆盖从工厂的现场设备到控制、管理的各个层次,覆盖从工段、车间、工厂、企业乃至世界各地的市场。信息技术的飞速发展,引起了自动化系统结构的变革,逐步形成以网络集成自动化系统为基础的企业信息系统。企业的新技术的方向是建立在 Intranet/Internet 基础上的开放式的、透明的商业运作,用以取代传统的运作方式,企业决策层、生产管理者乃至经销商和用户都需要了解生产线上的信息。打破传统的工业控制网络体系,实现办公自动化与工业自动化的无缝结合,形成新型的管控一体化的全开放工业控制网络,是现代企业提出的要求,也是信息发展进程的结果。现场总线(fieldbus)就是顺应这一形势发展起来的新技术。

9.2.1 现场总线的产生

随着微处理器与计算机功能的不断增强和价格的急剧下降,计算机与计算机网络系统得到迅速发展,Ethernet,MAP,TOP 等网络能够支持实现工厂级全面管理及工程设计的信息交换以及连接车间各种设备,而处于生产底层的各种设备如传感器、执行器或传动装置等却采用一对一连线,由此而带来诸多弊端,其底层的联网问题已成为计算机控制系统的瓶颈。现以 CIMS 系统中传统的现场级与车间级监控系统为例说明。

从图 8.19 可见,一般的 CIMS 系统最底层是 CNC、PLC 等控制器,而传统的现场层设备与控制器之间的通信采用一对一的连线方式,一个 I/O 点对设备的一个测控点,信号传递 4～20mA(传送模拟信息)或 24VDC(传送开关量信息)信号,如图 9.5 所示。

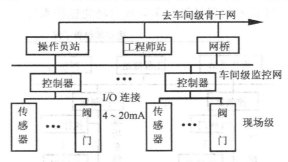

图 9.5 典型的现场级与车间级监控系统

该系统的主要缺点如下:

①信息集成能力不强。现场层设备与控制器之间的通信采用一对一的连线方式使控制器获得的信息量有限,大量的数据如设备参数、故障及故障记录等数据很难得到。

②系统不开放、可集成性差。除现场设备均靠标准 4～20mA/24VDC 连接,系统其他软、硬件通常只能使用一家产品。不同厂家产品之间缺乏互操作性、互换性,因此可集成度差。

③系统的可靠性不易保证。采用一对一的连线方式需大量的 I/O 电缆及敷设施工,不仅增加成本,也增加了系统的不可靠性。

④可维护性不高。由于现场设备信息不全,现场级设备的在线故障诊断、报警、记录功能

不强。另一方面,也很难完成现场设备的远程设定、修改等参数化功能,影响了系统的可维护性。

简言之,传统的现场级与车间级监控系统严重制约了企业信息集成及企业综合自动化的实现。

要实现整个企业的信息集成,要实施综合自动化,就必须设计出一种能在工业现场环境运行的、性能可靠、造价低廉的通信系统,形成工厂底层网络,完成现场自动化设备之间的多点数字通信,实现底层设备之间以及生产现场与外界的信息交换。现场总线就是具有以上特点的通信系统。

9.2.2 现场总线的定义

根据国际电工委员会 IEC1158 的定义,现场总线是"安装在生产过程区域的现场设备仪表与控制室内的自动控制装置系统之间的一种串行、数字式、多点通信的数据总线"。它是一种全数字式的串行双向通信系统,用数字通信取代用模拟信号传输信息的方式,把各个分散的数字化、智能化的测量和控制设备变成网络节点,以现场总线为纽带,把它们连接成可以相互沟通信息、共同完成自控任务的网络系统与控制系统。另一方面,现场设备的智能化使智能下移到现场设备,如智能执行器本身就可带有 PID 控制功能。把控制功能彻底下放到现场,依靠现场智能设备本身便可实现基本控制功能的模式,构造了真正的全分布式系统。这里,现场设备指位于现场层的传感器、驱动器、执行机构等设备。因此现场总线是面向工厂底层自动化信息集成的数字化网络技术。基于这项技术的自动化系统称为 FCS(fieldbus control system)。

9.2.3 现场总线的特点

图 9.6 为基于现场总线技术的现场级与车间级自动化监控系统。

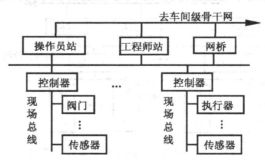

图 9.6　基于现场总线技术的现场级与车间级监控系统

现场总线技术采用计算机数字化通信技术,使自控系统与现场设备加入工厂信息网络,成为企业信息网络底层,使企业信息沟通的覆盖范围一直延伸到生产现场。现场总线技术是实现工厂底层信息集成的关键技术,是支撑现场级与车间级信息集成的技术基础。从图 9.6 可以看出,现场总线具有极大的优越性。现场总线的优点在于:

①信息集成度高。现场总线可从现场设备获取大量丰富的信息,它不单纯取代 4～20mA 信号,还可实现现场级设备状态、故障、参数信息传送。系统除完成远程控制,还可完成远程参数化工作。现场总线能够很好地满足工厂自动化、CIMS 系统的信息集成要求,实现办公自动

化与工业自动化的无缝结合,形成新型的管控一体化的全开放工业控制网络。

②开放性、互操作性、互换性、可集成性高。不同厂家产品只要使用同一总线标准,就具有互操作性、互换性,以及设备具有很好的可集成性。系统为开放式,允许其他厂商将自己专长的控制技术,如控制算法、工艺流程、配方等集成到通用系统中去。

③系统可靠性高、可维护性好。现场总线采用总线方式替代一对一的 I/O 连线,对于大规模 I/O 系统来说,减少了由接线点造成的不可靠因素。同时,系统具有现场设备的在线故障诊断、报警、记录功能,可完成现场设备的远程参数设定、修改等参数化工作,也增强了系统的可维护性。

④实时性好,成本低。现场总线处于通信网络的最底层,完成具体的生产及其协调任务,在结构上层次简化,因而实时性好,造价相对低廉。对大范围、大规模 I/O 的分布式系统来说,省去了大量的电缆、I/O 模块及电缆敷设工程费用,降低了系统及工程的成本。

现场总线是现场设备互联的最有效手段,它能最大限度地发挥和调度现场级设备的智能处理功能,它在控制设备和传感器之间提供给用户的双向通信能力是以往任何体系机构都无法提供和不可匹敌的。

现场总线技术将专用微处理器置入传统的现场设备,使它们各自都具有了数字计算和数字通信能力,并按公开、规范的通信协议,在位于现场的多个微机化现场设备之间以及远程监控计算机之间,实现数据传输与信息交换,形成各种适应实际需要的网络系统与自动控制系统。

现场总线正成为当今自动化领域技术发展的热点之一。现场设备的微机化与智能化是现场总线发展的前提。它的出现,导致了目前生产的自动化仪表、集散控制系统(DCS)、可编程控制器(PLC)等在产品体系结构、功能结构方面的有较大变革,使相关的制造厂家面临产品更新换代的又一次挑战,它标志着工业控制技术领域又一个时代的开始。

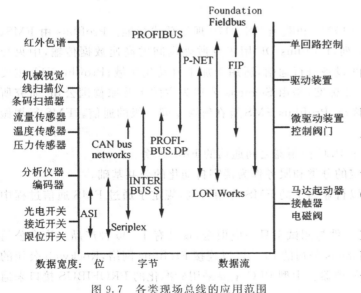

图 9.7　各类现场总线的应用范围

9.2.4　现场总线的分类

现场总线如按它能传输数据的大小来分,一般可分为 3 类:

①传感器总线(Sensor bus),它的数据宽度为(bit),如 ASI、Seriplex。

②设备总线(Device bus),它的数据宽度为字节(byte),如 CAN、Inter 等。

③传输以数据流(或以 Block 计)的总线,如 FF,Profibus,WorldFIP,P-Net,Lonworks 等。

从图 9.7 可知,在现场总线的下方都是空白,而这些空白地带,正是传感器总线及设备总线的用武之地。

9.3 几种有影响的现场总线

现场总线的开发与应用起源于欧洲,后来发展到北美与南美。目前国际上有40多种各具特色的现场总线,但没有任何一种现场总线能覆盖所有应用面。下面介绍基金会现场总线等几种有影响的现场总线。它们具有各自的特点,也显示了较强的生命力。由于现场总线 DeviceNet 特别适合电器行业,故将其放在9.4节中专门叙述。

9.3.1 基金会现场总线 FF(Fieldbus Foundation)

1988 年美国 Rosemount 推出 HART 协议以频移键控技术(FSK)进行信号叠加方式,实现模拟(4-20mA)和数字信号双向通信,这是一种过渡性协议。紧接着 1992 年美国 Rosemount 和 Fisher 等公司联合推出了在当时最有影响的 ISP 总线标准,法国以 FIP 为基础推出了 WorldFIP 总线标准,1994 年 ISP 和 WorldFIP 的北美部分合并成立了现场总线基金会 FF(Fieldbus Foundation),致力于开发出国际上统一的现场总线协议。它以 ISO/OSI 开放系统互连模型为基础,取其物理层、数据链路层、应用层为 FF 通信模型的相应层次,并在应用层上增加了用户层。用户层主要针对自动化测控应用的需要,定义了信息存取的统一规则,采用设备描述语言,规定了通用的功能块集。其会员包括了世界上 90% 的 DCS 和 PLC 制造商、阀门和仪表公司。由于这些公司是该领域自控设备的主要供应商,对工业底层网络的功能了解透彻,也具备足以左右该领域自控设备发展方向的能力,因而由它们组成的基金会所颁发的现场总线规范具有一定的权威性。

9.3.2 Profibus

Profibus 是德国国家标准 DIN19245 和欧洲 EN50170 现场总线标准。Profibus 由 FMS、DP、PA 三部分组成了 Profibus 系列,Profibus-DP 用于分散外设间的高速数据传输,中央控制器通过高速串行线同分散的现场设备进行通信,适用于加工自动化领域;Profibus-PA 主要用于过程自动化,它遵循 IEC1158-2 标准,是由 Siemens 公司为主的十几家德国公司、研究所共同推出的;FMS 意为现场消息规范,Profibus-FMS 旨在解决车间一级的通信。FMS 行规做了如下定义:

①控制器间通信。定义了用于 PLC 控制器之间通信的 FMS 服务。

②楼宇自动化行规。提供特定的分类和服务作为楼宇自动化的公共基础。

③低压开关设备。这是一个以行业为主的 FMS 应用行规,规定了通过 FMS 通信过程中的低压开关设备的应用行为。

Profibus 品种齐全,从芯片到软件与测试工具一应俱全,现已有 1 500 种产品。许多公司的 PLC 带有 Profibus 接口,如 Siemens 公司的 PLC 可以连接 Profibus 网络,Rockwell 公司的 PLC 5 系列也提供了 Profibus 协处理器。中型 PLC 主要采用标准化的 PROFIBUS 接口来通信。

9.3.3　Lon Works

Lon Works 是由美国 Echelon 公司推出并由它与 Motorola、东芝公司共同倡导，于 1990 年正式公布而形成的，是又一具有强劲势力的现场总线技术。它所使用的通信协议 Lon Talk 为设备之间交换控制状态信息建立了一个通用标准。LON(Local Operating Networks)是 Lon Works 提供的一个开放性强的局部操作网络，而 Lon Works 是针对控制对象研制的新型网络，它为 LON 总线设计、成品化提供了一套完整的开发平台。Lon Works 的特点是采用了 ISO/OSI 模型的全部 7 层协议，直接面向对象的设计方法，通信介质开放，系统扩张灵活，开发平台良好，易与多种接口连接等，它比现场总线历来推荐的功能覆盖面更广，如支持大网络等。

9.3.4　CAN

CAN 是控制局域网络(Control Area Network)的简称。最早由 BOSCH 公司推出，用于汽车内部测量与执行部件之间的数据通信。其总线规范已被 ISO 国际标准组织制订为国际标准。CAN 协议也是建立在国际标准组织的开放系统互连模型基础上的，但只取了 OSI 底层的物理层、数据链路层和顶层的应用层。CAN 的信号传输采用短帧结构，抗干扰能力强。由于得到了 Motorola、Intel、Philip、Siemens 的支持，故应用广泛。

9.3.5　P-NET

1987 年 P-NET 标准成为丹麦的国家标准。1996 年成为欧洲总线标准的一部分(EN 50170 V.1)。1997 年组建国际 P-NET 用户组织，现有企业会员近百家，总部设在丹麦的 Siekeborg，并在德国、英国、葡萄牙和加拿大等地设有地区性组织分部。P-NET 现场总线在欧洲及北美地区得到了广泛的应用，其中包括石油化工、能源、交通、轻工、建材、环保工程和制造业等应用领域。

9.4　DeviceNet

9.4.1　**概述**

由 9.2.4 节现场总线的分类可知，DeviceNet 属于设备总线(Device bus)。DeviceNet 是一种低成本、开放式的数据总线。它虽然是工业控制网内的低端网络，通信速率不高，传输的数据量也不大，但适用将工业设备(如：限位开关、光电传感器、阀组、电动机起动器、过程传感器、条形码读取器、变频驱动器、面板显示器和操作员接口)连接到网络，从而免去了昂贵的硬接线，特别适合电器行业。DeviceNet 是一种简单的网络解决方案，然而却采用了先进的通信概念，具有低成本、高效率、高性能与高可靠性的优点。由于其良好的互换性，减少了配线和安装工业自动化设备的成本和时间。DeviceNet 的直接互连性不仅改善了设备间的通信，而且同时提供了相当重要的设备级诊断功能，这是通过硬接线 I/O 接口很难实现的。

DeviceNet 的作用就是使得被称作为主机的主站和被称为子机的从站之间能进行高速通

信,交换数据、参数、控制信息等,对机器及生产线进行监控。上层主站有 PLC 等控制器产品,下层的从站中有开关及传感器等 ON/OFF 设备及带有参数的高功能 I/O 以及运动装置等多种底层产品。

DevlceNet 是一个开放式网络标准。厂商将设备连接到系统时无需购买硬件、软件或许可权。任何人都能以少量的复制成本(目前:USD250 + 邮费)从开放式 DeviceNet 供货商协会(ODVA)得到 DeviceNet 规范。DeviceNet 总线的组织机构是"开放式设备网络供货商协会",简称"ODVA"。英文全称为 Open DeviceNet Vendor Association。2000 年 2 月,上海电器科学研究所与 ODVA 签订合作协议,共同筹建 ODVAChina,目的是把 DeviceNet 这一先进技术引入中国,促进我国自动化和现场总线技术的发展。ODVAChina 筹备组已成立,办公室设在上海电器科学研究所。中国电器工业协会亦已批准在通用低压电器分会成立现场总线工作委员会,并考虑条件成熟时转为现场总线分会,统一管理设备层的各种现场总线及其相应的协会组织。

9.4.2 DeviceNet 的特点

①线性的网络结构,最多可支持 64 个节点。

②点对点、多主或主从通信。

③可带电更换网络节点,在线修改网络配置。

④125Kb/s、250Kb/s、500Kb/s 三种可选波特率对应 500~100m 允许干线长度。

⑤采用 CAN 物理层和数据链路层规约,使用 CAN 规约芯片,得到国际上主要芯片制造商的支持。

⑥支持选通、轮询、循环、状态变化和应用触发的数据传送。

⑦低成本、高可靠性的数据网络。

⑧既适用于连接低端工业设备,又能连接像变频器、操作终端这样的复杂设备。

⑨采用无损位仲裁机制实现按优先级发送信息。

⑩具有通信错误分级检测机制、通信故障的自动判别和恢复功能。

⑪DeviceNet 得到众多制造厂商的支持,如:Rockwell、OMRON、Hitachi、Cutler-Hammer、Mithileichi 等。DeviceNet 制造商协会拥有三百多个会员遍布世界各地。

简言之,DeviceNet 是一种性能优良的网络,自从推向市场以来,DeviceNet 下所连接的接点数量(依据产品的出货数量)不断增长,每年以超出 50% 的惊人的速度不断发展。

9.4.3 DeviceNet 使用 CAN 的物理层和数据链路层协议

CAN(Controller Area Network)芯片已将 CAN 协议固化在芯片中,作为商品销售,其价格仅为其他总线芯片的 1/5~1/10。

为了使设计透明和执行灵活,遵循 ISO/OSI 的标准模型,CAN 分为数据链路层(包括逻辑链路控制子层 LLC 和媒体访问子层 MAC)和物理层,而在 CAN 技术规范 2.0A 的版本中,数据链路层的 LLC 和 MAC 子层的服务和功能被描述为"目标层"和"传送层"。CAN 的分层结构和功能如图 9.8 所示。

LLC 子层功能主要是:为数据传送和远程数据请求提供服务,确认由 LLC 子层接收的报文是否已被收到,并为恢复管理和通知超载提供信息。在定义目标处理时,存在许多灵活性。

MAC 子层的功能主要是传送规则,亦即控制帧结构、执行仲裁、错误检测、出错标定和故障界定。MAC 子层也要确定开始一次新的发送时,总线是否开放或者是否马上开始接收。位定时特性也是 MAC 子层的一部分,MAC 子层特性不存在修改的灵活性。物理层的功能是有关全部电气特性在不同节点间的实际传送。在一个网络内,物理层的所有节点必须是相同的,但在选择物理层时存在很大的灵活性。

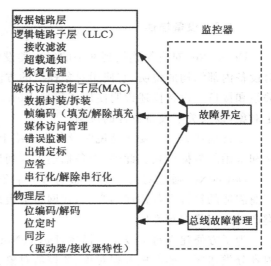

图 9.8　CAN 的分层结构和功能

　　CAN 技术规范 2.0B 定义了数据链路中 MAC 子层、LLC 子层的一部分,并描述与 CAN 有关的外层。物理层定义信号怎样进行发送,因而涉及位定时、位编码和同步的描述。在这部分技术规范中,未定义物理层中的驱动器、接收器特性,以便允许根据具体应用,对发送媒体和信号电平进行优化。MAC 子层是 CAN 协议的核心,它描述由 LLC 子层接收到的报文和 LLC 子层发送的认可报文。MAC 子层可响应报文帧、仲裁、应答、错误检测和标定。MAC 子层又称为故障界定的一个管理实体监控,它具有识别永久故障或短暂扰动的自检机制。LLC 子层的主要功能是报文滤波、超载通知和恢复管理。

9.4.4　DeviceNet 的连接概念

　　DeviceNet 是一种很灵活的、功能齐全的总线。通过对每个节点的配置可以使它具有规定的特性。DeviceNet 使用通信对象模型来形象地描述通信过程中各个环节之间的关系。

　　DeviceNet 使用连接的概念。用连接对象表示两个物理接点之间的一个通信关系,图 9.9

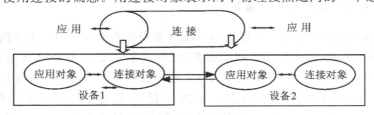

图 9.9　DeviceNet 两个物理接点的连接

表示接在同一 DeviceNet 网络上的两个设备之间的通信连接,这仅是一个抽象的表示,表示设备 1 中的应用对象通过一个连接与设备 2 中的应用对象建立通信关系。在 DeviceNet 中通过一系列参数和属性对连接的对象进行描述。

　　DeviceNet 网络中一台设备一般只有一个网络物理接口,有一个称为 MAC 口 ID(介质存取标识符)的地址,但一个设备可以与多个节点建立连接,也可以与一个节点建立多个连接。每个连接都可以配置不同的参数。DeviceNet 不但允许预先设置或取消连接,也允许动态建立或撤消连接,这使通信具有更大的灵活性。

9.4.5 设备描述

DeviceNet 对直接连接到网络的每一类设备都定义了设备描述。设备描述是从网络角度对设备内部结构的说明,它使用对象模型的方法说明设备内部包含的功能,各功能模块之间的关系和接口。设备描述说明使用了哪些 DeviceNet 对象库中的对象,和哪些制造商相关的特定对象,以及关于设备特性的说明。

设备描述另一个要素是说明设备在网络上对外交换的数据,这些数据在设备内代表的意义和采用的数据格式。此外,设备描述也要列出本设备所有可配置的数据。

DeviceNet 通过对每一类产品编写一个公用的设备描述来规范不同厂商产品,做到不同厂商制造的符合设备描述的产品,在网络上表现出相似的特性,与其他设备具有互操作性,同类产品之间具有互换性。

为了方便建立每类设备的描述,DeviceNet 建立了对象模型库,将各种设备描述要用到的内容分类建库。如电机数据对象、监控器对象、命令子程序对象、离散量输入/输出对象、模拟量输入/输出对象等。在编写 AC\DC 驱动器、软起动器、电动机保护器设备描述时,都可调用电机数据对象、监控器对象等对象库的内容,以简化设备描述。

DeviceNet 通过 ODVA 成员参加的特别兴趣小组(SIG)发展它的设备描述,目前已完成了诸如交流驱动器、直流驱动器、接触器、通用离散 I/O、通用模拟量 I/O、HMI(人机接口)、接近开关、限位开关、软起动器、起动器、位置控制器、流量计等设备的描述。DeviceNet 技术规格书第二卷详细列出了 DeviceNet 设备描述和对象库的内容。ODVA 通过它的 SIG 还在不断工作,增加它的设备描述的种类,使设备描述覆盖更多的产品范围,给用户带来更多的方便。

由于具备了设备描述功能,因此在不同厂商制造的同类设备之间不仅可以实现互换,而且还可以避免不同设备之间出现错误的接线。现在 ODVA 已经制定了 17 种设备的设备描述,今后 ODVA 的 SIG(技术分部)同样会继续对新的设备的描述进行审议并制定规格。

9.4.6 DeviceNet 的有关支持服务

有关支持服务方面,首先有一个通过电子邮件来提供有关 DeviceNet 方面的问题和答疑系统 Doctor DeviceNet。其次包括有网页服务,现在这个系统已在 ODVA 总部(英语)、ODVA 日本分部(日语)、ODVA 韩国分部(韩语)几处开始对外工作了。在这个网页中网罗了有关 DeviceNet 以及 ODVA 的所有信息。在国际标准关系中,今年 8 月份正式公布了 IEC62026 标准(低压开关装置与控制装置用的控制设备之间的接口),紧接着又取得了 EN50325(CENELEC 欧洲标准)国际标准。DeviceNet 有着良好的发展前景。

9.5 现场总线低压电器产品及其控制系统

低压电器涉及的技术领域比较广,对新技术发展较为敏感。许多新技术的发展与应用带动了低压电器的发展。现场总线技术要求现场设备(传感器、驱动器、执行机构等设备)是带有串行通信接口的智能化(可编程或可参数化)设备。现场总线的兴起,促进了低压电气产品的智能化和可通信化,并使电气控制系统从控制结构和控制功能上都发生了根本的变化。简言之,现场总线技术的发展与应用给传统低压电器与电气控制系统的发展带来了新机遇。

9.5.1　现场总线低压电器产品

总线产品大致可分为 4 个层次:

第一层次:可通信、智能化开关电器。

第二层次:各种通信接口、网关(网桥)、监控器等。

第三层次:总线电缆、各种连接器、电源模块、辅助模块等。

第四层次:主控制器(PLC,PC 机等)。

由此可见,与传统的低压电器相比较,总线系统中的低压电器"家族"增加了许多新的成员。

万能式断路器、塑壳断路器、交流接触器、电动机保护器、控制与保护自配合电器等,首先被开发成通信产品,并能直接与总线连接。

通信接口提供与现场总线通信和连接的接口。实现方案一般有两种。方案之一是采用现场总线专用芯片实现曼彻斯特编码、解码及通信控制等功能。这种以专用芯片实现的内部提取时钟的同步通信,使物理层得到简化;另一种方案是采用单片机的 CPU 串行口及高速输出线作为发送和接收的控制端,并采用收发合一的介质驱动/接收器高速光耦合器件。其硬件框图如图 9.10 所示。经实验测试,它具有较高的响应速度和数据传输性能。

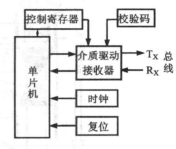

图 9.10　现场总线通信接口

虽然第四代低压电器产品以可通信化为其主要技术特征,但与第三代低压电气产品相比较,在性能与功能上得到了大大的提升。

首先,第四代低压电器产品必须有完整的体系,否则难以发展总线系统,也不易推广;其次,整个体系产品强调标准化,通信协议实行开放式,可通信电器产品母体应是高性能、小型化、模块化、组合化。

9.5.2　基于现场总线的电气控制系统结构

可编程控制器带给电气控制系统全新的控制结构和控制理念,而现场总线更是引发了底层通信技术的一次数字化革命。现场总线系统的发展与应用将从根本上改变传统的低压配电及其装置与控制系统,它不但给传统低压电器带来革命性变化,而且导致了传统系统结构发生变革。

一些主要的可编程控制器厂家调整产品结构和策略,将现场总线作为可编程控制器控制系统中的底层网络(如 DeviceNet)和控制器之间及与上位机的通信网络(如 Profibus 或 ControlNet)。Siemens 公司的 S7-215 型 CPU 模块能提供 Profibus-DP 接口,传输速率可达 12Mbps,可选用双绞线或光纤电缆,连接 127 个节点,传输距离 23.8Km(光纤电缆)/9.6Km(双绞线)。Rockwell 公司的 PLC5 系列可编程控制器安装了 Profibus 协处理器模块后,能与其他厂家支持 Profibus 通信协议的设备通信。美国 AB 公司的模块式可编程控制器以 SLC5/03CPU 为核心,配置了 1747-SDN 网络适配器,可与 DeviceNet 通信。在电气控制技术领域,可编程控制器是一个基本的、重要的也是主导的控制器,当它与现场总线结合之后,极大地拓宽了它的应用领域,也极大地提高了它的性能,更是使电气控制系统的结构发生了彻底的变化。下面分 3 个方面进行介绍。

(1)PLC 与 DeviceNet 构成的自动控制系统

下面以汽车焊装生产线控制系统为例介绍此类控制系统。

1)工艺要求

某汽车集团公司焊装车间焊件输送系统由前地板输送线、中地板输送线、后地板输送线、地板总成输送线、左侧围输送线、右侧围输送线、顶盖输送线以及主焊线共 8 条输送线组成。其中,左、右侧围输送线均由 4 台双轨输送机和 1 台运输车组成,是以上输送线中较为复杂的输送线,同时也是程控类输送线中比较典型的输送线。下面以左侧围为例介绍其工艺流程,如图 9.11 所示。左侧围输送线由 L10、L20、L30 及 L40 四个工位组成。3 台双轨输送机用来在

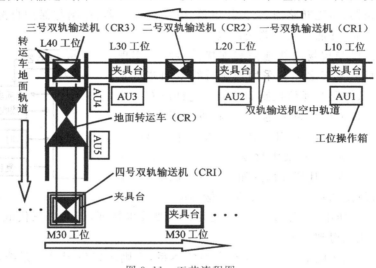

图 9.11 工艺流程图

这 4 个工位间传送工件,每台输送机只能在相邻两个工位间往返移动。其中 L10 和 L20 间,L20 和 L30 间有中间等候工位。地面转运车在 3 号输送机和上线机间运送工件。上线机为第四台输送机,用来把焊好的工件送到主焊线上,整个输送过程要满足工艺要求,不得相互干扰。

2)控制方案拟定

左侧围输送线自动化程度高,逻辑关系复杂,控制要求可靠。高架轨道上布置有大量传感器,操作工位多,在每个工位上都设有操作台。由于传感器、执行器分散,多数布置在以上设备上,若使用传统的点对点连接、并行敷设导线的方法须使用大量电缆,不但会提高安装费用,还会降低控制系统的可靠性。因此,传统的控制方法已不能满足左侧围输送线工艺要求。而 DeviceNet 是一种低价位的现场总线,数据传输可靠,响应时间快,抗干扰能力强,安装快捷,故左侧围采用了 DeviceNet 网络控制技术。现场总线产品选择 TURCK 公司的产品。DeviceNet 通信电缆由 5 芯导线组成:无色为屏蔽接地,红、黑分别为 24VDC 电源的两极,蓝色为 CANH,白色为 CANL(CANH 和 CANL 为通信总线)。现场的传感器和执行器均可通过 DeviceNet 通信电缆连接。

3)控制系统硬件设计

控制系统主要采用 TURCK 公司的 DeviceNet 现场总线模块。PLC 以美国 AB 公司的

SLC5/03CPU 为核心,配置了 1747-SDN 网络适配器,现场采用 TURCK 公司的 T 型分支器、无源四分支器、电源模块、Busstop 现场模块、端子式模块、570 电缆等组成 DeviceNet 控制系统。左侧围输送电气控制系统组成如图 9.12 所示。

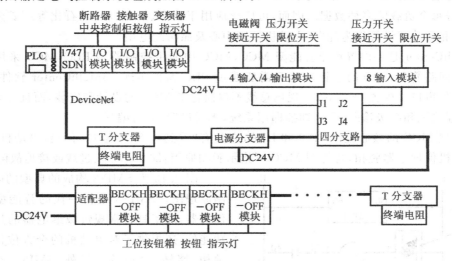

图 9.12　电气控制系统框图

　　PLC 本地 I/O 模块主要连接中央控制柜断路器、接触器、按钮、指示灯、变频器等输入和执行器件;TURCK 公司 DeviceNet Busstop 现场模块防护等级为 IP67,可以直接安装于工业现场。现场传感器、执行器就近安装于 Busstop 现场模块上;总线适配器和端子式输入/输出模块组成端子式总站,安装于现场每个工位的操作箱内,连接操作箱内的按钮、指示灯等。

　　DeviceNet 连接好后,要对网络进行测试,当各种测试值达到正常值时,表示 DeviceNet 连接正确。然后使用 DeviceNet Manager 软件对网络进行组态和分配地址。组态完成后,当 DeviceNet 网络适配器上显示 00 时表示 DeviceNet 工作正常。否则 DeviceNet 网络适配器上会交替显示故障代码号和节点地址号,这时可根据提示和故障诊断与调试手册查找故障。

　　DeviceNet 硬件连接时应注意:

　　①DeviceNet 每个通道最多能连接 64 个站,每个站点的地址不能重复,波特率为 125K 时,通信距离最长为 500m。

　　②DeviceNet 网络首末两端须安装终端电阻。

　　③DeviceNet 有且只能有一点接地。

　　在硬件连接和 DeviceNet 组态完成后,就可进行软件编程。软件程序内容较多,此处因篇幅的关系略去。

　　与传统的控制系统相比,使用现场总线后,自控系统的配线、安装、调试和维护等方面的费用可以节约 1/3～2/3。

　　(2)集成控制系统

　　目前发展的趋势是产品的集成化、通用化、开放化。第 5 章已介绍过带总线通信接口的智能断路器,这里介绍 Rockwell 公司最新推出的带先进 DeviceNet 现场总线的智能型电动机控制中心 IntelliCenter。

　　Rockwell 将先进的 DeviceNet 现场总线引入了电动机控制中心 MCC,从而使得 MCC 为现场提供了经济、合理的手段,并称之为智能型电动机控制中心 IntelliCenter。智能型的 MCC 符合工业标准 DeviceNet,允许用户通过单根电缆,连接和控制 100 个以上包括智能电动机保护器、智能电动机控制器、拖动装置、PLC、FLEX I/O™(柔性 I/O)和许多不同公司的其他产品,并获得每个负载的多种数据。因而,可广泛应用于冶金、纺织、轻工、石化等厂矿企业以及交通运输和市政建设等作为配电、电动机控制中心及照明配电用。

IntelliCenter 是一内置集成智能型 MCC,MCC 中的主控制器是 PLC,MCC 采用的抽屉单元控制回路简单,复杂的连锁功能只需要通过 PLC 编程实现。IntelliCenter 软件为 MCC 提供了最佳窗口。内置 DeviceNet 现场总线不仅简化了 MCC 的设计和安装,而且可允许预防维修、过程监视和高级诊断,采用即插即用系统,无需设置,无需编程。

智能型 MCC 的核心是 SMP-3 和 DSA,它具有"看到内部"和监控每一台电动机的能力。如果电动机保护电器脱扣,智能型 MCC 可指示脱扣原因:缺相、失速、过载或接地故障。

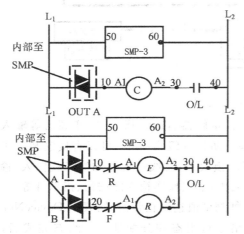

图 9.13 为 SMP-3 构成的典型的电动机控制原理图。SMP-3 是新一代的智能型电动机保护器,除了具有常规过载继电器的过载保护功能外,还提供了对电动机的全方位保护。如缺相、堵转、失速等。另外,SMP-3 还提供了 Scanpot 通信接口,通过不同的模块可以与不同的网络通信,将运行状态信息传入上位机监控系统。SMP-3 自带 3 个开关量输出触点,其中两个可以驱动接触器工作,一个反映热状态。

图 9.14 为由 DSA 构成的典型控制原理图。DSA 是一种低成本现场总线的接点模块,用于控制电机运行或平常 I/O 通信。它可以

图 9.13 由 SMP-3 构成的电动机控制原理

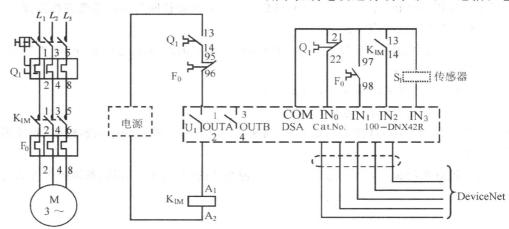

图 9.14 DSA 控制原理图

输入最多 4 点开关量信号,如接触器和断路器的辅助触点信号、光电开关信号等;可以输出 2 个开关量信号,用于控制接触器通断等。

IntelliCenter 软件具有如下主要功能：

①显示实时状态。动态的 MCC 正视图可复制出 MCC 柜的组柜情况以及与之配备的名称和指示器。这样，用户可一目了然地辨别 MCC 柜各个单元的运行状态；

②可在工作现场的任何位置如控制室或维修人员携带的笔记本电脑进行 MCC 监控；

③为每一单元提供预配置画面，用户可以非常方便地改变显示参数如事件记录、Auto-CAD(例如单元布线图、单元图号等)、备件表。

IntelliCenter 的技术数据：该产品符合 IEC60439、NEMAICS2.322、JEM1195 等标准。

额定电压(V)：240、380、480、600　　　额定频率(Hz)：50/60

额定电流(A)：600A(等效 1 200A)　　　额定短时耐受能力(KA)：42、65、100

水平母线 600～3 000A(1S，有效值)

垂直母线 300A(等效 600A)防护等级：IP40、IP43、IP54、IP65

IntelliCenter 的特点：

①引入 MCC 的电缆仅为动力电缆和一根 DeviceNet 现场总线网线，无需控制电缆进入柜中，可节省大量 PLC 的 I/O 模块。

②MCC 采用的抽屉单元控制回路简单，复杂的连锁功能只需要通过 PLC 编程实现。

③改变 MCC 抽屉单元模数和位置非常方便，只需将新抽屉 DeviceNet 网线插入垂直线槽内的 DeviceNet 接口即可。

④相同容量及运行方式抽屉单元不存在特殊控制回路，可以节约大量抽屉备件。

⑤现场施工任务简化，减少了控制电缆的敷设及校对工作量，使故障率大大降低。

(3)基于可编程控制器-现场总线的多级分布控制系统

可编程控制器与现场总线的结合，可以组成价格便宜、功能强大的多级分布式控制系统。其网络结构如图 9.15 所示。PLC 通过 Profibus 与上位机通信，将各回路的控制信息向上传

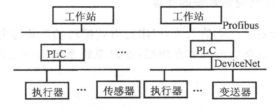

图 9.15　基于现场总线的 PLC 分布控制系统

送，并接收来自上位机的各种监控信息；通过 DeviceNet 连接和控制包括智能电动机保护器、智能电动机控制器、拖动装置、接触器、驱动器、软起动器、电动机保护器、各种检测装置等各种现场装置与设备，而连入该网络的现场智能设备本身就具有很强的控制功能。控制器下放了一定的控制工作由现场设备自身完成，控制器更倾向于作参数化及运行监测工作。如第 5 章中介绍的智能断路器，其自身就具有测量、控制、报警、数据记忆及通信等功能。与过去的控制系统相比，一是实现了系统的高度分散，二是体现了所谓的"智能下移"的思想，三是在现场总线中的智能设备能充分发挥其智能产品的优势，实现高度的信息集成。

在这种新型的网络控制系统中，设备监控上位机的监控软件通常选用标准工控系统组态软件。组态软件(Configuration Software)相当于一种用户程序生成器，是自动化系统的一种人机界面，一种软件平台，是允许用户根据应用需要对软件进行配置的办法与手段。在工业控制系统中可变因素是很多的，一是人为的需要不同，二是对象的不同，而以不变应万变的正是

组态软件。组态软件的执行代码一般是固定不变的,为适应不同的控制对象只需改变数据实体(控制回路文件、图形文件、报表文件等)即可,这样既提高了系统的成套速度,又保证了系统软件的成熟性和可靠性,使用起来方便灵活,而且易于修改和维护。

组态软件包通常都具有立体动态图形、报表功能、趋势图、报警功能、DDE 动态数据交换功能、SPC 质量管理功能、监控语言编程功能、多级冗余功能及 TCP/IP NetBIOS 等网络功能。它具有一个成功监控系统的 3 个主要特性:实时画面监视、实时故障报警和操作以及信息的存储与输出。

系统组态工作方便灵活,监控上位机组态工作主要分为二部分:一是完成数据库组态、上下位机间通讯组态、相关计算、报警记录、报警提示等;二是实现系统装置的运行状态显示组态和操作控制组态等。通过组态后系统主要功能如下:

①流程图:流程图模拟实际装置绘制,显示工艺流程及修改工业装置控制参数的画面,动态显示运行状态。

②趋势图:包括工艺流程中工艺参数的实时趋势和历史趋势,为数据分析提供可靠的依据。

③调节画面:调节方式,具备手动/自动无扰动切换功能。显示给定、测量和输出 3 个值,并可以在画面上修改参数。

④故障查询:可以迅速查询系统在运行过程中产生的报警信息如报警的工艺点的仪表位号、报警时间及报警的类型等,并能进行报警音响提示。

⑤登录报表:操作员可以通过数据登录报表界面观看历史数据和实时数据,通过报警登录报表界面察看设备故障情况。

⑥用户报表打印管理:操作员可以通过此界面打印报表,包括数据报表、报警报表等。

9.5.3　现场总线式电气控制系统的优点

现场总线系统是一个数字化通信系统,以串行方式把现场设备与主控制器连接起来,能进行双向通信。可通信开关设备一般安装在现场,通过总线系统实现遥控、遥测、遥调。现场总线系统的优点是:

1)系统成本降低

硬件成本:由于采用串行连接方式,导线、电缆使用量大幅度下降;

软件成本与辅助成本:由于系统简化,使系统设计、安装、调试、维护费用大幅度下降。

2)系统性能提高

具有故障诊断能力:当通信电器发生故障时,通信电器与现场总线连接器能显示故障信号,便于故障排除,以确保系统正常运行;

系统传输信息量增加,提高系统自动化程度;

信号传输精度高,提高系统运行可靠性。

3)充分提升了系统中控制器和现场元件的性能,使智能电器产品的作用得到充分发挥。尤其是与工业组态软件的配合使用,使系统集成快速而高质、高效,档次大大提高。

9.5.4　基于现场总线的自动化系统结构的变化趋势

基于现场总线的自动化系统促使生产厂商产生新的分化,主要特征为控制器与系统软件制造商分离,趋向于通用化产品。I/O、传感器等现场设备及应用软件的开发制造趋向于专业化。系统所有的软、硬件均可由多家厂商提供,而且具有互操作性、互换性,可方便实现硬件及信息集成。系统的主要区别是具有面向不同行业的专业软件,如面向行业的各种系统,发电、输配电、制造、化工、楼宇等。下面从几个方面来讨论这种变化。

(1)控制器

由于控制器对现场设备的监控是通过标准的现场总线通信完成,因此没有必要使用与控制器捆绑的I/O模块产品,可使用任何一家的具有现场总线接口的现场设备与控制器集成。因此控制器的主要指标是高速指令处理能力、大存储容量及现场总线通信接口。而且,传统意义上的PLC、过程控制站将逐渐被标准的、通用的控制器硬件平台——基于PC总线、Intel/Windows兼容的工业级、坚固型PC机所取代。通用型计算机厂家产品将占主导地位。

(2)I/O模块

插在控制器机架上的I/O模块由连接到现场总线上的分散式I/O模块所取代。分散式I/O不再是控制器厂家的捆绑产品,而是第三方厂家的产品;廉价的、专用的、具有特殊品质的I/O模块(如高防护等级、本征安全、可接受RTD、mV、高压、大电流信号等)将具有广阔市场。

(3)现场设备

向专业化方向发展,具有程序及参数存储、智能控制功能,具有现场总线接口。控制器将下放一定的控制工作由现场设备自身完成,控制器只作参数化及运行监测工作。现场设备如传感器、驱动器、执行机构、远程I/O、电机启动及电流保护装置、输配电保护装置、高、低压开关设备等,将由不同的、具有专业优势的厂家制造,如现在国际上比较有势力的E+H、ROSE-MOUNT的仪表,SIEMENS、A—B、ABB、丹佛斯的驱动器,施耐德、SIEMENS的输配电保护装置、高、低压开关设备,施耐德、SIEMENS、A—B的I/O模块等。

(4)系统软件

软件不再与控制器、I/O、现场设备等硬件捆绑,可运行在通用的标准控制器硬件平台上。软件将成为具有标准通信协议、标准的基本编程语言(如IEC1131)、统一的界面风格、标准数据格式与标准数据库接口的开放式的通用自动化软件平台,允许行业上有独到经验的自动化专家、厂商将专业的控制算法、仿真、优化、调度等专用自动化软件嵌入通用软件平台上,推出自己的面向行业的专业自动化系统。由专门监控类软件公司开发的产品,如 Intellution (FIX)、Wonderware(INTOUCH)、PcSoft(WIZCON)等将占主导地位。基于PC/WINDOWS平台的、所谓"软PLC(SoftPLC)",与Intel/Windows兼容的工业级、坚固型PC机"拍挡",可能会成为控制器或现场总线控制系统主站的主流。

(5)系统

将有更多的厂家,基于通用软硬件平台和标准,在自己专业领域推出面向行业的、具有专业软、硬件控制功能的系统。

9.6　现场总线的标准问题

9.6.1　多种现场总线技术标准并存

现场总线就是工厂自动化领域的开放互联系统,但不同的现场总线标准,使这些不同总线标准设备之间的互联遭遇障碍。现场总线技术得以实现的一个关键问题,是要在自动化行业中形成一个制造商们共同遵守的现场总线通信协议技术标准。国际上著名自动化产品及现场设备生产厂家,意识到现场总线技术是未来发展方向,纷纷结成企业联盟,推出自己的总线标准及产品,在市场上培养用户、扩大影响,并积极支持国际标准组织制定现场总线国际标准。能否使自己总线技术标准在未来国际标准中占有较大比例成分,关系到该公司相关产品前途、用户的信任及企业的名誉。而历史经验证明:国际标准都是采用一个或几个市场上最成功的技术为基础。因此,各大国际公司在制定现场总线国际标准中的竞争,体现了各公司在技术领域地位上的竞争,而其最终还是要归结到市场实力的竞争。国际著名自动化、仪表、电器制造商均有现场总线产品及系统,如罗克威尔、西门子、施耐德、罗斯蒙特、霍尼威尔、横河等。

目前,世界上形成了两个相峙的阵营即FF(现场总线基金会)和Profibus。围绕着现场总线的国际标准,各公司展开了一场技术、经济与政治上的互不相让的激烈斗争。其中有10多种已被纳入了IEC标准,主要归类在两个标准族:一个为IECSC65C的IEC61158标准,另一个为IEC17B的62026标准。

IEC(国际电工委员会)历时12年于2000年1月4日公布通过的IEC61158现场总线标准容纳了8种互不兼容的协议。它们是(均进入IEC61158现场总线标准):

类型1　IEC技术报告(即FF H1)

类型2　ControlNet(Rockwell公司支持)

类型3　Profibus(德国西门子公司支持)

类型4　FIP P-Net(丹麦Process Data公司支持)

类型5　FF HSE(即原来FF H2,美国Fisher-Rosemount公司支持)

类型6　Swiff Net(美国波音公司支持)

类型7　WorldFIP(法国Alsthom公司支持)

类型8　Interbus(德国Phoenix Contact公司支持)

IEC17B制定的总线标准主要涉及设备层的现场总线,相关的标准有:IEC62026低压开关设备与控制设备:控制器与电器设备接口。

IEC62026-1　　第一部分　　总则

　　　　　　　　第二部分　　操作器-传感器接口(AS-I)

　　　　　　　　第三部分　　DeviceNet

　　　　　　　　第五部分　　轻巧的分布式系统(SDS)

　　　　　　　　第六部分　　Seriplex(串行多路复用控制总线)

IEC17B还有一个有关现场总线的标准草案,那就是IEC61915"低压开关设备与控制设备——网络化工业设备的描述(Profibus for Networked Industrial Device)"。

多种现场总线技术标准并存已成定局!

目前发展得比较快的是低速现场总线,而高速现场总线进展缓慢。高速现场总线主要应用于控制网内的互联,以及连接控制计算机、PLC等智能化程度高,处理速度快的设备,以及实现低速现场总线网桥间的连接。主流现场总线FF用100Mbit/s的Ethernet来增强其高速总线H2的方案。选用100Mbit/s速率的以太网的物理层、数据链路层协议,可以使用经济的以太网芯片、支持电路、集线器、中继器和电缆,不用定制专用的芯片,只需FF H1的功能应用于以太网即可。Profibus也宣称用100Mbit/s的Ethernet来进行其高速现场总线的设计。

由于以太网是计算机应用最广泛的网络技术,若以以太网作为高速现场总线框架的主体,可以使现场总线技术和计算机网络技术的主流技术很好地融合起来,形成现场总线技术和计算机网络技术相互促进的局面,使高速现场总线统一在 Ethernet 之下。下面介绍 Ethernet 的发展与应用,有关 Ethernet 与现场总线,目前争论得很激烈,但 Ethernet 的应用确实越来越广泛。

9.6.2　Ethernet 进军工业自动化领域

如前所述,Ethernet 是应用最广的网络技术。实际上它不仅是一种主要的办公自动化局域网,而且大举进军工业自动化领域,在工业控制局域网中得到了很好的应用。Ethernet 在工业自动化领域从被抛弃到受到优待,发生了翻天覆地的变化。

(1)Ethernet 作为工控网的可行性

①阻碍 Ethernet 作为工控网的问题已解决。Ethernet 采用由 IEEE802.3 定义的数据传输协议 CDMA/CD(带有冲突检测的载波侦听多路访问协议),该协议虽然简单,但它由碰撞而引起的信息传输时间的随机性是一切争论和反对 Ethernet 的根源。但随着 Ethernet 速度的提高,从最初的 10Mbit/s 发展到 100Mbit/s,目前已有超过 1 000Mbit/s 的产品了,足够的带宽足以承受很大的负荷,以上问题就得到了大大的淡化。当网络负荷不超过带宽的 37% 时,网络冲突率很低。加之可用交换机,使接入网络的节点各自独占一条线路来彻底解决以上问题。采用高速背板交换或微处理器交换,响应时间是确定的。另外,Ethernet 的网络传输线已从昂贵且难以安装的同轴电缆变化到廉价的非屏蔽双绞线,它的抗干扰能力可与 4～20mA 模拟传输线路相当,如果需要更强的抗干扰能力,可以采用屏蔽双绞线或光纤通信。解决了实时性、稳定性和抗干扰性,Ethernet 的优越性便凸现。

②低成本是 Ethernet 的极大优越性。以太网与计算机、服务器等接口十分方便。Ethernet 网卡的价格为 FF 现场总线网卡的十分之一。另外,用户的拥有成本下降,几乎每一家企业都具备 Ethernet 维护人员。

③Ethernet 易与 Internet 集成。

④Ethernet 受到广泛的技术支持。几乎所有的编程语言都支持 Ethernet 的应用开发,今后还会出现更好的 Ethernet 开发技术。硬件开发商为 Ethernet 系统的设计提供了广泛的硬件产品选择,人们对 Ethernet 的设计、应用有较为丰富的经验。

应用 TCP/IP 协议的 Ethernet 已经成为最流行的分组交换局域网技术,同时也是最具开放性的网络技术。由于以太网成熟的技术、低廉的网络产品、丰富的开发工具和技术支持,当现场总线的发展遭遇到阻碍时,以太网控制技术却以非常迅猛的速度发展。

(2)Ethernet 从诸多途径进入工控领域

Ethernet 进入工业自动化领域首先是从 I/O 开始的,这类产品最初用于基于 PC 机的开放式控制系统,由于绝大多数商用 PC 均提供 Ethernet 接口,操作系统也配备了 TCP/IP 协议,使几乎所有的 I/O 的供应商均提供一个支持 TCP/IP 协议的 Ethernet 网接口。另外,控制器、PLC 和 DCS 厂商也开始提供 Ethernet 接口。

现场总线及 FCS 的高层大都能与 Ethernet 相连接。由于工业控制的方向是与 Internet 集成,所以各大现场总线大多与 Ethernet 相连接,成为如图 9.16 所示的 Ethernet/Fieldbus 的网络结构。随着因特网的迅速扩大,它所采用的 TCP/IP 协议成为事实上的工业标准,再加上 PC 机、工业 PC 机逐渐成为企业的主流机种,使企业网络结构受到因特网连接方式和通信技

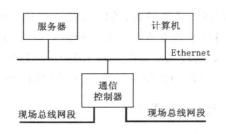

图 9.16　Ethernet/Fieldbus 的网络结构

术发展的冲击与影响,在基本相同的功能模式下,网络的结构层次简化了许多。即 TCP/IP 通信协议占据了 TOP/MAP 层通信协议的位置,多层分布式子网的结构逐渐为以太网所取代。

现场总线组织直接开发基于以太网的现场总线协议。FF,Profibus,ControlNet 等也在着手进行相关的开发。

(3)Ethernet 直接到达传感器与执行器

随着计算机技术的发展,工业控制领域出现了嵌入技术,现正步入 PC 成熟技术向嵌入式产品转化的后 PC 时期。利用嵌入技术的软、硬件,设计者可在单片机系统上实现以太网技术。目前,嵌入式 PC 机(即字长 32 位的 CPU 单版机)的结构很适合于嵌入仪表和设备中,使这种仪表易于提供 Ethernet 接口,这样,Ethernet 就可到达传感器和执行器。事实上,一些机构早就在做这方面的研究,如 1998 年成立的 Industrial Automation Open Networking Alliance(IAONA)。该组织致力于分析在工业自动化领域应用 Ethernet 和 Internet 的协议的障碍,研究可能的实现方法,并提出相关的标准。一些著名的大公司已利用嵌入技术将以太网接口做到变电站的保护装置中。目前 IEC 正在制定有关变电站自动化系统的内部通信协议,其目的在于使不同厂家的产品有互操作性,虽然还未公布,但据了解它是一个分层的网络,主干网就是以太网。从以太网的发展势头表明,以太网络将可能成为分布式网络的主要接入网络,并且将最终连接大多数的传感器与执行器。

让现场仪表具有 Ethernet 接口而直接构成如图 9.17 所示的基于 Ethernet 的工业控制网

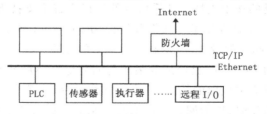

图 9.17　新型扁平工业控制网络体系结构

络。这个网络的特点是:首先,Ethernet 贯穿于整个网络的各个层次,它使网络成为透明的、覆盖整个企业范围的应用实体。它实现了办公自动化与工业自动化的无缝结合,因而称它为扁平化的工业控制网络,其良好的互联性和可扩展性使之成为一种真正意义上的全开放的网络体系结构,一种真正意义上的大统一。其次,高性能的工业网络要求更高的带宽,而以太网是一种成熟的快速的网络协议,近期发展的 100Mbps 快速以太网以及千兆以太网使其能够胜任成为整个企业范围的主干网,它能提高带宽与响应时间。另外,低成本是基于以太网的工业控制网络的无可比拟的优越性。

具有 Ethernet 接口的现场设备可通过 Ethernet 直接与 Internet 相连,故有人又把它称为嵌入式 Internet 技术。利用嵌入式 Internet 技术,可以比较方便地在各类嵌入式应用中实现远距离操作、监测、控制和维护,构成嵌入式的远程监控网络。

9.6.3　现场总线带来的机遇与挑战

国外经历了十几年的现场总线技术正逐渐走向成熟,而我国才刚刚起步。面对这种严峻的局面,我国发展具有自主知识产权的现场总线产品迫在眉睫。我国的现场总线技术起步很晚,起点也较低。现场总线智能仪表与系统作为关键技术列入国家"九五"科技攻关计划。浙大中控 1996 年承接了"九五"攻关项目"现场总线控制系统的开发"及其 5 个课题,项目总经费 3 400 万元。开发完成了基于 HART 协议系列产品。但 HART 协议属于模拟系统向数字系统转变过程中的过渡性产品,它不是真正的现场总线。换句话说,目前我们还没有自己的真正的现场总线系列产品。面对国际上存在的几十种现场总线,这实在是有几分尴尬。积极吸收和引进国外现场总线的先进技术和管理经验,加强同国外大公司的合作,无疑是一条行之有效的捷径。我国相关的部门采取了积极的姿态,成立了国外主流现场总线专委会:

中国仪器仪表行业协会已成立了中国现场总线专委会,简称 CFC;

中国机电一体化应用协会已成立了 Profibus 专委会,简称 CPO;

建设部成立了中国智能 Lonworks 协作网;

上海电器科学研究所与 ODVA(开放式设备网络供货商协会,DeviceNet 总线的组织机构)签署了合作协议,共同筹建 ODVA China;

World FIP 将在中国设立信息中心;

P-Net 在中国设有联络处。

如同其他领域发生的一样,现场总线技术是工厂底层通信技术的一次数字化革命,它使传统系统结构发生变革,而系统结构的变革,最终导致制造商们重新调整市场策略和格局。开放性为我国电器及电气控制带来了新的机遇,为我国的自动化产业带来了新的机遇。

过去,无论是 PLC 还是 DCS,系统的硬件、软件甚至现场级设备都是捆绑销售的。由于国际著名自动化系统制造商在开发投入、生产规模、销售组织、品牌宣传、应用支持方面比国内厂商具有绝对优势,因此,国内绝大部分产品市场份额被国外厂家占有。由于系统的封闭性,国内厂家很难在国外系统产品上做面向行业的专业性技术开发以期达到系统增值,多数国内系统集成商所能做的只是系统成套。系统集成商之间的市场竞争成败,其中技术因素不多,主要是在价格方面。这使得国内从事自动化行业的企业度日艰难。

现场总线技术、Internet、TCP/IP 协议、Ethernet 的发展,新型自动化监控系统的产生,使系统趋于开放,系统产品趋于通用型,具有互操作性、可互换性,总之,新型自动化监控系统提供了一个开放的、通用标准的软硬件平台。因此,这就为国内厂家提供了进入市场的机会。一方面对于自动化系统集成类企业,可利用企业在系统设计、软件设计方面的优势,利用企业在某一领域方面具有技术、经验、知识方面的优势,在通用的系统平台上,开发出自己的、面向优势行业的、具有专家及智能控制功能的系统,这比单纯的系统配套更能为企业带来效益。另一方面,国内大批现场设备制造厂家(如驱动器、传感器、变送器、调节器、执行机构、HMI、电机启动及电流保护装置、输配电保护装置、高、低压开关设备等等),特别是那些生产特殊品质产品的厂家(如具有专业控制算法的调节器、高防护等级、本征安全、可接受 RTD,mV、高压、大电流信号等现场设备产品),改造其产品使之具有现场总线接口,可为本企业产品开拓更广泛的市场。因为采用进口控制器、国产现场设备（如驱动器、传感器、变送器、调节器、执行机构、I/O）的现场总线控制系统，兼顾了可靠性、功能、价格三方面因素，会得到用户青睐并具有广阔的市场。

思考题与习题

9.1　什么是广域网、局域网？他们的特点与用途各是什么？

9.2　简述双工通信系统的组成以及通信过程。

9.3　在计算机网络中，数据交换技术是十分重要的内容。通信的基本交换方式有哪些？各有什么特点？最常用的是哪一种？

9.4　ISO 提出的 OSI 模型共有 7 层，它们的内容是什么？可为什么现场总线的通信模型往往要简单一些？

9.5　计算机网络常用的拓扑结构有哪几种？各有什么特点？

9.6　什么是 CSMA/CD 通信协议？它在局域网中使用普遍吗？

9.7　现场总线的定义和功能是什么？它是否属于局域网？

9.8　简述现场总线的分类与特点。

9.9　为什么中型 PLC 主要采用标准化的 PROFIBUS 或 ControlNet 来相互通信，而底层传感器、执行器与 PLC 的通信主要采用 DeviceNet？

9.10　现场总线的特点是什么？它有哪些优越性？

9.11　什么是 DeviceNet 的连接概念？

9.12　总线系统中的低压电器产品大致分为几个层次？各有什么作用？

9.13　第四代低压电器产品的主要技术特征是什么？

9.14　为什么说现场总线使电气控制系统的结构发生了彻底的变化？

9.15　工业组态软件的作用是什么？

9.16　基于现场总线的自动化系统结构的变化趋势是什么？

9.17　Ethernet 本来主要是一种办公自动化局域网，但目前为什么在工业控制局网中得到了越来越广泛的应用？

第**10**章
电气控制系统的可靠性

10.1 可靠性的基本概念

10.1.1 可靠性的提出

将可靠性作为一门学问提出来,始于第二次世界大战。1939年美国军械部队在监察贮存弹药的统计方法上取得成功,从而把统计数学理论和方法用于质量控制过程中。朝鲜战争开始以后,美国在战场上使用了当时看来性能先进但结构比较复杂的设备,但故障频繁,这就迫使美国大力开展可靠性研究,因而美国是发展可靠性技术最早的国家,第一个正式机构是电子装置可靠性咨询委员会(AGREE)。1966年前后,美国陆续制定了军用规格、标准(MIL,MIL-STD),成为今日可靠性体系的基础。而后,又完成了从可靠性环境实验到生产过程的全面质量管理。德国发展可靠性工程是从系统可靠性研究开始,发展了定量的、用统计方法处理的基本原理。从20世纪60年代起,因空间科学和宇航技术的发展,可靠性研究水平得到进一步提高。现在可靠性研究已成为一门完整的、综合性很强的应用学科。

10.1.2 可靠性的定义

可靠性定义:系统在规定条件下,在规定时间内,完成规定功能的能力,叫做可靠性。

可靠性是评价产品质量的最主要指标。评价一个产品的好坏,主要看它的三大要素:可靠性、性能和价格,而可靠性则起着主要的作用。

可靠性和使用条件有很大关系。使用条件包括正常使用条件和偶尔发生的非正常使用条件例如短路等。使用条件可分为环境条件、操作条件、负载条件。

可靠性与使用时间有关,用得愈久可靠度愈低。因此讨论产品的可靠性水平时必须明确对应的时间。

可靠性与规定的功能有关,同一产品在相同条件下和同一时间内,丧失不同功能的概率是不同的。因此,规定的功能(称为失效判据)不同可靠度也不同。应当首先关心对应于实际需要的功能的可靠性,必要时可根据失效后果严重程度的不同分别规定对应于不同功能的可靠性要求。

电气控制设备应具备各种功能以满足使用要求。经过正常生产和检验,新出厂的产品是能完成这些功能的,但是实际上经过一段时间的使用以后,有些产品会因丧失某些功能而失效。产品的功能再好,如果使用后其功能很快就丧失,从实际使用上看是没有多少价值的。

10.1.3 研究可靠性的意义

质量是产品的生命,质量是企业的灵魂。近年来,人们逐渐认识到可靠性和可测性的重要性。从经济上和从安全考虑,一个部件的失效和不能修复,往往损坏整个设备和系统,如一个小小部件的失效,可使火箭发射失败、航天飞机坠毁。不论从国防使用的军工产品上,还是从民用工业、民用商品上,人们现在越来越认识到可靠性的重要性、迫切性和必要性。

为了提高系统的可靠性,人们进行了长期的研究,总结出了两种方法:容错和避错。所谓容错,就是指当系统中某些指定的部件出现故障时,系统仍能完成其规定的功能,并且执行结果不包含系统中的故障所引起的差错。容错的基本思想是在系统中加入冗余资源,来掩蔽故障的影响,从而达到提高系统可靠性的目的。所谓避错,就是试图构造出一个不包含故障的完美系统。要做到这一点,实际上是绝对不可能的。一旦出了故障,则就要通过检测手段来消除故障。一个系统的可靠性如何,从另一方面讲,就是看测试技术能否及时和准确地发现其内部的故障的水平。

10.1.4 研究的内容及方法

可靠性与可测性研究的主要内容有:

① 明确系统在规定时间内完成任务的成功概率,这是可靠性研究的基本目标。

② 研究失效原因,找出防止和减少失效的方法,并且在失效后及时地通过测试技术来恢复系统工作。

③ 为了达到高可靠性水平,可能会与产品性能、价格发生冲突,因此需要权衡这几方面的关系。

④ 设备在使用阶段的维修性,设备的故障检测与诊断能力,设备是否容易检测,修复失效的时间等。因此,需研究设备可靠性与维修性的最佳组合。

在研究方法上,对于可靠性分析,主要分为可维修和不可维修两大类;对于可靠性设计,主要是采用可靠度指标分配法、优化法和冗余法来提高可靠性指标。

10.2 可靠性特征与可靠性模型

10.2.1 失效率

失效的定义:当电路(或系统)在运行时,偏离了指定的功能,把这种情况叫做电路(或系统)发生失效。

故障的定义:我们把引起失效的一种物理缺陷叫故障。

失效率的定义:工作到某一时刻尚未失效的产品在其后单位时间内发生失效的概率称为失效率 λ:

$$\lambda = f(t)/(1 - F(t)) \tag{10.1}$$

式中 $F(t)$——在 t 以前发生失效率的累积概率;

$f(t)$——失效分布密度函数。

在 λ 为常数时,由上式可得

$$f(t) = \lambda e^{-\lambda t} \tag{10.2}$$

符合上式的分布称为指数分布。失效率 λ 是指数分布失效常用的可靠性特征量,单位为次 / 小时。

失效后可以通过修复使之恢复功能的产品称为可修复产品,控制装置一般是可修复产品;失效后不能或不值得修复的产品称为不可修复产品,控制电器元件一般为不可修复产品。可修复产品和不可修复产品的可靠性问题有很多不同点。

当可修复产品的失效或自行恢复的失效服从指数分布时,失效率的倒数称为平均无故障工作时间 MTBF(Mean Time Between Failure):

$$\text{MTBF} = 1/\lambda \tag{10.3}$$

MTBF 也可作为可靠性特征量,表示相邻两次失效的间隔时间的平均值。

10.2.2 可靠度与可靠寿命

(1) 浴盆曲线

产品在使用过程中不同时期的失效率及其变化趋势是不同的。大概可分为以下三类:

① 早期失效:开始使用不久就发生的失效称为早期失效。这种失效主要由于设计、制造上的缺陷,运输、存储不当或选用、使用不正确等原因造成的。早期失效的特点是随时间的增长而减小;

② 偶然失效:因各种偶然因素发生的失效称为偶然失效。偶然失效与使用条件关系很大,偶然失效率与时间无关;

③ 耗损失效:产品使用很久以后由于磨损、老化、疲劳等原因引起的失效称为耗损失效。例如,触点电蚀、零件磨损等,耗损失效随时间的增加而增大。

失效率随时间变化的曲线形状类似浴盆,称为浴盆曲线,如图 10.1 所示。

早期失效和耗损失效的失效率是随时间变化的,控制电器元件的失效率在很多情况下服从下式

$$\lambda(t) = C t^{m-1} \tag{10.4}$$

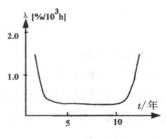

图 10.1 浴盆曲线

当 $m = 1$ 时 λ 是常数,反映偶然失效;

当 $m > 1$ 时 λ 是 t 的增函数,反映耗损失效;

当 $m < 1$ 时 λ 是 t 的减函数,反映早期失效。

(2) 可靠度

定义:系统在规定条件和规定时间 t 内,完成指定功能的概率,叫做该系统的可靠度 $R(t)$,可靠度是时间的函数。给定的可靠度所对应的时间称为可靠度寿命。可靠度可表示为

$$R(t) = P\{T > t\} \tag{10.5}$$

式中,T 表示系统正常工作时间这一随机变量。

当把时间 t 作为变量时,系统的可靠度就变为以 t 为变量的可靠度函数 $R(t)$。显然,连续工作时间越长,发生故障的可能性越大,因而可靠度也就愈低,所以可靠度函数是一个递减函数。

产品的可靠性指标必须分配给各组成单元或元件,变成单元或元件的可靠性指标,而后才

能估计实现的可能性或采取措施使之实现。可靠性分配必须综合考虑各元件失效后果的严重程度和实现可靠性指标需付出代价的大小。

10.2.3　可靠性模型

对系统进行可靠性分析,是通过建立可靠性数学模型来实现的。在以下的各模型中,均假定第 i 个单元的可靠度为 $R_i(t)$,$i=1,2,\cdots,n$,且各单元之间是相互独立的。

（1）串联系统

定义:把组成系统中任一单元失效均导致系统失效的系统叫做串联系统。图 10.2 表示一

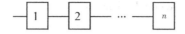

图 10.2　串联系统模型

个由 n 个单元组成的串联系统模型。根据串联系统的定义和概率理论,可得串联系统的可靠度为

$$R(t) = R_1(t) \cdot R_2(t) \cdots R_n(t) = \prod_{i=1}^{n} R_i(t) \tag{10.6}$$

（2）并联系统

定义:一个系统由 n 个部件组成,只有当这 n 个部件全部失效时才导致系统失效的系统叫做并联系统。图 10.3 表示一个由 n 个单元组成的并联系统模型。根据概率理论,可得并联系统的可靠度为

$$R(t) = 1 - \prod_{i=1}^{n} (1 - R_i(t)) \tag{10.7}$$

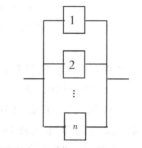

图 10.3　并联系统模型

（3）复合系统

定义:把由若干串联和并联分系统并联或串联起来的系统,叫做复合系统。首先求出各分系统的可靠度,然后再根据各分系统的并联或串联关系,按以上并联或串联系统可靠度的算法求出复合系统可靠度。

（4）表决系统

定义:由 n 个部件组成,当 n 个部件中至少有 k 个部件正常工作时系统才能正常工作,这样的系统叫做 n 中取 k 表决系统(k/n)。也就是说,当系统的失效部件数大于($n-k$)时,就发生失效,其可靠性模型如图 10.4 所示。如果每个部件的可靠度均为 $R_0(t)$,那么根据表决系统的定义,结合二项式分布原理可得表决系统的可靠度为

$$R(t) = \prod_{i=k}^{n} C_n^i R_0^i(t) (1 - R_0(t))^{n-i} \tag{10.8}$$

式中,$C_n^i = \dfrac{n!}{(n-i)!i!}$

（5）旁待系统

定义:旁待系统又称旁待冗余系统,它是指工作单元和冗余单元互相分开,只有工作单元在线工作,其他冗余单元在旁等待,只有当工作单元发生故障时,旁待冗余单元才替代工作单元接入系统工作。

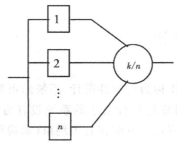

图 10.4　k/n 表决系统模型

图 10.5　冷旁待系统模型

根据旁待单元所处的状态又可分为冷旁待系统、暖旁待系统、热旁待系统。

① 冷旁待系统:该系统由 n 个单元组成。最初只有工作单元在工作,其余 $n-1$ 个单元在旁冷等待。当工作单元失效后,在旁冷等待的单元逐个去替换,直到所有单元失效,系统才失效,如图 10.5 所示。假设冷储备单元不劣化,且开关 k 的可靠度为 1,则系统的可靠度为

$$R(t) = 1 - F_1(t) * F_2(t) * \cdots * F_n(t) \tag{10.9}$$

式中,$F_i(t)$ 为第 i 个单元的寿命分布,$*$ 表示卷积。

事实上,开关不可能完全可靠,因此系统的可靠度受到了开关可靠度的影响。

② 暖旁待系统:与冷旁待系统的差别在于旁待的单元处于轻载的状态,因而在储备期失效是可能的。因此暖旁待系统的可靠度低于冷旁待系统。

③ 热旁待系统:旁待单元与工作单元同时工作,无任何差别。因此该系统可用通常的并联系统求其可靠度。若考虑开关的可靠性,则用复合系统模型求其可靠性参数。

10.2.4　故障检测与诊断

引起故障的原因有三类:

① 由设计原因引起。如设计规范有错或者违背设计规范进行设计。

② 由制造工艺引起。如元器件不合格,规定的电压误差精度不能达到或接错线等。

③ 由外界条件引起。如温度、振动、电磁干扰、噪声过大等。

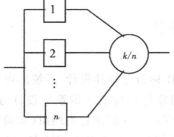

图 10.6　故障检测模型

确定电路或系统有无故障、或功能是否正常的操作叫做故障检测。故障检测的基本模型如图 10.6 所示。如果输出为 1,则表示出故障;如果为零则表示未检测出故障。

通过故障检测发现故障之后,根据需要,确定故障的具体位置的操作叫做故障定位,把用来定位故障的序列叫做故障区分序列。

包含故障检测与故障定位的操作,叫做故障诊断。

故障按其检测特征可分为可测故障、不可测故障、可区分故障、不可区分故障。可测故障是指该故障可被测试序列检测出来,不可测故障是指该故障不能被任何测试序列检测出来;可区分故障是指两个故障能被测试序列区分开来,不可区分故障是指两个故障不能被任何测试序列区分开来。

10.3 可靠性设计

在生产设计过程中,为赋予产品可靠性而进行的工作称为可靠性设计。系统的可靠性设计指确定、预测和分配系统的可靠性指标,同时提出实现可靠性指标要求的系统设计方案,提高可靠性有关的具体设计工作和可靠性审查。它研究的内容是一方面在有关约束(如费用、体积、重量等)条件下,选择和分配备份元部件的个数,以便系统的可靠度达到极大值;另一方面则是在满足系统可靠度要求和其他约束的条件下,选择和分配备份元部件的个数,以便系统设计中所花费的资源达到最小值。

10.3.1 系统的可靠性设计

(1) 轻装设计

所谓轻装设计就是在系统能够完成规定功能的情况下,尽量减少元部件数量。因为系统的复杂化是系统可靠性下降的根本原因。因此,减少元部件数量,一方面可以提高系统的可靠性,另一方面又能减少系统设计所花费的资源,但前提是在不影响系统完成指定功能。主要有以下几种设计方法:

① 时间冗余法:所谓时间冗余就是在实时性要求不高而可靠性又要求很高的情况下,采用重复执行同一任务,然后比较前后结果的方式来提高可靠性和减少部件数量。例如针对同步定点卫星空间位置变化小、实时性相对不强等特点,采用使卫星在接到指令后再发回到地面,地面控制设备在检查前后指令一致后,发出执行指令码,使卫星开始执行指令,以时间为代价提高了通信的可靠性。

② 减少系统的串联部件数设计:由于对于一个系统来说,串联的部件越多,可靠性就越低。因此,在不影响系统完成指定功能的情况下,减少系统的串联部件数,可大大提高系统的可靠性。

③ 多采用集成器件设计:为了提高系统的可靠性,在可能的情况下,尽可能地多采用集成器件,可大大降低系统的复杂程度,从而提高系统的可靠性,降低成本。

(2) 冗余设计

从理论上来说,采用冗余设计方案能够达到任何可靠性设计指标。但是,由于冗余元部件的增加,相应地也就增加了系统的体积、重量、费用和功耗等。因此冗余设计是一个可靠性指标和资源指标(如体积、重量、费用、功耗等)权衡的问题。

1) 系统冗余

系统冗余是以整个系统为单元并联而成的,图 10.7 为两单元热备旁待系统(或双工系统)的冗余模型,其可靠度可表示为

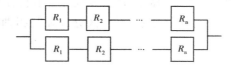

图 10.7 系统冗余模型

$$R_s = 1 - (1 - \prod_{i=1}^{n} R_i)^2 = 2 \prod_{i=1}^{n} R_i - (\prod_{i=1}^{n} R_i)^2 \qquad (10.10)$$

如果 $R_1 = R_2 = \cdots = R_n = R$ 时,式(10.10)变为

$$R_s = 2R^n - R^{2n} \qquad (10.11)$$

此以双工系统为例,并假设单个分系统的寿命服从负指数分布,失效率为 λ,则由式(10.11)可得

$$R_s = 1 - [1 - e^{-k}]^n \qquad (10.12)$$

式中,n 表示所并联的分系统数量。

从上式可知,当有冗余系统后,系统的可靠度在系统开始工作后有一短期的缓冲期,随着时间的增加,可靠度快速下降。因此,系统冗余对于短期工作的系统来说可获得高的可靠度,但时间一长,冗余作用就显示不出来。

2) 旁待冗余

以冷旁待冗余系统为例。冷旁待冗余系统中的冗余单元不接入工作,只有在系统失效后方接入系统开始工作。假设冷旁待冗余系统每个单元的失效率为 λ,具有理想的转换开关,则可得

$$R_a = e^{-\lambda t} \sum_{i=0}^{n-1} \frac{(\lambda t)^i}{i!} \qquad (10.13)$$

由于冷备旁待冗余时其失效率为 0,故冷旁待冗余能够大幅度提高可靠度,并且随着冗余度的增加,可靠度的提高更加明显。但是旁待冗余中的切换开关的可靠度不可能为 1,并且冗余单元由于受环境的影响其失效率也不可能为 0,所以系统的可靠性水平将受到影响。

3) 部件冗余

部件冗余是以系统中的部件为对象进行冗余构成的冗余系统。图 10.8 是以两部件冗余构成的部件冗余系统,其实部件冗余系统就是并串联系统,其可靠度为

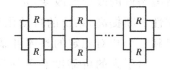

图 10.8　两部件冗余模型

$$R_p = (1 - (1 - R^2))^n = (2R - R^2)^n = R^n(2 - R)^n \qquad (10.14)$$

用式(10.14)除以式(10.10)得

$$\frac{R_p}{R_s} = \frac{R^n(2-R)^n}{2R^n - R^{2n}} = \frac{R^n(2-R)^n}{R^n(2-R^n)} = \frac{(2-R)^n}{2-R^n} > 1 \qquad (10.15)$$

由此可见,部件冗余的可靠度大于系统冗余的可靠度,并且 n 越大优势越明显。这是因为对于系统冗余来说,它只有两条通路,每一条通路中任意一个单元失效,使得单个系统失效。对于单元冗余,则有 $2k$ 条通路,除了不允许两个并联单元同时失效外,系统最多能允许 k 个单元失效。

正因为如此,后面在讲到可靠性指标分配时主要研究部件冗余的系统。

(3) 优化设计

优化设计比较复杂,这里简要介绍其设计思想。

① 优化组合设计:由于基本工作单元与备份单元的可靠度不可能相同,而不同可靠度单元间的不同组合构成的系统的可靠度也不可能相同,可靠性的优化组合设计就是要使系统的可靠度达到最大值。

优化组合设计又分为双工系统混合冗余系统以及表决系统的优化组合设计三种情况。

② 含约束的优化设计:在相同资源条件下,部件冗余设计比系统冗余设计的可靠度要高,因此含约束的优化设计主要讨论部件冗余的含约束优化设计。通过重要度方法、动态规划法和搜索法等分析方法,在一定的约束条件下使系统的可靠度达到最大值的目的。

10.3.2 含人的因素的可靠性设计

在规定条件下,在系统运行的任何阶段和规定时间内,人能够成功完成所赋予他的某一项任务的概率,叫做人的可靠度,可用下式表示:

$$R_h(t) = P\{人在(0,t)时间内完成规定任务 \mid 条件\} \tag{10.16}$$

由于人的判断错误、操作错误或未及时执行操作而导致预定的目标没有达到,造成工作计划失败等,称为人为差错,又称为人的不可靠性。影响人的因素很多,如环境、生理、健康、心理、教育水平、经验和应变能力等。从式(10.7)和(10.16)可知,人的可靠度与部件的可靠度不同之处在于有条件限制,许多部件的失效率为常数 λ,而人的差错率将随条件的改变而改变。

当人操作发生失误时,可直接引起系统的输出结果不正确,因而可见人是串联在系统中的,但人在发生错误后能吸取教训,自我训练和学习,从而丰富人的技能和经验。

有人参与系统的可靠性设计是指既要考虑组成系统的各部分或分系统的可靠性又要考虑人的因素的可靠性设计。在进行有人参与系统的可靠性设计时,首先要进行可靠性分配,采用优化方法把所规定的可靠性指标分配给子系统、整机、部件和人员,在这些子系统、整机当中,重要的是要注意哪些有人参与。系统的自动化程度越高,人的参与程度越低。由于人的差错率将随条件的改变而改变,是一个不稳定的因素,因而随着技术的发展,子系统、整机、部件的可靠性不断提高,系统的自动化程度也越来越高,将所规定的可靠性指标尽可能分配给系统,以得到一个相对稳定的整体可靠度。

由于人的可靠度有条件限制,条件的改变将影响人的差错率,因此在有人参与的子系统中,要从工程心理学的角度进行设计,要使设计的监控器、控制器便于操作者操作和观察,要尽量避免环境条件对人和机器的不良影响。要结合人与硬部件各自的优点,取长补短,实行最佳组合。

另外,还要进行可靠性评估和预测。评估的目的是寻找系统的瓶颈部分,预测的目的是为了了解系统消耗的资源以及可靠度是否达到要求。

10.3.3 可靠性指标的制定

对可靠性特征量的要求称为可靠性指标。制订可靠性指标的工作包括确定指标项目和指标数值。一种产品的可靠性要求常常需要用几项指标来反映。指数分布失效的可靠性指标可用失效率或 MTBF 来表示;对于早期失效和耗损失效宜用可靠度和可靠寿命来表示;对于控制装置等可修复产品常用的还有有效度,即产品能工作的时间与能工作时间加不能工作时间之和的比值来表示。

同一产品的可靠性特征量因条件、时间、功能而不同,因此在规定可靠性指标时必须明确对应于什么条件、时间、功能的指标。制定可靠性指标,必须具体分析实际使用需要,根据已有经验或数据预测实现的可能性,以取得最佳经济效益。

10.3.4　可靠性预测

可靠性预测分为定性或定量的两类。

定性的可靠性预测是在设计阶段就对将来可能导致产品失效的因素进行分析和预测，找出薄弱环节，以便在设计中采取预防措施。采取的方法可以是从组成单元着手，分析其失效模式、对系统的影响及造成的后果，即 FMECA 法 (Failure Mode Effects and Criticality Analysis)；也可以是从系统失效着手，逐级分析引起失效的因素，即 FTA 法 (Fault Tree Analysis)。

关于定量的可靠性预测比较复杂，此处略去不讲。

10.3.5　可靠性分配

产品的可靠性指标必须分配给各组成单元或元件，变成单元或元件的可靠性指标，而后才能估计实现的可能性或采取措施使之实现。可靠性分配必须综合考虑各元件失效后果的严重程度和实现可靠性指标需付出代价的大小。

随着电器元件的电子化、集成化，控制系统的复杂化，可靠性问题日益受到广泛重视。提高电气控制系统的可靠性从大的方面说有两个途径，一是从系统结构入手，降低整个系统的失效率；二是从系统维修方面入手，提高整个系统的快速修复率。降低系统的失效率主要采用容错技术，提高系统的修复率很大程度上依赖于测试技术。现代电气控制系统在以上两个方面的技术水平有了卓有成效的提高，这种提高表现在元件、装置本身的可靠性提高和控制模式的科学化。如可编程控制器的平均无故障时间可达三十几万小时，控制模式从集中式控制变为分布式控制，将系统失效的风险分散到每一回路。另外，现代设备与装置在故障检测技术上有突破性的提高。如数控机床有丰富的实时故障检测编码，智能化的电器产品都有很强的自诊断、自检功能以及准确的故障定位。随着技术的发展、自动化程度的提高，产品与系统的可靠性受到了前所未有的重视，人在系统工作过程中的参与越来越小，而在系统的可靠性设计中愈显重要。电气控制系统的发展过程，同时也是可靠性不断提高的过程。高可靠性是现代电器产品和现代电气控制系统得以产生、发展和不断更新的基石。

思考题与习题

10.1　为什么要研究可靠性？研究可靠性的意义何在？

10.2　说明可靠性设计的内容。

10.3　从浴盆曲线中得出早期失效、偶然失效和耗损失效各自的特点，并给出相关的对策。

10.4　人的可靠度有什么特点？为什么随着科学技术的发展，在现代电气控制系统中，人的参与程度降低了？

10.5　现代电气元件或电气装置在提高产品的可靠性设计上通常采用了什么样的措施？

附录 1

附 1.1 国产低压电器产品型号编制办法

(1)全型号组成型式

□ □ □—□ □／□ □

　　　　　　　　热带产品

　　　　　　辅助规格代号(最好用数字，位数不限)

　　　　派生代号(用汉语拼音字母，最好一位，表示系列内个别变化的特征。如加注通用
　　　　派生字母对照表，附表1.1)

　　　基本规格代号(用数字，位数不限)

　　特殊派生代号(用汉语拼音字母，最好一位，表示全系列在特殊情况下变化的特征，一般
　　不予采用)

　设计代号(用数字，位数不限，其中二位及二位以上首位数字为"9"者表示船用；"8"表
　示防爆；"7"表示纺织用；"6"表示农业用；"5"表示化工用

类组代号(用汉语拼音字母，最多三位，类组代号见附表1.2)

(2)类组代号

类组代号与设计代号的组合，表示产品的"系列"，类组代号的汉语拼音字母方案的首二位字母规定如附表1.2。如需要三位的类组代号，其第三位字母在编制具体型号时，以不重复为原则，临时拟定之。

(3)汉语拼音字母选用的原则

①采用所代表对象的第一个音节字母；

②采用所代表对象的非第一个音节字母；

③采用通俗的外来语言的第一个音节字母；

④万不得已时才选用与发音毫不相关的字母。

附 1.2　加注通用派生字母对照表(附表 1.2)

附表 1.1　加注通用派生字母对照表

派生字母	代 表 意 义
A,B,C,D,…	结构设计稍有改进或变化
C	插入式
J	交流,防溅式
Z	直流,自动复位,防震,重任务,正向
W	无灭弧装置,无极性
N	可逆,逆向
S	有锁住机构,手动复位,防水式,三相,三个电源,双线圈
P	电磁复位,防滴式,单相,两个电源,电压的
K	开启式
H	保护式,带缓冲装置
M	密封式,无磁,母线式
Q	防尘式,手车式
L	电流的
F	高返回,带分励脱扣
T	按(湿热带)临时措施制造　　此项派生字母加注在全型号之后
TH	湿热带型　　　　　　　　　此项派生字母加注在全型号之后
TA	干热带型

(4)低压电器产品型号类组代号表(附表 1.2)

附表 1.2　低压电器产品型号类组代号表

代号	名称	A	B	C	D	E	F	G	H	J	K	L	M	P	Q	R	S	T	U	W	X	Y	Z
H	刀开关和转换开关				刀开关				封闭式负荷开关		开启式负荷开关					熔断器式刀开关	转换开关					其他	组合开关
R	熔断器			插入式					汇流排式		螺旋式	封闭式					快速	有填料管式			限流	其他	

续表

代号	名称	A	B	C	D	E	F	G	H	J	K	L	M	M	P	Q	R	S	T	U	W	X	Y	Z
D	自动开关												灭弧					快速		框架式	限流	其他	塑料外壳式	
K	控制器							鼓形							平面				凸轮				其他	
C	接触器							高压		交流					中频			时间	通用				其他	直流
Q	起动器	按钮式		电磁					减压									手动		油浸	星三角		其他	综合
J	控制继电器										电流			热				时间	通用		温度		其他	中间
L	主令电器	按钮								接近开关	主令控制器							主令开关	脚踏开关	旋钮	万能转换开关	行程开关	其他	
Z	电阻器		板式元件	线状元件	铁铬铝带型元件			管形元件										烧结元件	铸铁元件		电阻器		其他	
B	变阻器			旋臂式								励磁			频繁	起动		石墨	起动调速	油浸起动	液体起动	滑线式	其他	
T	电压调整器				电压																			
M	电磁铁					阀用									牵引						起动		液压	制动
A	其他			触电保护器	插销	灯具		接线盒				电铃												

附 1.3 低压电器的使用类别代号及其对应的用途性质(附表 1.3)

附表 1.3 低压电器的使用类别代号及其对应的用途性质

电流种类	类别代号	典型用途举例	给出试验参数的标准名称
AC	AC-1	无感或微感负载,电阻炉	JB2455—85《低压接触器》 JB2458.1—85《低压电动机的起动器》
	AC-2	线绕式电动机的起动、分断	
	AC-3	鼠笼型异步电动机的起动、运转中分断	
	AC-4	鼠笼型异步电动机的起动、反接制动与反向、点动	
	AC-5a	控制放电灯的通断	
	AC-5b	控制白炽灯的通断	
	AC-6a	变压器的通断	
	AC-6b	电容器组的通断	
	AC-7a	家用电器中的微感负载和类似用途	
	AC-7b	家用电动机负载	
	AC-8a	密封致冷压缩机中的电动机控制(过载继电器手动复位式)	
	AC-8b	密封致冷压缩机中的电动机控制(过载继电器自动复位式)	
	AC-11	控制交流电磁铁负载	JB4013.1—85《控制电路电器和开关元件》 GB1497—85《低压电器基本标准》
	AC-12	控制电阻性负载和发光二极管隔离的固态负载	
	AC-13	控制变压器隔离的固态负载	
	AC-14	控制容量(闭合状态下)不大于72VA的电磁铁负载	
	AC-15	控制容量(闭合状态下)大于72VA的电磁铁负载	
	AC-20	无载条件下的"闭合"和"断开"电路	JB4012—85《低压空气式隔离器、开关、隔离开关及熔断器组合电器》
	AC-21	通断电阻负载,包括通断适中的过载	
	AC-22	通断电阻电感混合负载,包括通断适中的过载	
	AC-23	通断电动机负载或其他高电感负载	
AC 和 DC	A	非选择性保护:在短路情况下断路器为非选择性保护,即无人为故意的短延时,也无额定短时耐受电流及相应的分断能力要求	JB1284—85《低压断路器》
	B	选择性保护:在短路情况下断路器明确应有选择性保护,即有短延时不小于0.05s并有额定短时耐受电流及相应分断能力的要求	
DC	DC-1	无感或微感负载,电阻炉	JB2455—85《低压接触器》
	DC-3	并励电动机的起动、反接制动、点动	
	DC-5	串励电动机的起动、反接制动、点动	
	DC-6	白炽灯的通断	
	DC-11	控制直流电磁铁负载	JB4013.1—85《控制电路电器和开关元件》 GB1497—85《低压电器基本标准》
	DC-12	控制电阻负载和发光二极管隔离的固态负载	
	DC-13	控制直流电磁铁负载	
	DC-14	控制电路中有经济电阻的直流电磁铁负载	
	DC-20	无载条件下的"闭合"和"断开"电路	JB4012—85《低压空气式隔离器、开关、隔离开关及熔断器组合电器》
	DC-21	通断电阻性负载包括适度过载	
	DC-22	通断电阻电感混合负载包括适度过载(例如并励电动机)	
	DC-23	通断高电感负载(例如串励电动机)	
	gG	全范围分断(g)的一般用途(G)的熔断器	JB4011.1—85
	gM	全范围分断(g)的电动机回路中用(M)的熔断器	JB4011.2—85
	aM	部分范围分断(a)的电动机回路中用(M)的熔断器	JB4011.3—85 JB4011.4—85《低压熔断器》

附 1.4 EB、EH 系列接触器技术数据(附表 1.4)

附表 1.4 EB、EH 系列接触器技术数据

交流操作型号			EB9	EB12	EB16	EB18	EB25	EB30	EB40	EB50	EB63	EB75
直流操作型号			BC9	—	BC16	BC18	BC25	BC30	BE40	BE50	BE63	BE75
主极极数			3 或 4	3 或 4	3 或 4	3	3 或 4	3	3、4	3、4	3	3
额定绝缘电压/V IEC947-4-1			690						1 000			
VDE0110、NFC20-040			750						750			
UL/CSA			600						600			
冲击耐受电压/kV IEC947-4-1			6									
额定工作电压/V			690	690	690	690	690	690	1 000	1 000	1 000	1 000
约定发热电流 θ≤40℃/A			26	28	28	36	45	65	100	125	125	125
连接导线截面/mm²			4	4	4	6	6	10	35	50	50	50
使用范围 AC-1 电流/A	环境温度	≤40℃	22	24	28	36	45	55	70	100	115	125
		≤55℃	20	22	25	32	40	45	60	85	95	105
		≤70℃	17	19	23	28	32	36	50	70	80	85
连接导线截面/mm²			2.5	2.5	4	6	6	6	35	50	50	50
使用范围 AC-3,3 相,50/60Hz,环境温度≤55℃时 In(电机额定工作电流A)		380~400V	9	12	16	16	25	30	37	50	65	72
		660~690V	6	8	8	9	13	18	25	35	43	46
控制的最大电机功率/KW		380~400V	4	5.5	7.5	7.5	11	15	18.5	22	30	37
		660~690V	4	5.5	7.5	7.5	11	15	22	30	37	40
频率范围/Hz			25~400									
机械寿命(百万次)		EB	10	10	10	10	10	10	10	10	10	10
		BC/BE	10	—	10	10	10	10	10	10	10	10
		EH/EK										
机械通断最大频率(次/h)			6 000	6 000	6 000	6 000	3 000	3 000	3 000	3 000	3 000	3 000
电气通断最大频率(次·h⁻¹)		AC-1	600	600	600	600	600	600	600	600	600	600
		AC-3	1 200	1 200	1 200	1 200	1 200	1 200	600	600	600	600
		AC-2 AC-4	300	300	300	300	300	300	300	300	300	300
电寿命 AC-3 (百万次) 接触器额定电流 In≤400A			>1									
额定接通能力 AC-3			10×In(接触器额定电流)									
额定分断能力 AC-3			8×In									
最大接通能力(cos=0.35A)			300	300	300	300	390	700	800	1 000	1 000	1 100
最大分断能力 (cos=0.35A)		415V	200	200	200	200	315	380	700	1 000	1 000	1 000
		690V	120	120	120	120	210	290	350	490	490	490
短路保护,最大熔丝电流/A 交流额定电压≤500V			25	25	32/25	40	50	63	80	100	125	160
短时耐受电流 (空气温度≤40℃) /A		1s	200	280	280	280	350	400	600	1 000	1 000	1 000
		10s	90	130	130	130	200	250	400	650	650	650
		30s	50	70	70	70	110	150	225	370	370	370
		1min	40	50	50	50	90	120	150	250	250	250
		15min	22	24	28	28	45	55	70	100	115	125
热损耗(W)		AC-1	0.55	0.85	1.5	1.80	2.4	2.2	3	5.5	6.5	7
		AC-3	0.10	0.25	0.4	0.45	0.6	0.6	0.8	1.2	1.5	2

交流操作型号	EH80	EH90	EH100	EK110	EH145	EK150	EH175	EH210	EK175
直流操作型号	EH80	EH90	EH100	EK110	EH145	EK150	EH175	EH210	EK175
主极极数	3	3	3	4	3	4	3	3	4
额定绝缘电压（V） IEC947-4-1、VDE0110、NFC20-040、UL/CSA	1 000								
	1 000								
	600								
冲击耐受电压(kV) IEC947-4-1	8								
额定工作电压（V）	1 000	1 000	1 000		1 000	1 000	1 000	1 000	
约定发热电流 θ≤40℃（A）	145	160	200		230	250	260	300	
连接导线截面/mm²	50	70	95		120	150	150	185	
使用范围 AC-1 电流/A　环境温度 ≤40℃	145	160	200		230	250	260	300	
≤55℃	130	140	180		200	230	230	270	
≤70℃	110	130	155		160	200	170	215	
连接导线截面/mm²	50	70	95		120	150	150	185	
使用范围 AC-3,3 相、50/60Hz,环境温度≤55℃时 In(电机额定工作电流 A)　380～400/V	80	96	120		145		185	210	
660～690/V	50	65	120		120		170	210	
控制的最大电机功率(kW)　380～400V	40	45	55		75		90	110	
660～690V	45	59	110		110		132	160	
频率范围/Hz	25～400								
机械寿命（百万次）　EB	10						10		
BC/BE									
EH/EK									
机械通断最大频率(次·h⁻¹)	3 600	3 600	3 600				3 600		
电气通断最大频率/(次·h⁻¹)　AC-1	600	600	600				600		
AC-3	600	600	600				600		
AC-2	300	300	300				120		
AC-4									
电寿命 AC-3(百万次) 接触器额定电流 In≤400A	>1						>0.6		
额定接通能力 AC-3	10×In(接触器额定电流)								
额定分断能力 AC-3	8×In								
最大接通能力 (cos=0.35A)	1 200	1 200	1 700		1 800		2 000	2 300	
最大分断能力 (cos=0.35,A)　415V	1 100	1 100	1 400		1 500		1 800	2 000	
690V	800	800	1 100		1 200		1 500	1 700	
短路保护,最大熔丝电流/A 交流额定电压≤500V	160	200	250		250		355	355	
短时耐受电流 (空气温度≤40℃)（A）　Is	1 200	1 200	1 700		1 800		2 000	2 300	
10s	650	800	900		1 200		1 600	1 600	
30s	400	500	600		700		1 000	1 000	
1min	300	360	450		550		800	800	
15min	150	175	210		250		320	320	
热损耗(W)　AC-1	7	7.5	10		13		14	18	
AC-3	2	2.5	3		5		6	9	

附1.5 LA系列控制按钮技术数据(附表1.5)

附表1.5 LA系列控制按钮技术数据

型号	规格	结构型式	触点对数			按　钮	
			常开	常闭	钮数	颜色	标志
LA2	500V5A	元件	1	1	1	黑或绿或红	
LA9	380V2A	元件	1		1	黑或绿	
LA10-1		元件	1	1	1	黑或绿或红	
LA10-1K		开启式	1	1	1	黑或绿或红	起动或停止
LA10-2K		开启式	2	2	2	黑红或绿红	起动或停止
LA10-3K		开启式	3	3	3	黑、绿、红	向前或向后或停止
LA10-1H		保护式	1	1	1	黑或绿或红	起动或停止
LA10-2H		保护式	2	2	2	黑红或绿红	起动或停止
LA10-3H		防护式	3	3	3	黑、绿红	向前或向后或停止
LA10-1S	500V5A	防水式	1	1	1	黑或绿或红	起动或停止
LA10-2S		防水式	2	2	2	黑红或绿红	起动或停止
LA10-3S		防水式	3	3	3	黑、绿、红	向前或向后或停止
LA10-2F		防腐式	2	2	2	黑红或绿红	起动或停止
LA12-11		元件	1	1	1	黑或绿或红	
LA12-11J		元件(紧急式)	1	1	1	红	
LA12-22		元件	2	2	1	黑或绿或红	
LA12-22J		元件(紧急式)	2	2	1	红	
LA14-1	220V1A	元件(带指示灯)	2	2	1	乳白	
LA15		元件(带指示灯)	1	1	1	红或绿或黄或白	
LA18-22		元件	2	2	1	红或绿或黑或白	
LA18-44		元件	4	4	1	红或绿或黑或白	
LA18-66		元件	6	6	1	红或绿或黑或白	
LA18-22J	55V5A	元件(紧急式)	2	2	1	红	
LA18-44J		元件(紧急式)	4	4	1	红	
LA18-66J		元件(紧急式)	6	6	1	红	
LA18-22Y		元件(钥匙式)	2	2	1	黑	
LA18-44Y		元件(钥匙式)	4	4	1	黑	
LA18-22X		元件(旋钮式)	2	2	1	黑	
LA18-44X		元件(旋钮式)	4	4	1	黑	
LA18-66X		元件(旋钮式)	6	6	1	黑	
LA19-11		元件	1	1	1	红或绿或黄或蓝或白	
LA19-11J		元件(紧急式)	1	1	1	红	
LA19-11D		元件(带指示灯)	1	1	1	黑或绿或红	
LA19-11DJ	500V5A	元件(紧急式带指示灯)	1	1	1	红	
LA20-11D		元件(带指示灯)	1	1	1	红或绿或黄或蓝或白	
LA20-22D		元件(带指示灯)	2	2	1	红或绿或黄或蓝或白	

附 1.6 DZ20 系列塑料外壳式断路器技术数据(附表 1.6)

附表 1.6 DZ20 系列塑料外壳式断路器技术数据

型号	壳架等级额定电流 Inm (A)	额定电流 Inm(A)	极数	额定极限短路分断能力 ~380V Icu (kA)	额定运行短路分断能力 ~380V Ics (kA)	瞬时脱扣器整定电流		电寿命/次	机械寿命/次	飞弧距离/mm	
						配电用	动机护用电保			A	B
DZ20Y-100	100	16, 20, 32, 40, 50, 63, 80,100	2,3	18	14	10In ≤ 40A 为 600A	12In	4 000	4 000	150	80
DZ20J-100			2,3,4	35	18					150	
DZ20G-100			2,3	100	50					200	
DZ20H-100			2,3	35	18					50	
DZ20C-160	160	16, 20, 32, 40, 50, 63, 80, 100, 125,160	3	12		10In	—	2 000	6 000	100	50
DZ20Y-200	200	63*, 80*, 100, 125, 160, 180, 200,225	2,3	25	18	5In 10In	8In 12In	2 000	6 000	150	80
DZ20J-200			2,3,4	42	25					150	
DZ20G-200			2,3	100	50					200	
DZ20.H-225			3	35	18					50	
DZ20C-250	250	100, 125, 160, 180, 200, 225,250	3	15		10In	—	2 000	6 000	150	50
DZ20C-400	400	100,125, 160,180, 200,250, 315,350, 400	3	20		10In	—	1 000	4 000	150	80
DZ20Y-400		200(Y), 250, 315, 350,400		30	23	10In	12In			200	
DZ20J-400			2,3	50	25	5In	—			200	
DZ20G-400				100	50	10In	—			250	
DZ20C-630	630	250*, 315,*, 350*, 400, 500,630	3	20		5In 10In		1 000	4 000	150	80
DZ20Y-630			2,3	3	23					200	
DZ20J-630			2,3,4	50	25					200	
DZ20H-630			3	50	25					100	
DZ20Y-1250	1250	630, 700,800, 1,000, 1 250	2,3	50	38	4In 7In		500	2 500	200	100
DZ20J-1250				65	38						

附录2
电气图常用图形及文字符号新旧对照表

本附表所示是从国家标准 GB5094－85《电气技术中的项目代号》、BG7195－87《电气技术中的文字符号制定通则》以及机械工业部标准 JB2739－83《机床电气设备图解和表的绘制》中摘录出的常用文字符号。为了使用方便,还将国际 BG315－64 规定的旧符号一并列出。

附表2.1　文字符号

名　称	新符号	旧符号	名　称	新符号	旧符号
调节器	A		热敏电阻器	RT	
电桥	AB		压敏电阻器	RV	
晶体管放大器	AD		控制电路中的开关	S	K
集成电路放大器	AJ		选择开关	SA	
磁放大器	AM		控制开关	SA	
电子管放大器	AM		按钮开关	SB	AN
印制电路板	AP		过流继电器	SKA	GLJ
光电管	B		主令控制器	SL	LK
送话器	B		伺服电动机	SM	SD
扬声器	B		微动开关	SQ	WK
自整角机	B		接近开关	SQ	
测速发电机	BR	CF	万能转换开关	SQ	HK
电容器	C	C	调速器	SR	
控制绕组	CW	KQ	硒整流器	SR	XZ
单稳元件	D		硅整流器	SR	GZ
双稳元件	D		选择开关	SS	
照明灯	EL		行程开关	SQ	XK
空调	EV		限位开关	SQ	ZDK
避雷器	F		速度调节器	ST	
瞬时动作限流保护器件	FA		变压器	T	B
延时限流保护器	FR		电流互感器	TA	LH
热继电器	FR	RJ	控制电路电源变压器	TC	KB

续表

名　称	新符号	旧符号	名　称	新符号	旧符号
熔断器	FU	RD	照明变压器	TI	
限压保护器件	FV		电力变压器	TM	
励磁绕组	FW		脉冲变压器	TP	
旋转发电机	G	F	整流变压器	TR	ZLB
振荡器	G		同步变压器	TS	
电机放大机	GA		电压互感器	TV	YH
蓄电池	GB		变流器	U	
励磁机	GF		变频器	U	
电源装置	GS		二极管	V	D
同步发电机	GS	TF	控制电路电源整流器	VC	
声响指示器	HA		电子管	VE	G
光指示器	HL		晶闸管	VS	SCR
指示灯	HL		晶体管	VT	T
信号灯	HL		单结晶体管	VU	
继电器	K	J	稳压管	VZ	
接触器	K	C	绕组	W	Q
瞬时通断继电器	KA		插头	XP	CT
中间继电器	KA	ZJ	插座	XS	CZ
压力继电器	KP	YLJ	接线端子	XT	JZ
速度继电器	KR	SDJ	电磁铁	YA	DT
时间继电器	KT	SJ	电磁制动器	YB	
电压继电器	KU	YJ	电磁离合器	YC	CLH
接触器	KM		电动阀	YM	
电感线圈	L	L	电磁阀	YV	DCF
平波电抗器	L	LBK	滤波器	Z	LB
电流调节器	LT		模拟元件	N	
电动机	M	D	欠电流继电器	NKA	QLJ
同步电动机	MS	TD	欠电压继电器	NKV	QYJ
力矩电动机	MT		电流表	PA	A
运算放大器	N		电源开关	QG	
脉冲计数器	PC		电动机保护开关	QM	
电度表	PJ		隔离开关	QS	
电压表	PV	V	电阻	R	R
电力电路中的开关	Q	K	电阻器	R	
转换开关	QB	HK	电位器	RS	W
离心开关	QC		分流器	RS	FL
自动开关	QF	ZK			

附表2.2　图形符号

名　称	新符号	旧符号	名　称	新符号		旧符号
直流	—— 或 -=-=	——	导线的连接	丅 或 丅		丅
交流	∼	∼	导线的多线连接			
交直流	≈	≈				
接地一般符号	⏚	⏚	导线的不连接			
无声噪声接地（抗干扰接地）			接通的连接片	或		
保护接地			断开的连接片			
接机壳或接底板	或	或	电阻器一般符号	优选形	其他形	
等电位	▽					
故障	↯		电容器一般符号			
闪烁、击空	↯	↯	极性电容器			
导线间绝缘击穿			半导体二极管一般符号			
导线对机壳绝缘击穿	或		光电二极管			
			电压调整二极管（稳压管）			
			晶体闸流管（阴极侧受控）			
导线对地绝缘击穿			PNP型半导体三极管			
			NPN型半导体三极管			
常开（动合）触点	或		位置开关的常开触点		或	
常闭（动断）触点			位置开关的常闭触点		或	
先断后合的转换触点			双向操作的行程开关			

续表

名　称	新符号	旧符号	名　称	新符号	旧符号
先合后断的转换触点			热继电器的常闭触点		
中间断开的双向触点			接触器的常开触点		
延时闭合的常开触点			接触器的常闭触点		
延时断开的常开触点			三极开关		
延时闭合的常闭触点			三极高压断路器		
延时断开的常闭触点			三极高压隔离开关		
延时闭合和延时断开的常开触点			三极高压负荷开关		
延时闭合和延时断开的常闭触点			继电器线圈		
带常开触点的按钮			热继电器的驱动器件		
带常闭触点的按钮			灯		照明灯 信号灯
带常开和常闭触点的按钮					
旋动开关			电抗器		
荧光灯启动器			示波器		
转速继电器			热电偶		
压力继电器			电喇叭		

续表

名 称	新符号	旧符号	名 称	新符号	旧符号
温度继电器		或	扬声器		或
			受话器		或
液位继电器			电铃	优选形　其他形	
火花间隙			蜂鸣器	优选形　其他形	
避雷器			原电池或蓄电池		或
熔断器					
跌开式熔断器			等电位		
熔断器式开关			换向器上的电刷		
熔断器式隔离开关			集电环上的电刷		
熔断器式负荷开关			桥式全波整流器	或	或
换向绕组			自励直流电动机		
补偿绕组					
串励绕组			他励直流电动机		
并励或他励绕组		或			
发电机	G	F	并励直流电动机	M	
直流发电机	G	F	复励直流电动机	M	
交流发电机	G	F			

名　　称	新符号	旧符号	名　　称	新符号	旧符号
电动机	Ⓜ	Ⓓ	铁心 带间隙的铁心		
直流电动机	Ⓜ	Ⓓ	单相变压器		
交流电动机	Ⓜ	Ⓓ	有中心抽头的 单相变压器		
直线电动机	Ⓜ		三相变压器 星形—有中性 点引出线的星 形连接		
步进电动机	Ⓜ		三相变压器 有中性点引出 线的星形—三 角形连接		
手摇发电机	Ⓖ				
三相鼠笼式 异步电动机	Ⓜ/3~				
三相绕线转子 异步电动机	Ⓜ/3~		电流互感器 脉冲变压器	或	或
电磁离合器			JK 双稳态元件	J R	
电磁转差离合器 或电磁粉末 离合器			T 型双稳态元件 （二进制分频 器补码元件）	T	
NPN 型、基极 连接引出的 光电晶体管 光耦合器			高增益运 算放大器	∞	
NPN 型、基极 连接未引出 的达林顿型 光耦合器			放大数倍为1 的反向放大器 u＝－1·a	1	u
或门 只有当一个 或几个输入 为"1"状态时， 输出就为"1" 状态。如不产生 多义性，"≥"可 用"1"代替。	≥1		接触器和继 电器线圈 通用符号		

续表

名 称	图形符号	名 称	图形符号
与门 只有当所有输入为"1"状态时,输出为"1"状态		缓释放继电器的线圈	
非门 反相器(采用单一约定表示器件时)当输入为"1"状态时,输出为"0"状态		缓吸合继电器的线圈	
与非门 具有"非"输出的与门		缓吸合和释放的继电器线圈	
		快动作继电器线圈	
PS双稳态元件		极化继电器线圈	
导线、导线束、电缆、线路、电路 例:三根导线 例:三根导线		导线的连接	●
		接线端子	○
活动导线		接线端子板	11 12 13 14 15
屏蔽导线		导线的丁字连接	
屏蔽接地导线		导线的十字连接	

参考文献

1　李仁.电器控制.北京：机械工业出版社，1998

2　赵明.工厂电气控制设备.北京：机械工业出版社，1985

3　陈远龄.机床电气自动控制.重庆：重庆大学出版社，1999

4　工厂常用电气设备手册.北京：中国电力出版社，1998

5　陈本孝.电器与控制.武汉：华中理工大学出版社，1996

6　熊葵谷.电器逻辑控制技术.北京：科学出版社，1998

7　邓则名.电器与可编程控制器应用技术.北京：机械工业出版社，1997

8　胡学林.电器控制与 PLC.北京：冶金工业出版社，1997

9　陈本孝.电器与控制.武汉：华中理工大学出版社，1997

10　陈小华.现代控制继电器使用技术手册.北京：人民邮电出版社，1998

11　廖常初.可编程控制器的编程方法与工程应用.重庆：重庆大学出版社，2001

12　钟肇新.可编程控制器原理及应用.广州：华南理工大学出版社，2000

13　原魁.变频器基础及应用.北京：冶金工业出版社，1997

14　满永奎等.通用变频器及其应用.北京：机械工业出版社，1995

15　日本安川珠式会社编.VS-616G5 变频调速器使用说明书。

16　日本三菱珠式会社编.许振茂等译.变频调速器使用手册.北京：兵器工业出版社，1992

17　[美]鲍斯 BK 著.朱仁初等译.电力电子与交流传动.西安：西安交通大学出版社，1990

18　天津电气传动设计研究所编.电气传动自动化技术手册.北京：机械工业出版社，1992

19　Simple Step to Make Ethernet-ready Smart Devices，HP Whitpaper

20　Dick Johnson. Ethernet Edges Toward Process Control. Control Engineering December. 1998

21　Ralph Mackiewicz Rick Daniel. Ethernet TCP/IP：An Effective Real-time Agent with a Track Record. May 1999 I&CS

22　Dave Harrold. Ethernet Meets Requirements of Deregulated Electric Industries. Control Engineering December. 1998

23　魏庆富.现场总线技术已进入"战国时代".测控技术，2000（1）：16～18

24　Fieldbus Technical Overview

25　LONWORKS Technology Device Data，1995

26　EPRE UCA Communication Architecture，1997

27　丘松伟.实时控制与智能仪表多微机系统的通信技术.北京：清华大学出版社，1996

28　杨宪惠.现场总线技术及其应用.北京：清华大学出版社，1999

39　丁谨.可靠性与可测性分析与设计.北京:北京邮电大学出版社,1996

30　田蔚风.可靠性技术.上海:上海交通大学出版社,1996

31　John Hartley. FMS at Work IFS Publications 1td,1984

32　低压电器 2001(1)～(5)

33　卓迪仕.数控技术及应用.北京:国防工业出版社,1997

34　林奕鸿.机床数控技术及应用.北京:机械工业出版社,1994